D1698533

Alexander Pawlak

Die Wissenschaft bei Douglas Adams

Alexander Pawlak (geb. 1970) studierte Physik und Philosophie an der Philipps-Universität in Marburg. In seiner Diplomarbeit plagte er sich mit dem Problem herum, warum die makroskopische Welt nicht auch den Gesetzen der Quantenmechanik gehorcht, ohne jedoch der Welt eine neue Lösung schenken zu können. Nach dem Studium schlug er eine Laufbahn im Wissenschaftsjournalismus ein, die ihn unter anderem in die Redaktionen von »Spektrum der Wissenschaft« und der Wissenschaftsressorts von »Süddeutschen Zeitung« und »Die Zeit« führte. Seit 2002 ist er Redakteur des Physik Journal, der Mitglieder-Zeitschrift der Deutschen Physikalischen Gesellschaft. Das Werk von Douglas Adams begleitet ihn seit der deutschen Erstausstrahlung der Fernsehserie »Per Anhalter durch die Galaxis« im Jahre 1984. Im Jahr 2000 durfte er Douglas Adams für die Wochenzeitung »Die Zeit« interviewen. Alexander Pawlak ist Mitglied der DPG, des BDPh und von ZZ 9 Plural Z Alpha (www.zz9.org), dem offiziellen Douglas Adams-Fanclub.

Alexander Pawlak

Die Wissenschaft bei Douglas Adams

Mit Arthur Dent, Doctor Who und Dirk Gently vom Weltuntergang bis zur Letzten aller Fragen

Mit Illustrationen von Anja Hauck

WILEY-VCH Verlag GmbH & Co. KGaA

1. Auflage 2010

Bibliografische Information der Deutschen Nationalbibliothek
Die Deutsche Nationalbibliothek verzeichnet diese Publikation in der Deutschen Nationalbibliografie; detaillierte bibliografische Daten sind im Internet über http://dnb.d-nb.de abrufbar.

Printed in the Federal Republic of Germany

Gedruckt auf säurefreiem Papier.

Satz TypoDesign Hecker GmbH, Leimen
Druck und Bindung Kösel, Krugzell
www.koeselbuch.de
Umschlaggestaltung Christian Kalkert, Birken-Honigsessen

ISBN: 978-3-527-50456-5

To my friends,
who make this galaxy
a really hoopy place

Inhaltsverzeichnis

Vorwort

Am 8. Mai 2000 weilte Douglas Adams in Berlin, um für die irdische Variante des Reiseführers »Per Anhalter durch die Galaxis«, die Website h2g2.com, mit einem Vortrag in der Berliner Kulturbrauerei die Werbetrommel zu rühren. Der galaktische Reiseführer hatte den Weg aus dem Weltraum der Fantasie in die irdische Realität gefunden. Auf der h2g2-Website konnte (und kann) sich jeder anmelden und Einträge zu allem Möglichen wie Unmöglichen verfassen. Auf diese Weise, so die Vision, sollte durch fleißige Kundschafter ein realer interaktiver Reiseführer durch das Leben, die Erde und den ganzen Rest entstehen, jederzeit über mobile Kommunikation aktualisiert.

Wie es der Unendliche Unwahrscheinlichkeitsantrieb des Lebens wollte, hatte ich die Gelegenheit erhalten, Douglas Adams höchstpersönlich im noblen Hotel Adlon zu interviewen. Als ich auf den nahenden Termin wartete, beschlichen mich leise und dann immer lautere Zweifel. Ein Interview? Auf Englisch? Mit Douglas Adams? DEM Douglas Adams? Meine Stimmung schwankte zwischen »Panik!« und »Keine Panik!«. Letzteres überwog, als ich Douglas Adams dann leibhaftig gegenüberstand und ihm die Hand schüttelte – eine auf diesem Planeten gängige Methode der freundlichen Kontaktaufnahme. Adams begegnete meiner ungelenken Interviewführung dankenswerterweise mit einem ungebremsten Redeschwall, erzählte von seiner Sicht auf ein Leben in der virtuellen Welt, den Verheißungen des Internets, seinem Lieblingscomicstrip und seiner Suche nach Informationen über Wale an der kalifornischen Küste und der biologischen Definition von Leben. Was hätte ich auch anderes von einem Autor erwarten sollen, der in seinem Werk alles aus einer galaktischen Perspektive betrachtete? Und der wohl als erster eine ungeheuer komische Pointe präsentierte, die nur aus einer einzigen Zahl bestand: 42, die Deep Thought nach siebeneinhalb Millionen Jahren als

Antwort auf die Frage nach dem Universum, dem Leben und allem präsentierte. Wer das Werk von Douglas Adams kennen und lieben gelernt hat, wird diese Zahl sicher nie wieder mit normalem Auge sehen können.

Nach dem Interview bzw. dem durch meine Fragen nur mühsam kanalisierten Redefluss vonseiten des Interviewten dämmerte mir, dass Douglas Adams vielleicht doch etwas mehr als nur ein »galaktischer Possenreißer« war. Wer hätte damals geahnt, dass er schon ein Jahr später nicht mehr am Leben sein würde?

Nach seinem tragischen Tod erschienen in kurzer Folge zwei Biografien und ein Band, der die Fragmente seines letzten Roman-Projekts und (veröffentlichte wie unveröffentlichte) kürzere Texte aus seiner Feder versammelte. Diese Bücher und eigenen Recherchen erschlossen mir nach und nach weitere Facetten seiner Biografie und seines Werks – vor allem die Tatsache, dass Douglas Adams wie der Planetenbauer Slartibartfast »ein großer Bewunderer der Wissenschaft« war.

Douglas Adams ist selbstverständlich kein »harter« Science-Fiction-Autor wie ihn beispielsweise sein Landsmann Arthur C. Clarke (1917 – 2008) – trotz seines Hangs zu mystischen Höhenflügen – mustergültig verkörperte. Aber besonders bei den geistreich-witzigen Einträgen im galaktischen Reiseführer war der Erfindungsreichtum von Douglas Adams der wissenschaftlichen Logik ebenso verpflichtet wie dem anarchischen Geist der Comedy. Nichts war ihm zu absurd, um nicht für einen Lacher gut zu sein oder die Handlung in immer absurdere Gefilde voranzutreiben: die Erde muss einer Hyperraumumgehungsstraße weichen, das Ende des Universums wandelt sich zu einem Touristenspektakel und ganze Planeten verschwinden mitsamt ihrer Milliardenbevölkerung bei einem intergalaktischen Billardturnier in einem Schwarzen Loch.

Der Humor von Douglas Adams war geschult am Irrsinn von Monty Python's Flying Circus, dem Sprachwitz von P. G. Wodehouse und den Reisen durch Raum und Zeit von »Doctor Who«. Besonders wenn es darum ging, den ehrwürdigen Ernst der Wissenschaft und Philosophie durch den galaktischen Kakao zu ziehen, stand Adams durchaus in der Tradition großer Spötter der Weltliteratur wie Swift und Voltaire. Doch er hatte nicht nur die Lacher auf seiner Seite, sondern traf mit seinen Scherzen oft zielsicher ins Schwarze der Wissenschaft. Schon »Per Anhalter durch die Galaxis« war durchsetzt mit Anspielungen auf wissenschaftliche Themen von der Kosmologie bis zur Evolutionstheorie, und es war mehr als nur ein »Star Wars mit Witzen«, wie es amerikanische Fernsehproduzenten sahen, die sich Anfang der 80er-Jahre erfolglos darum bemüht hatten, eine amerikanische Version der Anhalter-Fernsehserie drehen zu lassen.

Auch wenn Douglas Adams in Schulfächern wie Mathematik und Chemie nicht gerade eine Leuchte war und schließlich Anglistik in Cambridge studierte, verlor er nie das Interesse an den Naturwissenschaften. In den 80er- und 90er-Jahren brachten ihn seine Begeisterung für Computer sowie seine Reise zu vom Aussterben bedrohten Tierarten dazu, sich noch ernsthafter mit wissenschaftlich-technischen Themen auseinanderzusetzen, wie beispielsweise der Evolutionstheorie, Quantenmechanik oder den Möglichkeiten neuer Kommunikationstechniken. Zum Experten brachte er es dabei nicht, wohl aber zum gut informierten Laien, dem es mit seiner Fähigkeit, die Dinge aus gänzlich unerwarteten Perspektiven zu sehen, gelang, auch Wissenschaftler zu inspirieren.

Wissenschaft ist also nicht nur die Zielscheibe des galaktischen Spottes von Douglas Adams, sondern ein ganz wesentlicher Teil seiner persönlichen Interessen, zu denen auch technisches Spielzeug aller Art, schnelle Autos, gutes Essen und Trinken sowie das Veranstalten rauschender Feten zählten, auf denen man dem Pink Floyd-Gitarristen David Gilmour genauso begegnen konnte wie dem Schriftsteller Salman Rushdie oder dem Evolutionsbiologen Richard Dawkins.

Es mag sein, dass berühmte Wissenschaftler nun einwenden, sie könnten nichts von alldem, was Douglas Adams geschrieben habe, vertreten, zum Teil, weil es eine Herabwürdigung der Wissenschaft darstelle, vor allem aber, weil sie zu solchen Partys nie eingeladen würden. Doch Douglas Adams zielte nie darauf, die Wissenschaft herabzuwürdigen. Das belegt auch sein vermutlich letzter Text, bei dem es sich interessanterweise um ein Vorwort zu einem Buch über Archäologie und Science-Fiction handelte. Im letzten Absatz seines Vorworts schrieb Douglas Adams: »Revolutionäre Veränderungen von akzeptierten Modellen kommen oft von außerhalb der Orthodoxie jeder gegebenen Disziplin. Aber wenn sich eine neue Idee durchsetzen will, dann sollte sie sich auf bessere Argumente, Logik und Beweise stützen als die alte Sichtweise, und nicht etwa auf schlechtere. ›Wohlfühl‹-Wissenschaft ist überhaupt keine Wissenschaft. Science-Fiction ist ein großartiges Territorium, in dem man mit allen möglichen Verschiebungen der Perspektive spielen kann, die zu neuen Entdeckungen und neuen Erkenntnissen führen. Aber Fantasie gemäßigt durch Logik und Vernunft ist noch viel machtvoller als Fantasie allein.«

Begeben wir uns also auf eine wissenschaftliche Entdeckungsreise in Werk und Leben von Douglas Adams. Die Reise beginnt mit dem Weltuntergang und den garstigen Bedingungen im Weltraum, denen sich jedoch glücklicherweise mit dem Unendlichen Unwahrscheinlichkeitsantrieb entkommen lässt, sodass wir wie Arthur Dent die Gelegenheit erhalten, die Wunder der Galaxis für weniger als 30 Altair-Dollar zu bestaunen und einen Blick auf fremde Planeten zu erhaschen. Zurückgekehrt auf unseren Heimatplaneten begegnen wir einem extrem langlebigen Doktor und einem holistischen Privatschnüffler, die sich modernster Physik bedienen. Doch haben wir es wirklich mit der originalen Erde zu tun? Wurde die nicht von den Vogonen zerstört? Oder gibt es am Ende unendlich viele parallele Welten? Zurückgekehrt aus den verwirrenden Gefilden des Multiversums folgen wir den verschlungenen Wegen der Evolution und der erstaunlichen Expedition von Douglas Adams zu bedrohten Tierarten, wobei wir die zweitintelligenteste Lebensform auf unserem Planeten kennen lernen. Am Ende des Universums widmen wir uns der letzten Antwort, auf die es möglicherweise keine Frage gibt ... oder ganz schrecklich viele. Aber: Keine Panik!

Danksagung

Ein großes galaktisches Dankeschön geht zunächst an meine gründlichen Testleserinnen und Testleser, insbesondere Jutta Pistor für die kritische Lektüre des gesamten (!) Manuskripts und die Übersetzung der englischen Zitate und Stefan Oldenburg für sein konstruktives Feedback und seine unverzichtbaren astronomischen Ergänzungen sowie Matthias Bode, dem Raumfahrtexperten meines Vertrauens, Anja Hauck, die mit germanistischer Kompetenz für den Brückenschlag zwischen den Zwei Kulturen sorgte, David Kämpf, der mit echt intelligenten Hinweisen zur Künstlichen Intelligenz half, Annette Kühner für ihr Adlerauge und »Muhltitalllent« Tinka Meier für ihre hilfreiche Furchtlosigkeit im Angesicht der Thermodynamik, Birgit Niederhaus für wahrscheinliche und unwahrscheinliche Expertise, Christiane Rabe für Lamas und ihr unnachahmliches Nachfragen aus dem Hause Hartnäcke & Scharmanz und Annette Scheurich für sprachliche Hilfestellungen und tierisch hilfreiche Hinweise.

Außerdem danke ich Jens Bischoff für beebliomanes Wissen, Christoph Drösser (Die Zeit) für die Möglichkeit, Douglas Adams interviewen zu dürfen, meinen Eltern, meiner Schwester Christina und Marion Engler für Carepakete und Ermunterungen, Olaf Fritsche (www.wissenschaftwissen.de) für den motivierenden Zündfunken zum Buchschreiben, Jörg Hoppe und Stefan Müller für geowissenschaftlichen Sachverstand, von dem auch Slartibartfast noch eine Menge über die Erde lernen könnte, Thilo Schneeweiß für unverzichtbaren technischen Support und Michael Vogel für hilfreiche Hinweise zu E-Books.

Many thanks go to my fellow ZZ9ers Carrie Mowatt, the indifatigable and allways helpful editor of »Mostly Harmless«, and David Haddock, who is the standard repository of all knowledge and wisdom concerning Douglas Adams and Hitchhiker's Guide.

Für bereitwillige und sehr hilfreiche wissenschaftliche Auskünfte danke ich Felix Hormuth (Max-Planck-Institut für Astronomie), Elaine Morgan (Mountain Ash, Wales) und Fabian Ritter (M.E.E.R. e.V. La Gomera).

Meinen Kollegen vom Physik Journal, Maike Pfalz und Stefan Jorda, schulde ich Dank für ihre Nachsicht und die Bitte um Vergebung, falls ich allzu sehr in galaktische Weiten abgedriftet sein sollte. Gleiches schulde ich auch Conny Wolf, die frauhaft einen manchmal fahrigen Tanguero ertragen musste.

Besonderer Dank geht an meinen Lektor Marcel Ferner für kritische Anmerkungen, konstruktives Drängeln und unwahrscheinliche Geduld statt wahrscheinlicher Ungeduld.

Alle Genannten haben maßgeblich zum Gelingen des Werkes beigetragen. Alle Fehler, die immer noch in diesem Buch vorkommen sollten, habe ich selbstverständlich selbst von einer Packung Frühstücksflocken abgeschrieben.

Alexander Pawlak,
Galaktischer Sektor ZZ9 Plural Z Alpha, Gal./Sid./Jahr 28/02/2010

P. S.
Ein herzlicher Gruß geht an alle Marburger Anhalter-Hörspielnacht-Enthusiasten des KFZ in Marburg, namentlich Sabine Welter, Simone Plefka, Karl Erbach und Gerd Wagner (der wahre Conferencier von Milliways, nun Geschäftsführer der Deutschen Burgenvereinigung und Custos der Marksburg), sowie den großzügigen Cappeler Ausrichtern seit 2001 Petra Pauli-Lambach und Uwe Lambach. Hauptsache, ihr haut die Klamotten immer kräftig zusammen!

Illustrationen und Abbildungen

Anja Haucks Illustrationen für die Kapitelanfänge begleiten die Arbeit an diesem Buch seit Anbeginn. Sie waren zugleich Inspiration für das Schreiben der Kapitel als auch Ansporn, das Buch fertig zu stellen. DANKE!

Tausend Dank an Wiebke Drenckhan und Thibaut Loïez dafür, dass ihre Zeichenkunst dieses Buch verschönern darf, an Nicholas Botti für seine Fotos von der Hitchcon 09 in London und Klaus Scheurich (Marco Polo Film AG) für seine eindrucksvollen Aufnahmen aus dem Dschungel Madagaskars.

I
Es beginnt damit, dass die Welt endet

Ich selbst hab mal auf zwei Blättern Papier den Weltuntergang in Szene gesetzt – mit Unkosten von weniger als einem Penny, einschließlich Abnutzung der Schreibmaschine und Abwetzen des Hosenbodens. Es ist kaum zu glauben.

Kurt Vonnegut, Das Nudelwerk (1976)

»Ford«, beharrte Arthur, »ich weiß nicht, vielleicht klingt meine Frage dämlich, aber was tue ich eigentlich hier?«
»Aber das weißt du doch«, sagte Ford, »ich habe dich von der Erde gerettet.«
»Und was ist mit der Erde passiert?«
»Och, die wurde zerstört.«
»Ach ja«, sagte Arthur tonlos.
»Ja, sie ist einfach ins Weltall verdunstet.«
»Weißt du«, sagte Arthur, »das nimmt mich natürlich ein bisschen mit.«

Per Anhalter durch die Galaxis, Kapitel 5

Die wabenförmigen Luken des Raumschiffs der vogonischen Bauflotte öffnen sich, gleißendes Licht wird sichtbar. Rote Strahlen vereinigen sich im kleinen blaugrünen Planeten, in dessen Umlaufbahn die Vogonen eingeschwenkt sind. Die zerstörerische Energie lässt die Erde kurz rot erglühen, bevor sie in einer gigantischen Explosion zerrissen wird. Alles, was auf diesem Planeten kreuchte und fleuchte, ist dahin. Das klobige gelbe Raumschiff der Vogonen gleitet in die pechschwarze bestirnte Leere. Prostetnik Vogon Jeltz hat seine Aufgabe erledigt. »Ich weiß nicht«, sagt er ungerührt, »ein lahmer Drecksplanet ist das. Ich habe nicht das geringste Mitleid.« Hauptsache der Weg für eine neue Hyperraumumgehungstraße ist frei.

Apokalyptische Visionen sind fester Bestandteil der frühesten Mythen der Menschheit. Nehmen wir nur die Bibel. Auch dort ist die drohende Apokalypse das unvermeidliche Pendant zur Schöpfung aus dem Nichts. Zwischen »Es werde Licht!« und »Es fiel das Feuer von Gott aus dem Himmel und verzehrte sie« liegt die nicht immer ruhmvolle Geschichte der Menschheit.

Selbstverständlich liebt auch die Science-Fiction das Spiel mit dem Weltuntergang. Zu den Standardthemen gehören aus der Bahn geratene Kleinplaneten, die auf die Erde zurasen, außerirdische Invasoren ohne jedweden Humor oder gigantische Sternziegen, die in der Lage sind, ganze Planeten zu verputzen. Meist wendet sich dank eines beherzten Helden oder eines glücklichen Zufalls kosmischen Maßstabs alles wieder zum Guten. Die Invasoren gehen an einer Grippe zugrunde, der Kleinplanet wird mit Raketen pulverisiert und die Sternziege erweist sich als Lügengarn und wesentlich ungefährlicher als zum Beispiel ein verdrecktes Telefon. Doch selten dürfte die Menschheit mitsamt ihrem Heimatplaneten so beiläufig ausgelöscht worden sein wie in »Per Anhalter durch die Galaxis«.

Bei den ersten Planungen für das Anhalter-Hörspiel – die Buchfassung erschien erst später – war Douglas Adams ein Weltuntergang noch nicht genug. »Ich hatte eine ganze Menge an verschiedenen Plots im Kopf, von denen jeder das Ende der Welt beinhaltete«, sagte er 1979 in einem Interview. Doch daraus eine Hörspielserie zu schaffen, erwies sich bei näherer Betrachtung als nicht sonderlich vielversprechend. Wie hätte sich da eine Handlung entfalten können? Bedeutend tragfähiger war dann doch die Idee, Ford Prefect, den Kundschafter für den galaktischen Reiseführer, auf der Erde stranden zu lassen, um den arglosen Erdling Arthur Dent vor der Zerstörung der Erde durch die Vogonen zu retten und auf eine Reise durch die bizarre Welt unserer Galaxis zu entführen.

Als Douglas Adams am Skript für das Anhalter-Hörspiel schrieb, waren die nuklearen Bedrohungen des Kalten Krieges fester Bestandteil der Weltpolitik. Mit der Entwicklung der Atombombe bekam die Menschheit erstmals die Mittel in die Hand, sich auszulöschen, aber nicht genug, um sich den gesamten Planeten unter den Füßen wegzusprengen. Der atomare Winter schien nur einen Knopfdruck entfernt. Doch wenn es um eine Inspiration für Douglas Adams und seine Version des Weltuntergangs geht, dann hat wohl weniger der Kalte Krieg Pate gestanden, als die galaktischen Schlachten, die auf der Leinwand tobten. Im Mai 1977 kam der erste Star Wars-Film von George Lucas in die Kinos und leitete damit eine Renaissance der Science-Fiction ein – vor allem auf der Leinwand. In Star Wars kommt es ebenfalls zu einer höchst eindrucksvollen Vernichtung eines ganzen Planeten mit den Mitteln einer überdimensionierten Zukunftstechnik. Darth Vader lässt mit dem gigantischen Todesstern den Planeten Alderaan zertrümmern. Anders als das vogonische Raumschiff nutzt der Todesstern mehrere grüne Strahlen, die sich in einem Punkt vereinigen, von dem aus sie einen noch mächtigeren Strahl bilden. Als dieser auf Alderaan trifft, zerplatzt der Planet augenblicklich in unzählige Trümmerstücke.

Sowohl Star Wars als auch der Anhalter bleiben eine Erklärung schuldig, welcher Art die fantastischen »Vernichtungsstrahlen« sind, mit denen sich ganze Planeten so mir nichts dir nichts sprengen lassen. Zu Recht, wird man einwenden, denn schließlich wollte Douglas Adams (und sicher auch George Lucas) unterhalten und nicht etwa eine realistische, auf harten Fakten beruhende Geschichte erzählen. Doch die »Zerbröselung« eines ganzen Planeten erscheint auf den ersten Blick physikalisch prinzipiell möglich. Müssen wir uns wirklich Gedanken machen, dass uns mies gelaunte Außerirdische, wie die von der Muffe gepufften Vogonen, den Heimatplaneten pulverisieren?

Eine Möglichkeit wäre, sich eine passende Technologie für eine planetarische Abrissbirne zu überlegen; am besten eine Strahlenquelle, die in der Lage wäre, die gesamte Erde zu verdunsten. Doch vielleicht ist es sinnvoller, erstmal eine untere Grenze für den Energieaufwand abzuschätzen, der nötig ist, um die Erde rückstandsfrei aus ihrer Bahn zu räumen. Nehmen wir einmal an, wir würden ein irdisches Abrissunternehmen damit beauftragen, und Zeit würde zunächst keine Rolle spielen – aus rein physikalischen Gründen, versteht sich, und nicht, weil man von irdischen Unternehmen keine Pünktlichkeit erwarten könnte. Dann gäbe es eine einfache Art, die Aufgabe gewissermaßen per Hand zu erledigen. Man müsste nur Stück für Stück die Erde abtragen und mit Schwung ins Weltall schleudern. Auch wenn das höchst mühsam und langwierig erscheint, lässt sich damit abschätzen, wie viel Energie die vogonischen Vernichtungsstrahlen mindestens aufbringen müssen. Dabei genügt es, sich zunächst der »Schleuderarbeit« zuzuwenden. Denn selbst, wenn es gelingt, die Erde mechanisch in kleinere Bruchteile zu zerlegen, würden diese immer noch aufgrund der Schwerkraft aneinander haften. Aus der Erde wäre gewissermaßen ein Geröllhaufen geworden, der seinen Zusammenhalt nicht verloren hätte. Ein Satellit, der die Erde umkreist, würde im Großen und Ganzen keine Änderung seiner Umlaufbahn erfahren. Damit Prostetnik Vogon Jeltz die Erde den Vorgaben des Galaktischen Hyperraum-Planungsrats gemäß völlig aus dem Weg räumen kann, muss er auf jeden Fall die Energie aufwenden, die nötig ist, um alle Bruchstücke auf die nötige Fluchtgeschwindigkeit zu bringen. Die beträgt auf unserer Erde rund 11 Kilometer pro Sekunde, also 40 000 Kilometer pro Stunde. Erst wenn beispielsweise eine Rakete diese Geschwindigkeit erreicht, ist sie mit ihrer Fracht in der Lage, der irdischen Schwerkraft endgültig zu entfliehen. Alles, was wir brauchen, ist die klassische Gravitationstheorie. Isaac Newton wäre es sicher im Traum nicht eingefallen, mit seiner mühsam entwickelten Theorie einen Weltuntergang zu inszenieren.

In einer ersten Überschlagsrechnung ließe sich also die nötige Planetenzerstörungsenergie dadurch abschätzen, dass man die potenzielle Gravitationsenergie eines Kilogramms Erdmasse berechnet und dann auf die Gesamtmasse hochrechnet.[1)] Um 1 Kilogramm von der Oberfläche der Erde ins All zu katapultieren, benötigt man rund $6 \cdot 10^{10}$ Joule. Zum Vergleich: Das entspricht der Energie, die erforderlich ist, um rund 2,5 Tonnen Wasser zu verdampfen. Auf die Masse der Erde von $6 \cdot 10^{24}$ Kilogramm hochgerechnet sind das $3{,}6 \cdot 10^{35}$ Joule, also größenordnungsmäßig eine Billiarde Billiarde Megajoule Energie.

Diese grobe Abschätzung greift allerdings etwas zu hoch. Bei genauerer Betrachtung gibt es noch Folgendes zu berücksichtigen: Immer, wenn ein Stück Masse dem Schwerefeld der Erde entkommt, reduziert sich die irdische Schwerkraft um den Beitrag, den dieses Stück Masse zur Gesamtschwerkraft beitrug. Würde man also die Erde mit den Vernichtungsstrahlen nach und nach abtragen, dann müsste die schwindende Schwerkraft in die Rechnung mit einbezogen werden. Statt der eben genannten $3{,}6 \cdot 10^{35}$ Joule erhält man dann mit 2,2 · 10^{32} Joule einen um drei Größenordnungen kleineren Wert für die mindestens nötige Energie, um die Erde restlos aus dem Weg zu räumen. Zum Vergleich: Der irdische Energieverbrauch beträgt pro Jahr »nur« rund 10^{21} Joule.

Bevor wir versuchen, uns diese astronomische Zahl irgendwie anschaulich begreifbar zu machen: Gibt es eine künstliche Strahlenquelle, mit der die Vogonen mit einem Mal eine solche Energiemenge freisetzen könnten? Die größte Laserstrahlungsquelle, die derzeit existiert, ist die »National Ignition Facility« (NIF) am Lawrence Livermore National Laboratory in Kalifornien. Die insgesamt 3,5 Milliarden US-Dollar teure Anlage hat 2009 ihren Betrieb aufgenommen, nach zahlreichen Verzögerungen und Budgetproblemen. NIF ist selbstverständlich kein Prototyp für einen »Todesstern«, dient aber tatsächlich primär militärischen Zwecken. Mithilfe von NIF sind die USA in der Lage, das Abkommen über den Stopp von Atomwaffentests aus dem Jahr 1992 zu umgehen. Das gelingt zunächst mit »subkritischen« Testzündungen von Atomwaffen, die nicht in den Bereich

Abb. 1.1 Eine der beiden Hallen der National Ignition Facility, der stärksten Laseranlage der Welt. Zum Planetenzerstören ist sie glücklicherweise nicht geeignet.

des Abkommens fallen. Superrechner simulieren anschließend die vollständige Explosion. Doch ganz ohne wirkliche Tests kommt dieser Ansatz auch nicht aus. Hier kommt die National Ignition Facility ins Spiel, die in der Lage ist, nukleare Explosionen zu zünden, die aber nicht groß genug sind, um als Atomwaffentests zu gelten, dafür aber wichtige Messdaten liefern, die in die Computersimulationen einfließen. Ohne die militärische Anwendung wären die Mittel für NIF niemals geflossen. Dennoch dürfen auch zivile Forscher NIF nutzen, etwa um die Möglichkeiten einer lasergezündeten Kernfusion zur Energiegewinnung auszuloten oder Materie unter Bedingungen zu untersuchen, wie sie in Supernova-Explosionen herrschen.

Um die extremen Bedingungen für die militärischen wie zivilen Tests zu schaffen, sind riesige Energien notwendig. Insgesamt 192 Laser feuern gleichzeitig auf ein winziges Kügelchen Materie und heizen es dabei auf bis zu 100 Millionen Grad auf. Die vielen Laserstrahlen sind notwendig, damit das Kügelchen gleichmäßig von allen Seiten bestrahlt wird. Die Laser setzen maximal 1,8 Millionen Joule Energie frei, das allerdings nur für wenige Nanosekunden Dauer. Um auf die gewünschten 10^{32} Joule zu kommen, die mindestens für die Zerstörung der Erde erforderlich wären, müsste der NIF-Laser läppische 3,2 Billionen Jahre kontinuierlich feuern. Dumm nur, dass die Laseroptik der Anlage nach der nur wenige Sekunden dauernden Energieeruption mehrere Stunden abkühlen muss, damit der nächste »Laserschuss« möglich wird. Für die Inszenierung eines zünftigen Weltuntergangs eignet sich die drei Fußballfelder große Anlage also nicht.

Erst wenn wir das größte natürliche Kraftwerk in unserer Nähe, die Sonne, zum Vergleich heranziehen, lassen sich zumindest die nötigen Energien in einem überschaubaren Zeitraum erzeugen. Die Sonne setzt pro Sekunde rund $3{,}9 \cdot 10^{26}$ Joule Energie frei. Um auf die genannten $2{,}2 \cdot 10^{32}$ Joule zu kommen, muss sie etwa 564 000 Sekunden lang scheinen, das entspricht knapp einer Woche.

Wer es bis dahin noch nicht wahr haben wollte, dem machen die Größenordnungen hoffentlich eins klar: Wenn es um einen drohenden Weltuntergang mit einer überdimensionierten Laserkanone geht, dann vermag das Wort »unwahrscheinlich« den Sachverhalt nicht mehr ganz zu treffen, sodass wir zum stärkeren Begriff »unmöglich« greifen müssen. Und sollte uns jemals eine außerirdische Zivilisation besuchen, die solche Energien künstlich erzeugen kann, dann hat diese es in ihrem fortgeschrittenen technologischen Zustand hoffentlich nicht mehr nötig, Hyperraumumgehungsstraßen durch unser Sonnensystem zu bauen.

Ein Ticket für die Arche B

Mit seinen »Reisen zu mehreren entlegenen Völkern der Erde« stand der irische Satiriker Jonathan Swift Pate für »Per Anhalter durch die Galaxis«. Denn die vielen »exzentrischen außerirdischen Lebensformen« sollten »menschliche Charakterzüge versinnbildlichen, wie zum Beispiel Habgier, Hochmut etc., ungefähr so wie bei Gullivers Reisen«, schrieb Douglas Adams im allerersten Handlungsabriss für »Per Anhalter durch die Galaxis«. Es wäre eine literarische Untersuchung wert, wie viel Arthur Dents galaktische Odyssee den Reisen des »Wundarztes und Kapitäns« Lemuel Gulliver zu verdanken hat. Douglas Adams hat die Passagiere der Arche B vom Planeten Golgafrincham erfunden, um den Charakterzug der »Leichtgläubigkeit« satirisch aufs Korn zu nehmen. Arthur Dent und Ford Prefect geraten durch das nur unzureichend funktionierende Teleportsystem des Show-Raumschiffs der galaktischen Rockband »Desaster Area« an Bord der Arche B der Golgafrinchamer, die den herbeigeredeten Weltuntergangsszenarien ihrer Mitbürger auf den Leim gegangen sind. Die auf Golgafrincham verbliebenen Bewohner wollten sich auf diese Weise des vermeintlich »unnützen Drittels« der Bevölkerung entledigen: Der Planet drohe in die Sonnen zu stürzen, gaben sie vor. Andere logen, dass ein Angriff eines gigantischen Schwarms zwölf Fuß großer Piranha-Bienen bevorstehe oder dass eine riesige mutierte Sternziege den Planeten gleich ganz auffressen würde. Wem das lächerlich erscheint, der braucht nur einen Blick in die jüngste Vergangenheit zu werfen, um eines Besseren belehrt zu werden.

So ergab sich am 5. Mai 2000 eine ganz besondere Planetenkonstellation, die angeblich unsere Erde himmelsmechanisch aus dem Tritt zu bringen drohte. Alle Planeten bis zum Saturn standen nämlich von der Erde aus betrachtet in einer Linie hinter der Sonne. Das rief sogleich Weltuntergangspropheten auf den Plan. Für diese war ganz klar, dass sich die Gravitation der aufgereihten Planeten und der Sonne zu einer höchst zerstörerischen Kraft für die Erde aufsummieren würde. Erdbeben, Verschiebungen in der kontinentalen Kruste seien die Folge, und nicht zuletzt würden sich die polaren Eiskappen bewegen und weltweit gigantische Flutwellen verursachen. Bücher erschienen, die die Folgen der bevorstehenden Katastrophe lang und breit auswalzten, so als ob ein Weltuntergang gut informiert leichter zu überstehen wäre.[2)]

Aber was bewirkte die besondere Planetenkonstellation nun wirklich auf der Erde? Douglas Adams hätte vermutlich seine diebische Freude an der ebenso knappen wie stringenten Antwort gehabt, die da lautet: Nichts. Und zur Begründung benötigt man auch diesmal nicht mehr als Newtons Gravitationsgesetz: Was man wissen muss, ist dies: Verdoppelt sich z. B. die Masse eines Körpers, so verdoppelt sich auch seine Anziehungskraft. Verdoppelt sich die Entfernung zwischen zwei Körpern, so schwächt sich die gegenseitige Anziehung mit dem Kehrwert des Quadrats der Entfernung ab, beträgt also nur noch ein Viertel.[3)] Damit lassen sich die Anziehungskräfte von Sonne, Mond und Planeten auf eine Testmasse von 1 Kilogramm auf der Erdoberfläche problemlos berechnen: Im Falle der Sonne kommt man auf rund sechs Tausendstel Newton, die Anziehungskraft des Mondes fällt mit rund drei Hunderttausendstel um den Faktor 200 geringer aus. Jupiter und Saturn wirken sich nur noch mit einem Bruchteil eines Millionstel Newtons auf die Probemasse aus. Das entspricht größenordnungsmäßig der Gravitationskraft, die ein Basketball auf einen ausübt, wenn man ihn auf Armlänge von sich entfernt hält.

Allerdings sind es nicht die bloßen Anziehungskräfte von Sonne, Mond und Planeten, die Flutwellen auslösen können, sondern die Gezeitenkräfte. Darunter versteht man die Differenz der Kräfte, die ein Himmelskörper auf die ab- und zugewandte Seite der Erde ausübt. Auch wenn die Schwerkraft der Sonne die Erde stärker anzieht als der Mond, ist die Gezeitenkraft des Mondes größer als die der Sonne, weil er wesentlich näher an der Erde dran ist. Im Falle des Mondes beträgt diese Gezeitenkraft rund zwei Millionstel Newton, d. h. das ist die Differenz der Schwerkraft, die der Mond auf eine Testmasse auf der Mond ab- und Mond zugewandten Seite der Erde ausübt. Doch so gering dieser Wert auch erscheinen mag, er genügt, um zweimal am Tag für die Meeresgezeiten zu sorgen und sogar die Landmassen um wenige Zentimeter anzuheben. Die Gezeitenkraft des Mondes streckt die ganze Erde und erzeugt sowohl auf der Mond zugewandten als auch der Mond abgewandten Seite einen Flutberg. Die Planeten können hier keine Rolle spielen, denn hier liegen die entsprechenden Gezeitenkräfte im Bereich von unter einem Billionstel Newton. Diese Größenordnungen verdeutlichen recht eindrucksvoll, dass der Einfluss der anderen Planeten auf die Erde mühelos zu vernachlässigen ist, und das völlig unabhängig davon, ob sie sich in einer Reihe befinden oder nicht. Deshalb blieb die Erde am 5. Mai 2000 vor globalen Erdbeben und gigantischen Flutwellen verschont. Ein Ärgernis an diesem Tag erreichte jedoch tatsächlich globale Ausmaße. Ein frustrierter, philippinischer Student legte mit seinem hinterhältigen »I love you«-Computervirus die Mailserver lahm, was immerhin Milliardenschäden verursachte. Doch die waren letztendlich nur halb so schlimm wie verrutschte Polkappen.

Besonders unübersichtlich wird die Lage, wenn es um Weltuntergangsprophezeihungen im Zusammenhang mit dem Maya-Kalender geht. In diesem endet am 21. Dezember 2012 angeblich ein Zeitalter und ein neues beginnt. Von einem Weltuntergang ist bei den Mayas, die eine hochentwickelte Kalenderrechnung hatten und viele Himmelserscheinungen vorausberechnen konnten, nicht die Rede. Allerdings ist bislang noch nicht endgültig geklärt, wie sich unser moderner Kalender mit dem der Mayas synchronisieren lassen könnte. Der Geowissenschaftler Andreas Fuls von der Technischen Universität Berlin hat dies mit Computerhilfe anhand eines besonderen Himmelsereignisses versucht, das sich im Maya-Kalender klar identifizieren ließ. Seine Schlussfolgerung: Die Zeitenwende ist erst 208 Jahre später, also im Jahr 2220 zu erwarten. Aber an der Flut wirrer Weltuntergangsprophezeihungen im Zusammenhang mit dem Jahr 2012 ändert das nichts. Mal wird wieder behauptet, dass die Planeten in einer Reihe stehen sollen (was sie im Jahr 2012 aber nicht tun), oder dass der Planet Nibiru mit der Erde kollidieren könnte (doch diesen Planeten gibt es nicht). Andere schüren die Angst vor Zerstörungen, weil sich Erde und Sonne genau in einer Linie zum galaktischen Zentrum befinden werden. Doch das passiert mit schöner Regelmäßigkeit jeden Dezember und das ohne zerstörerische Folgen. Im Kalender oder anderen Aufzeichnungen der Mayas ist von all dem übrigens nichts zu finden, betont der Altamerikanist Nikolai Grube von der

Universität Bonn, der als ausgewiesener Maya-Experte gilt, in einem Zeitungsinterview. Plumpe Weltuntergangsprophezeihungen lassen sich mithilfe des gesunden Menschenverstandes und eines kleinen wissenschaftlichen Fundaments leicht widerlegen, egal wie detailliert unseriöse Autoren eine drohende Apokalypse auch beschreiben mögen. Die schrille Verpackung soll meist nur kaschieren, dass die grundlegenden Voraussetzungen nicht stimmen. Wer das physikalische Rüstzeug hat, dem werden weder Todessterne noch besondere Planetenkonstellationen das Fürchten lehren.

Dass sich Douglas Adams im Anhalter über die Leichtgläubigkeit der Golgafrinchamer lustig macht, steht im Einklang mit seiner überaus rationalen Weltsicht. Bei seiner Stegreifrede, die er bei der wissenschaftlichen Konferenz »Digital Biota 2« hielt (1998, vgl. Werkverzeichnis im Anhang), betonte er, dass er »die Erfindung wissenschaftlicher Methoden und der Naturwissenschaften für die durchschlagendste intellektuelle Idee, die es gibt« halte. Sie seien »die wichtigste Grundlage für das Denken und Untersuchen und Verstehen und Bezweifeln der Welt um uns herum«. Dazu passt auch, dass er mit »Akte X«, der Lieblingsfernsehserie aller Verschwörungstheoretiker, nicht warm wurde, weil diese, wie Adams es ausdrückte, »aktiv Leichtgläubigkeit auf Kosten der Rationalität« fördere.

Wenn es um besondere Planetenkonstellationen und Ähnliches geht, dann bewegen wir uns auf dem altbekannten Boden der klassischen Physik. Was ist aber, wenn wir uns in neue Bereiche der Physik vorwagen? Lauern dort nicht ungeahnte Gefahren für die Erde? Einige Szenarien der modernen Physik, die mit dem Gedanken spielen, dass es neben den uns bekannten drei Raumdimensionen noch weitere räumliche Dimensionen geben könnte, sagen zum Beispiel die Entstehung von winzigen Schwarzen Löchern voraus. Diese könnten im neuen Teilchenbeschleuniger Large Hadron Collider (LHC) am CERN in Genf entstehen, wenn dieser die angestrebten Beschleunigungsenergien erreicht. Dies hat in der Öffentlichkeit die Besorgnis geweckt, dass sich diese Mini-Schwarzen Löcher ins Erdinnere durchfräsen und dabei so lange Masse in sich hineinsaugen könnten, dass sie am Ende die ganze Erde verschlucken könnten.

Das hat leider auch Hysteriker wie den Amerikaner Walter Wagner, einen selbsternannten Kernphysiker, auf den Plan gerufen. Er hat sogar beim Bezirksgericht in Hawaii, wo er lebt, eine Klage gegen

Abb. 1.2 Ist das ein Blick in eine Weltuntergangsmaschine? Nein, das ist nur der Tunnel des Large Hadron Colliders (LHC) am europäischen Kernforschungszentrum CERN in Genf. Zwar sagen einige Theorien die Entstehung winziger Schwarzer Löcher bei den Teilchenkollisionen am LHC voraus, aber diese dürften keine Gefahr für die Erde darstellen.

das US-Department of Energy, das Fermilab und das CERN eingereicht. Bereits 1999 hatte er anlässlich des Baus des Schwerionen-Beschleunigers RHIC (Relativistic Heavy Ion Collider) am Brookhaven National Laboratory (BNL) eine ähnliche Klage angestrengt, die jedoch aus verfahrenstechnischen Gründen abgeschmettert wurde. Der Klage gegen das CERN dürfte erst recht kein Erfolg beschieden sein, da ein Bezirksgericht auf Hawaii kaum über ein internationales Großforschungsprojekt entscheiden kann.

Die verantwortlichen Physiker quittieren indes auch die gewagtesten Spekulationen nicht einfach nur mit einem verständnislosen Kopfschütteln. So veröffentlichten das BNL 1999 und das CERN bereits 2003 eine ausführliche Studie zu möglichen Gefahren von RHIC bzw. LHC. Eines der zentralen Argumente ist, dass Teilchen der kosmischen Strahlung, die eine um viele Größenordnungen höhere Energie haben als jeder irdische Beschleuniger erzeugen könnte, bislang keine weltzerstörerischen Ereignisse verursacht haben. Der beste Beweis dafür, sei »die fortdauernde Existenz des Mondes«, wie es in dem Bericht heißt. Denn dort prallen die höchst energetischen Teilchen aus der kosmischen Strahlung ungehindert durch eine Atmosphäre auf die Oberfläche. Die Tatsache, dass dabei noch kein zerstörerisches Schwarzes Löchlein entstanden sei, lasse auch keine Gefahr durch die Teilchenkollisionen am LHC erwarten.

Das CERN hat mittlerweile eine Gruppe Teilchenphysiker, die nicht an LHC-Experimenten beteiligt sind, beauftragt, weitere Spekulationen aufmerksam zu verfolgen. Walter Wagner bittet derweil auf seiner Website um finanzielle Unterstützung und hat einen Aufruf gestartet, um Mitstreiter zu finden, die seine Befürchtungen wissenschaftlich untermauern.

Der LHC hat sogar einige Schriftsteller zu literarischen Visionen inspiriert: Im Roman »Flash« von Robert J. Sawyer sorgt der Start des LHC dafür, dass die Menschen für einen kurzen Augenblick 21 Jahre in die Zukunft blicken können. Und beim eigenwilligen Roman des deutschen Autors Thomas Lehr fällt die Welt für eine Besuchergruppe, die aus der CERN-Anlage wieder ans Tageslicht tritt, kurzerhand in einen Dornröschenschlaf. Der Titel »42« von Lehrs Buch schielt dreist auf Anhalter-Fans.

Der Frankfurter Physiker Horst Stöcker hat mit seinen Mitarbeitern sogar ernsthaft die Möglichkeit untersucht, ob mögliche winzige Schwarze Löcher, die am LHC entstehen könnten, nicht sogar eine nützliche Anwendung haben könnten. Er untersuchte, wie viele dieser Mini-Schwarzen Löcher im LHC entstehen könnten, wenn die zusätzlichen Dimensionen existierten, die von bestimmten Theorien der Elementarteilchenphysik postuliert werden. Dabei bestehe die Möglichkeit, dass die Schwarzen Löcher einen stabilen Endzustand (»Relikt« genannt) erreichen könnten und sich nach Einsteins berühmter Formel $E = mc^2$ damit sogar Energie gewinnen lassen könnte. Stöcker hat mittlerweile sogar ein Patent für einen »Relikt-Konverter« angemeldet, bestehend aus einem »Relikt«, das einen Strahl von niederenergetischen Teilchen, z. B. Protonen, Neutronen oder ganze Kerne, in sogenannte Hawking-Strahlung umwandeln könnte. Dieser Prozess hätte die erstaunlich hohe Umwandlungseffizienz von fast 90 Prozent, nur die dabei produzierten Gravitonen und Neutrinos würden nichts zur Energiegewinnung beitragen. Mit dem Relikt-Konverter würden zehn Tonnen normaler Materie genügen, um den jährlichen Weltenergieverbrauch zu decken!

Doch das ist bei Lichte betrachtet noch reine, wenn auch seriöse Spekulation. Besonders gewagte Ideen der modernen Physik sind mittlerweile nicht mehr ganz so einfach von denen der Science-Fiction zu unterscheiden.

Apocalypse not now?

Dass Außerirdische unseren Heimatplaneten pulverisieren, können wir sicherlich beruhigt ins Reich der Fantasie verweisen. Könnte nicht wenigstens der Einschlag eines großen Asteroiden dem Leben auf der Erde ein Ende bereiten? Immerhin wird noch immer die wissenschaftliche Kontroverse ausgefochten, ob ein Asteroideneinschlag vor 65 Millionen Jahren den Dinosaurier ausgelöscht hat oder nicht. Die Kollision der Erde mit einem Kleinplaneten ist prinzipiell möglich. So kommt der Asteroid Apophis laut Aussage von NASA-Wissenschaftlern im Jahr 2029 der Erde gefährlich nah. Die Wahr-

Abb. 1.3 Eine französische Karikatur aus dem Jahr 1857 illustriert die damalige Furcht vor Kometen. Auch wenn der Einschlag eines Kometen oder eines größeren Asteroiden sicherlich nicht die Erde zerreißen würde, hätten er katastrophale Folgen. So könnte aufgewirbelte Materie die Sonne so stark verdunkeln, dass die Temperatur rapide sinken würde, mit bedrohlichen Folgen für Natur wie Landwirtschaft.

scheinlichkeit eines Einschlags lässt sich jedoch nicht berechnen, weil wichtige Eigenschaften des Asteroiden, die seine Bahn beeinflussen, wie seine Masse und seine Drehachse, noch nicht gemessen werden konnten, Im Gegensatz zu Science-Fiction-Filmen wie »Meteor« (1979), »Deep Impact« oder »Armageddon« (beide 1998) fehlen der Menschheit auch die Mittel, um gefährliche Asteroiden abzuwehren. Doch keine Panik, immerhin hat der ehemalige Apollo-Astronaut Russell Schweickart einen ernst gemeinten Vorschlag gemacht, wie sich ein Asteroid auf Kollisionskurs mit der Erde verhindern lassen könnte.

Wer seine Weltuntergangssorgen lieber auf die lange Bank schieben möchte, der sollte sich auf die Gefahren konzentrieren, die von den Nachbarplaneten der Erde ausgehen. Die französischen Astronomen Jacques Laskar und Mikael Gastineau haben kürzlich 2501 Szenarien durchgerechnet, wie sich die Bahnen der Planeten über mehrere Milliarden Jahre verändern könnten. Dabei sind Kollisionen von Venus oder Mars mit der Erde prinzipiell möglich, wenn die Exzentrizität der Bahn (die Abweichung von der idealen Kreisbahn) von Merkur stark ansteigt. Allerdings fanden Laskar und Gastineau nur in einem Prozent der Lösungen einen starken Anstieg der Exzentrizität der Merkurbahn. Wie wahrscheinlich eine Kollision von anderen Planeten mit der Erde innerhalb der nächsten fünf Milliarden Jahre sein könnte, lässt sich daraus nicht exakt schließen. Sie dürfte jedoch sehr unwahrscheinlich sein, denn nur eine der insgesamt 2501 Lösungen enthält diese Möglichkeit.

Viel ernster sind dagegen die Folgen der drohenden Umweltzerstörung und Klimaveränderungen. Die Menschheit, so scheint es, ist sehr wohl ohne außerirdischer Hilfe in der Lage, unseren Heimatplaneten nachhaltig zugrunde zu richten. Douglas Adams hat sich in seinem letzten Lebensjahrzehnt ernsthaft bemüht, das Bewusstsein für drohende ökologische Katastrophen zu schärfen. Als Mahner vor den Folgen der Umweltzerstörung lässt sich Adams also durchaus ansehen, als Weltuntergangsprophet eignet er sich jedoch nicht, selbst wenn er die Erde, wie wir später sehen werden, nochmals von den Vogonen zerstören ließ, diesmal allerdings in unendlicher Vervielfachung.

Welchen Weltuntergang hätten Sie denn gerne?

Douglas Adams benötigte nur ein paar Seiten, um Arthur Dent auf seine galaktische Reise zu schicken. Das erzählerische Kunststück enthält den Sprung vom Abriss von Arthur Dents Haus zur Zerstörung der Erde. Nur dem Science-Fiction- und Krimi-Autor Fredric Brown dürfte es schneller gelungen sein, Zerstörung im Alltagsmaßstab in globale Dimensionen zu steigern. Er benötigte dafür eine Kurzgeschichte von weniger als zwei Seiten mit dem Titel »Beispiel« (»Pattern«, 1954). Darin landen seltsam unkörperliche, dafür aber kilometergroße Außerirdische auf der Erde. Eine Kontaktaufnahme misslingt. Die Geschichte wird aus der Perspektive der Hausfrau Miss Macy erzählt, die zusammen mit ihrer Schwester im Garten steht. Miss Macy ist angesichts der Außerirdischen nicht von ihrer Gartenarbeit abzubringen. Als die Außerirdischen plötzlich mit einer Art Spritzenbehälter »Wolken eines nebelartigen Stoffes« versprühen, bleibt Miss Macy weiterhin ungerührt. Auf die Frage der Schwester, ob sie flüssigen Dünger versprühe, gibt sie eine Antwort, die jedem Leser klarmacht, was der Erde bevorsteht: »Nein«, sagt Miss Macy, »Ungeziefervernichtungsmittel.« Ob Douglas Adams das Werk von Fredric Brown kannte, ist nicht bekannt. Doch wer den Humor des Anhalters schätzt, der die Klischees der Science-Fiction aufs Korn nimmt und dem nichts heilig ist, der wird seine Freude an den pointierten Kurzgeschichten von Brown haben.

Schaut man sich das Werk von Douglas Adams etwas genauer an, dann fällt auf, dass er – zumindest literarisch – mehr bewohnte Welten auf dem Gewissen haben dürfte als andere Science-Fiction-Autoren. Und schon gar nicht war die Zerstörung der Erde durch die Vogonen der erste Weltuntergang, den er in Szene gesetzt hat. Die erste und einzige Folge der Comedy-«Serie« »Out of the Trees« (1976), einer Zusammenarbeit von Douglas Adams mit Graham Chapman, bietet eine Apokalypse, allerdings aus einem noch viel nichtigeren Anlass als dem Bau einer Hyperraumumgehungsstraße. Alles beginnt ganz harmlos: Ein junger Mann, gespielt von Simon Jones, der später den Arthur Dent in der Radio- und Fernsehfassung von »Per Anhalter durch die Galaxis« verkörpern sollte, pflückt für seine Angebetete eine Blüte aus einem Busch. Sofort eilen zwei Polizisten herbei und setzen dem Blütenpflücker zu, als sei er ein Kapitalverbrecher. Die Anschuldigungen schwingen sich in absurde Höhen, und dass immer mehr Feuerwehr, Polizei und Militär zum Ort des Verbrechens kommt, trägt nicht zur Entspannung der Lage bei. Im Gegenteil, denn die Situation eskaliert zu einem globalen Konflikt. Was mit einer arglos gepflückten Blüte begann, mündet schließlich in einem Atomkrieg, der die Erde völlig zerstört.

Während der Arbeit am originalen Anhalter-Hörspiel sorgte Douglas Adams als Autor für die Serie »Doctor Who« für weitere dreizehn bewohnte Welten, die von einem halbandroiden Weltraumpiraten bis auf einige kümmerliche Überreste zerstört wurden. Doch dazu im sechsten Kapitel mehr.

In »Das Leben, das Universum und der ganze Rest«, dem dritten Band der Anhalter-Saga, droht sogar den Bewohnern des gesamten Universums der Untergang. Die Bedrohung geht auf das Konto der Bewohner des Planeten Krikkit, der mit seiner Zentralsonne in einer gigantischen Staubwolke eingeschlossen ist. Der Nachthimmel Krikkits ist daher zu Recht der uninteressanteste Anblick im ganzen Universum. Nachts ist er einfach nur schwarz, während tagsüber die Sonne alles überstrahlt. Den Krikkitern kam es daher nie in den Sinn, in den Himmel zu sehen, ja schon das Konzept eines Himmels oder eines weiter ausgedehnten Universums ist ihnen denkbar fremd. »Es ist, als hätten sie einen blinden Fleck, der sich über 180 Grad von einem Horizont zum anderen erstreckt«, erläutert es Slartibartfast. Daher bedeutet es einen unerhörten Kulturschock, als ein Raumschiff eine Bruchlandung auf Krikkit macht. Dessen Bewohner reagieren mit geradezu grimmiger Entschlossenheit und zimmern innerhalb kürzester Zeit in krudes, aber funktionsfähiges Raumschiff zusammen. Die Tatsache, dass sie nicht mit ihrem Planeten allein im Universum sind, verwandelt die Bewohner von Krikkit kurzerhand in ein Volk, das an »Frieden, Gerechtigkeit, Moral, Kultur, Sport, Familie und die Vernichtung aller anderen Lebensformen« glaubt. Eigentlich ganz sympathische Kerle, leider nur ein wenig fremdenfeindlich. Ein Glück, dass es Slartibartfast, Arthur und Ford gelingt, dem rücksichtslosen Krikkit-Kreuzzug gegen die gesamte Schöpfung Einhalt zu gebieten.

Douglas Adams hielt zwar erklärtermaßen nichts von den schriftstellerischen Qualitäten Isaac Asimovs (»Ich würde ihn nicht mal Werbebriefe schreiben lassen«), aber mit der Geschichte von Krikkit erweist er einer der berühmtesten Kurzgeschichten seines amerikanischen Schriftstellerkollegen Reverenz. In »Einbruch der Nacht« (»Nightfall«, 1941) schildert der aufstrebende Isaac Asimov ein wahrhaft grandioses Untergangsszenario. Die Bewohner des Planeten Lagash kennen keine Dunkelheit dank der besonderen Konstellation von insgesamt sechs Sonnen. Das immerwährende Tageslicht variiert nur leicht, da sich nicht immer alle Sonnen über dem Horizont befinden. Lagashs eigentliche Sonne heißt Alpha, die anderen fünf Sonnen sind jedoch nah genug, um auch genügend Licht zu spenden. Die Lagashianer leben glücklich und unbesorgt, bis sich der Tag ankündigt, an dem ihre Zivilisation nach den Vorhersagen eines seit Urzeiten existierenden Kultes zugrunde gehen soll. Demnach steht dem Planeten eine totale Dunkelheit bevor, in der sogenannte Sterne erscheinen werden, die den Bewohnern von Lagash Verstand und Seele rauben und sie in einen rasenden Mob verwandeln werden, der die Zivilisation in Schutt und Asche legt – ein Vorgang, der laut den Chroniken des Kultes schon mehrfach stattgefunden haben soll. Der Journalist Theremon 762 macht sich auf die Suche nach dem wahren Hintergrund und stößt schließlich auf das wissenschaftliche Fundament der religiösen Vorhersage. Demnach soll ein bislang unbeobachteter zweiter Planet, eine Art Gegen-Lagash, die Sonne Beta verdecken, wenn diese allein am Himmel steht. Und tatsächlich tritt die Finsternis zum vorhergesagten Termin ein. Der Anblick, der sich der völlig verängstigten Bevölkerung von Lagash bietet, scheint diese tatsächlich in eine Art feurigen Wahnsinn zu treiben. Isaac Asimov ist mit »Einbruch der Nacht« ein höchst beeindruckendes Bild eines Weltuntergangs gelungen. Zwar wird in seiner Geschichte keineswegs der Planet vernichtet, sondern es geht »nur« die darauf existierende Zivilisation zugrunde. Allerdings nicht gänzlich, denn Asimov hat den Bewohnern von Lagash ein Hintertürchen gelassen, das hier nicht verraten sei, um den Spaß an der Lektüre nicht zu vermiesen.

Ein Weltuntergang muss noch erwähnt werden. Er stammt aus der Feder des Amerikaners Charles L. Harness, der eigentlich als Patentanwalt seine Brötchen verdiente, aber auch einige wenige Science-Fiction-Erzählungen und -Romane verfasst hat. Denen blieb jedoch größere Beachtung versagt, abgesehen vielleicht von seiner Kurzgeschichte »Das neue Sein« (»The New Reality«, 1950), die eine aberwitzige Grundidee so sorgfältig durchexerziert, wie das Douglas

Adams in den ausgefeilten Absätzen über die Funktionsweise des Babelfischs oder des unendlichen Unwahrscheinlichkeitsantriebs gelungen ist. Harness ersinnt in »Das neue Sein« eine geradezu philosophische Möglichkeit, dem Universum, wie wir es kennen oder besser zu kennen glauben, ein Ende zu bereiten. Der »Ontologe« (von Ontologie, der Lehre vom Sein) A. Prentiss befasst sich darin zunächst mit der Lehre Kants vom »Ding an sich« (dem »Noumenon«) im Gegensatz zu den Dingen, die unseren Sinnen und den Mitteln der Naturwissenschaft zugänglich sind (dem »Phenomenon«). Kants Idee lässt sich kurz so beschreiben: Wenn uns unsere Sinne Empfindungen vermitteln, dann muss etwas außerhalb unserer selbst existieren, das auf die Sinne einwirkt. Was das »Ding an sich« genau ist, das auf unsere Sinne einwirkt, bleibt uns jedoch verborgen. Kants Begründung: Dies wäre nämlich ein Kausalschluss von einer Wirkung (in diesem Falle den Empfindungen) auf eine Ursache (das Ding an sich), der aus seiner eigenen Lehre hinausführt, denn darin sind Kausalschlüsse nur innerhalb der Welt der Erscheinungen möglich.

Harness verkehrt die Verhältnisse jedoch radikal. Sein Ontologe Prentiss erkennt, dass die Menschen die »Dinge an sich« ihren Weltbildern entsprechend geformt haben. Demnach war die Vorstellung einer flachen Erde nicht einfach nur eine falsche Theorie, sondern so lange Wirklichkeit, bis neue Theorien die Wahrnehmung so nachhaltig beeinflussten, dass die Erde Kugelgestalt annahm. Prentiss kommt schließlich dem irrwitzigen Plan eines Professors Luce auf die Spur, der eine Apparatur entwickelt, mit der es ihm möglich wird, zur Welt der »Dinge an sich« vorzustoßen. Dafür muss er nur ein einzelnes Photon »spalten«. Die Begründung dafür klingt äußerst beeindruckend: »Nach der Einstein-Theorie hat jedes Masse-Energie-Teilchen ein Schwerkraftpotential Lambda. Man kann berechnen, daß die Summe aller Lambdas gerade ausreicht, um das vierdimensionale Kontinuum aufrechtzuerhalten. Ein Lambda weniger – du liebe Güte! Das Universum würde aufreißen.« Für Prentiss ist sofort klar, was das bedeutet: »Anstelle eines Kontinuums hätten wir ein zusammenhangloses Gewirr von dreidimensionalen Gegenständen. Die Zeit, wenn sie noch existierte, hätte keine Beziehung mehr zu den räumlichen Dingen. Nur ein geschulter Ontologe könnte aus so einer ›Seinswelt‹ etwas Sinnvolles machen.« Diese Einschätzung erweist sich dann tatsächlich als korrekt und führt in letzter Konsequenz zur wohl verrücktesten Variante der Geschichte von Adam und Eva. Harness macht sich der »radikalen Nichtachtung naturwissenschaftlicher Erkenntnisse« schuldig.[4] Die Ausführung über Lambdas, die das vierdimensionale Kontinuum aufrechterhalten, ist selbstverständlich kompletter Unsinn. Knapper hat Douglas Adams dreißig Jahre nach Harness die Grundidee eines »philosophischen Weltuntergangs« zusammengefasst: »Es gibt eine Theorie«, heißt es dort, »die besagt, wenn jemals irgendwer genau rausfindet, wozu das Universum da ist und warum es da ist, dann verschwindet es auf der Stelle und wird durch etwas noch Bizarreres und Unbegreiflicheres ersetzt.« Vielleicht sollten wir uns also eher vor Welterklärern als vor außerirdischen Invasoren in Acht nehmen.

2
Per Anhalter ... ins Vakuum

Survival is purely a matter of common-sense and imagination. Use both and there's no great problem. (Überleben ist nur eine Sache von gesundem Menschenverstand und Einfallsreichtum. Nutze beides und es ergeben sich keine großen Probleme.)

Ken Welsh, Hitch-Hiker's Guide to Europe (1971), S. 41

Im Reiseführer Per Anhalter durch die Galaxis steht, man könne im absolut luftleeren Raum ungefähr dreißig Sekunden überleben, wenn man vorher tief Luft geholt hat.

Per Anhalter durch die Galaxis, Kapitel 8

Was gibt es Schlimmeres als seinen Heimatplaneten zu verlieren? Dies ist eine Frage, die sich zum Glück bislang niemand von uns in letzter Konsequenz stellen musste. Arthur Dent dagegen schon. Ihm boten sich kurz nach seiner Rettung durch Ford Prefects »Elektronischen Daumen« gleich zwei mögliche Antworten: Der drittschlechtesten Dichtkunst des Universums ausgesetzt zu sein oder in die luftleere Weite des Weltraums geworfen zu werden. Letztlich blieb Arthur und Ford keine Wahl. Wie wir wissen, mussten sie erst die Vogonen-Lyrik erdulden und wurden anschließend von einer Wache unhöflich aus dem Raumschiff geschmissen.

Die literarische Fantasie von Douglas Adams entzündete sich besonders gern an scheinbar absolut ausweglosen Situationen, in die er die Protagonisten seiner Geschichten mit Vorliebe manövrierte. Um originelle Lösungen, die dafür sorgen, dass die Geschichte nicht vorschnell endet, war er selten verlegen. Und so konnte es sich Ford Prefect auch leisten, sogar noch einen letzten schlechten Scherz zu machen, bevor er den sicheren Tod in der Leere des Weltraums erlitt. Doch wie begegnet ein erfahrener Anhalter dem ungastlichen Vakuum? Bleibt einem wirklich nichts anderes übrig, als die Luft anzuhalten? Was droht uns da draußen, wenn wir den Raumanzug vergessen haben?

Erstaunlicherweise sind die garstigen Auswirkungen des Vakuums auf lebende Organismen nicht erst im Raumfahrtzeitalter untersucht worden, sondern bereits im 17. Jahrhundert. Voraussetzung dafür waren die Erkenntnisse über den Luftdruck und darüber, ob es so etwas wie eine (zumindest fast) völlige Leere überhaupt geben könne. Galileo Galilei wusste bereits, dass sich Wasser mit einer Saugpumpe kaum über eine Höhe von zehn Meter hinaus anheben lässt. Was aber nun, wenn man die dichteste bekannte Flüssigkeit, nämlich Quecksilber verwendete? Das zeigte Evangelista Torricelli, Galileis findiger Gehilfe, im Jahr 1643, indem er das Quecksilberbarometer erfand. Er füllte eine ein Meter lange Röhre mit nur einem offenen Ende mit Quecksilber. Diese Öffnung verschloss er, drehte die Röhre kopfüber um und stellte sie in ein Gefäß, das ebenfalls mit Quecksilber gefüllt war. Dann öffnete er das untere Ende und beobachtete, dass sich die Quecksilbersäule um rund ein Viertel absenkte. Damit gingen zwei Erkenntnisse einher: Erstens, dass die Luft offensichtlich einen Druck ausübte, der dem der verbleibenden Quecksilbersäule entsprach. Und zweitens, dass sich in der Röhre oberhalb des Quecksilbers ein Vakuum befinden musste. Torricelli stellte später in einem Brief an seinen Kollegen Michelangelo Ricci fest, dass »wir abgetaucht am Boden eines Ozeans des Elements Luft leben, von der man aufgrund unbestrittener Experimente weiß, dass sie ein Gewicht hat«. 140 Jahre sollten vergehen, bis die Gebrüder Montgolfiere mit ihrem Ballon tatsächlich in der Lage sein sollten, ein erstes Auftauchen im Luftozean zu wagen. Welch mächtige Kraft der Luftdruck auszuüben vermag, demonstrierte Otto von Guericke 1654 eindrucksvoll mit seinen berühmten Magdeburger Halbkugeln. Mit einer von ihm entwickelten Luftpumpe war er in der Lage, ein wirkungsvolles Vakuum zu erzeugen. Zwei Gespanne aus jeweils acht Pferden waren nicht stark genug, um die beiden Halbkugeln zu trennen.

Der Engländer Robert Boyle erfuhr von den Versuchen Guerickes. Boyle hatte eine hervorragende Ausbildung erhalten, unter anderem in Florenz, wo er Galilei in seinen letzten beiden Lebensjahren begegnete. Zurückgekehrt in London scharte Boyle einen Freundeskreis um sich, der die aktuellen Fragen der damaligen Wissenschaft diskutierte. Dieses »unsichtbare College«, wie Boyle es nannte, war die Keimzelle der ehrwürdigen Royal Society, die 1662 ins Leben gerufen wurde. Boyle war fasziniert von Guerickes Versuchen, sah aber auch sofort ihre Defizite: So mussten sich zwei Männer stundenlang abrackern, um die Luft aus der Kugel zu pumpen. Außerdem waren sie nicht durchsichtig. Für Boyle ein großer Mangel, wollte er doch studieren, wie sich die verschiedenen Prozesse in ausgedünnter und normaler Luft verhielten. Darum war Boyle höchst erfreut, als ihm sein Assistent Robert Hooke eine neue leistungsfähigere Vakuumpumpe präsentierte. Mit dieser ließ sich die Luft aus einer Glaskugel mit fast 40 Zentimeter Durchmesser herauspumpen. Durch einen Verschluss konnte Boyle von oben Gegenstände aller Art in die Kugel legen und so die Auswirkungen der stark verdünnten Luft beobachten. Er legte dabei einen Enthusiasmus an den Tag, der jedem Forscher zu eigen ist, dem bewusst ist, dass er etwas als Allererster erforschen kann. Boyle beobachtete, wie sich eine halb mit Luft gefüllte Blase eines Lamms bei immer geringerem Druck in der Glaskugel ausdehnte und schließlich zerplatzte – eine unansehnliche Aktion, die aber schon etwas darüber verriet, was mit luftgefüllten Organen passieren kann. Er untersuchte, ob sich bekannte physikalische Phänomene von der Dichte der Luft beeinflussen ließen, wie zum Beispiel eine Magnetnadel (die sich weiterhin von einem Magneten außerhalb der Kugel ablenken ließ), ein schwingendes Pendel (das genauso schnell wie ein baugleiches Pendel bei normalem Luftdruck schwang) oder heißes Wasser (das plötzlich zu kochen begann, wenn ein bestimmter Druck unterschritten wurde). Und last but not least gebührt Boyle das Verdienst, als erster unter kontrollierten Bedingungen beobachtet zu haben, wie sich ein stark reduzierter Druck auf Lebewesen auswirkt. Als Erstes mussten eine dicke Fliege, eine Biene auf einer Blume und ein Schmetterling als Versuchstiere herhalten. Alle drei stellten gezwungenermaßen den Flugbetrieb ein, als ihnen die Luft zu dünn wurde, und fielen zu Boden. Das erscheint heute nicht mehr verwunderlich. Doch dabei vergessen wir allzu oft, dass diese Intuition auf den Forschungsergebnissen so neugieriger und hartnäckiger Forscher wie Robert Boyle beruht. Aristoteles und seinen Nachfolgern erschien es dagegen noch naheliegender anzunehmen, dass es so etwas wie ein Vakuum überhaupt nicht geben dürfe, und dass die Natur geradezu davor zurückschrecke. Dieser »horror vacui« verstellte die Sicht darauf, dass auch die Leere ein spannender Forschungsgegenstand sein kann. Kaum jemand hätte damals geahnt, dass sich der Handel mit Vakuumpumpen einmal zu einem weltweiten Markt mit einem jährlichen Umsatz von fünf Milliarden Dollar (2008) entwickeln würde.

Boyle experimentierte unermüdlich weiter. Nach den Insekten widmete er sich höheren Organismen. Zunächst einer Lerche, die bei Normaldruck munter in der Glaskugel umherflatterte, so weit es der Platz zuließ. Doch nachdem die Pumpe lang genug gearbeitet hatte, wurde dem arglosen Vogel die Luft zu dünn, er sank in sich zusammen und verstarb schließlich unter wilden Zuckungen, wie man sie, so Boyle bildhaft, bei »Geflügel beobachtet, dem man den Hals umdreht«. Dann musste ein Spatz daran glauben. Auch er schien seine Lebensgeister ausgehaucht zu haben, nachdem die Pumpe rund sieben Minuten gearbeitet hatte. Doch als wieder Luft in die Glaskugel strömte, erwachte der Vogel wieder zum Leben und entkam fast durch die Öffnung. Einen nochmaligen Versuch überlebte er jedoch nicht. Zu guter Letzt fand sich eine Maus einem immer geringeren Luftdruck ausgesetzt, bis auch sie bewusstlos wurde. Doch auch ihre Lebensgeister wurden wieder geweckt, als wieder frische Luft eingeströmt war. (Mit dem Respekt, den der Planetenbauer Slartibartfast den Mäusen als seinen Auftraggebern entgegenbrachte, hätte er sicherlich ausgerufen: »Welch Raffinement man muss es einfach bewundern!«)

Doch Boyles Experimente bewiesen nur, dass ein Vakuum prinzipiell lebensgefährlich ist. Welcher Art waren aber nun die Gefahren, die einem drohten, wenn man sich in die Luftleere wagte? Und ließ sich gegen die schädlichen Folgen Vorsorge treffen? Damit befasste sich der Franzose Paul Bert im 19. Jahrhundert, der in seinen Studienjahren vom Ingenieurswesen über die Rechtswissenschaften zur Physiologie gefunden hatte, weil er sein Interesse für die Funktionsweise des menschlichen Körpers entdeckt hatte. Er untersuchte mit einer Dekompressionskammer erstmals systematisch, wie sich ein verminderter Luftdruck auf Tiere und Menschen auswirkt. Dabei gelang es Bert nachzuweisen, dass es nicht eigentlich der geringe absolute Luftdruck war, der lebenden Organismen in großen Höhen gefährlich wurde, sondern vor allem der geringe Partialdruck des Sauerstoffs. Der Partial- oder auch Teildruck bezeichnet dabei den Anteil eines Gases am Gesamtdruck eines Gasgemisches. Luft besteht zu rund 21 Prozent aus Sauerstoff. Wenn man den Normaldruck auf Meereshöhe von 760 Millimeter Quecksilbersäule (mm Hg oder 1013 mbar) nimmt, dann ergibt sich ein Sauerstoffpartialdruck von 160 mm Hg (rund 200 mbar). Der Sauerstoffpartialdruck im Blut bestimmt insbesondere, wie viel Sauerstoff darin gelöst sein kann. Bert konnte nachweisen, dass ein Sauerstoffpartialdruck von unter 35 Millimeter Quecksilbersäule (umgerechnet 47 mbar) unweigerlich zum Tode führt. Mit dieser Erkenntnis hatte Bert aber auch das Mittel an der Hand, um Menschen den Aufstieg in große Höhen zu ermöglichen: Man musste dafür sorgen, den Partialdruck und damit die Konzentration des Sauerstoffs in der Atemluft zu erhöhen. Die Ballonflieger Joseph Crocé-Spinelli und Théodore Sivel hatten sich von Bert beraten lassen, bevor sie am 22. März 1874 einen Ballonaufstieg bis auf 7300 Meter wagten. Sie hatten mit Sauerstoff gefüllte Beutel an Bord, aus denen sie bei Bedarf atmen konnten. Berts Vorhersagen bewahrheiteten sich, und die Beschwerden infolge der großen Höhe wie Kopfschmerzen, Unkonzentriertheit, Appetitlosigkeit und Sehschwäche verschwanden. Diese Erfahrung veranlasste Crocé-Spinelli und Sivel zu einem noch waghalsigeren Aufstieg bis auf 8600 Meter, bei dem sie der Chemiker Gaston Tissandier als dritter Mann begleitete. Bert hatte von dem geplanten zweiten Ballonaufstieg durch einen Brief von Crocé-Spinelli erfahren, der berichtete, dass diesmal drei Säcke mit insgesamt 150 Liter Luft mit einem Sauerstoffanteil von 72 Prozent mit an Bord waren. Bert war alarmiert und schrieb sogleich zurück: »In den erhabenen Höhen, in denen künstliche Atmung unverzichtbar ist, solltet Ihr für drei Männer mit einem Verbrauch von mindestens 20 Liter pro Minute rechnen; seht wie rasch Euer Vorrat erschöpft sein wird!« Doch seine Warnung kam zu spät. Crocé-Spinelli und Sivel erstickten und wurden so zu den ersten Todesopfern am Himmel. Nur Gaston Tissandier überlebte den riskanten Aufstieg. Das macht deutlich, welche körperliche Höchstleistung Reinhold Messner im Jahr 1978 vollbrachte, als er als erster Mensch

Abb. 2.1 Der Franzose Gaston Tissandier wagte am 15. April 1875 mit Joseph Crocé-Spinelli und Théodore Sivel einen Ballonaufstieg in eine Höhe von über 8600 Metern. Seine beiden Begleiter kostete der Sauerstoffmangel das Leben, Tissandier überlebte, verlor aber sein Gehör.

den 8848 Meter hohen Mount Everest ohne Sauerstoffmaske bezwang.

Paul Bert sammelte frühere Berichte über Erfahrungen mit geringem Druck und veröffentlichte sie 1878 zusammen mit den Ergebnissen seiner eigenen Versuchsreihen in seinem über tausend Seiten umfassenden Buch »La Pression Barométrique«, das lange Zeit als Standardwerk galt. Damit wurde er zum eigentlichen Pionier bei der Erforschung der physiologischen Auswirkungen großer Höhen. Doch es dauerte bis 1934, als der amerikanische Flugpionier Wiley Post den ersten Druckanzug für Flüge in großen Höhen präsentierte, und noch einmal fast dreißig Jahre, bis es Raumanzüge gab, die den Astronauten auch bei einem Weltraumspaziergang möglichst angenehme atmosphärische Verhältnisse boten.

Doch Arthur Dent und Ford Prefect besaßen nach ihrer unerquicklichen Begegnung mit Prostetnik Vogon Jeltz keinen Raumanzug. Und es waren auch weit und breit keine »Strags« (galaktisches

Slangwort für die uncoolen »Nicht-Anhalter«) in Sicht, die sie mit ihrem Handtuch so hätten beeindrucken können, dass diese bereit gewesen wären, Ford und Arthur die dringend benötigten Raumanzüge zu leihen. Doch würden die beiden Weltraumreisenden nicht lange vor dem Erstickungstod in der erbarmungslosen Kälte des Weltalls erfrieren? Würde diese sie nicht in Nullkommanix in einen schockgefrorenen Eisblock verwandeln, wie es im Science-Fiction-Film »Mission to Mars« auf besonders drastische Weise zu sehen ist? Schließlich herrscht im Weltraum eine Temperatur von fast –273 Grad Celsius, was 0 Kelvin entspricht! Allerdings nur fast, denn auch in den ödesten Bereichen des Weltraums kann die Temperatur niemals den absoluten Nullpunkt erreichen. Der Grund dafür ist die kosmische Mikrowellenhintergrundstrahlung, die gewissermaßen den Nachhall des Urknalls darstellt. Ihre Temperatur beträgt nach den fast 15 Milliarden Jahren, die unser Universum mittlerweile auf dem Buckel hat, allerdings nur noch 2,7 Kelvin. Doch da uns die kosmische Hintergrundstrahlung aus allen Richtungen erreicht, kann sich kein Punkt im Weltraum auf eine geringere Temperatur abkühlen. Aber 2,7 Kelvin sind immer noch 270 Grad unter dem Gefrierpunkt des Wassers. Dennoch müssen sich Arthur und Ford nicht primär um die Kälte scheren, denn in der Leere des Weltraums gibt es – salopp gesprochen – so gut wie nichts, was kalt sein kann: Nur ein Atom pro Kubikzentimeter und vielleicht ein Staubkörnchen von einem Tausendstel Millimeter Größe in einem Würfel von 50 Meter Kantenlänge schwirren im interstellaren Raum umher. Physikalisch gesehen beschreibt die Temperatur den »Energiegehalt« von Materie: Eine höhere Temperatur bedeutet, dass sich die Teilchen schneller bewegen. Während sich unter alltäglichen Bedingungen die Moleküle in der Luft mit Schallgeschwindigkeit fortbewegen oder auf unsere Haut prasseln, schleppen sie sich bei den tiefen Temperaturen des Alls nur noch mit einem Zentimeter oder weniger pro Sekunde voran. Körper kühlen im Weltraum ab. Nicht zuletzt gilt aufgrund der Gesetze der Thermodynamik, dass Wärme immer nur vom wärmeren zum kälteren Medium fließt, da aber nur so wenige Teilchen des kälteren Mediums im All vorhanden sind, geschieht dies sehr langsam. Auf jeden Fall viel länger als man zum Ersticken benötigt. Es lohnt also nicht, so ein Gewese um mögliche Erfrierungen zu machen. Die Kälte kann allerdings dazu führen, dass kleinere Äderchen in der Haut platzen, doch das ist ebenfalls nicht lebensgefährlich, sondern höchstens eine kosmetische Unansehnlichkeit, und ein kleines Übel, wenn man tatsächlich rechtzeitig gerettet wird. Erst nach einigen Minuten im Vakuum des Weltraums wird die Haut stärker in Mitleidenschaft gezogen.

Kälter als im Weltraum kann es nur noch in den wissenschaftlichen Laboren werden. Hier können Temperaturen von nur noch wenigen Milliardstel Grad über dem absoluten Nullpunkt herrschen. Atome verfallen dann endgültig in eine Kältestarre oder beginnen sich auf merkwürdige Weise quantenmechanisch aufzuführen.

Kein Stoff, wo die Helden sind

Einen ersten Vorgeschmack auf die Bedingungen im Weltraum lieferten die ersten bemannten Aufstiege in Heliumballonen, die in Höhen vorstießen, die allein Raketen vorbehalten zu sein schienen. 1957 legte die amerikanische Luftwaffe mit dem Ballonprojekt »Manhigh« die Grundlagen für die bemannte Raumfahrt. Ziel war es, die Auswirkungen des Weltraums, insbesondere der kosmischen Strahlung, auf den Menschen zu erforschen. Der Testpilot Joe Kittinger war der erste, der einen Aufstieg in einer winzigen Ballongondel bis auf eine Höhe von fast 30 Kilometern wagte und sicher wieder auf dem Boden landete. Kittinger erwies sich dabei als äußerst entschlossen. Als die Bodenkontrolle das Signal gab, den Aufstieg vorzeitig abzubrechen, morste er trotzig zurück: »Kommt doch und holt mich!« Kittinger war es auch, der 1960 als erster den (bis heute unübertroffenen) Absprung mit einem neu entwickelten Fallschirm aus über 31 Kilometer Höhe wagte. Während des Aufstiegs verlor Kittinger den Druck im rechten Handschuh seines Druckanzugs. Doch statt, wie es der Notfallplan vorsah, wieder zur Erdoberfläche abzusteigen, entschloss er sich erneut, den Aufstieg fortzusetzen. Seine rechte Hand schwoll dabei schließlich bis auf das Doppelte ihrer normalen Größe an, schmerzte und war nicht mehr zu gebrauchen. Schließlich hatte Kittinger eine Höhe von 31 322 Metern erreicht und absolvierte furchtlos den halsbrecherischen Rekord-Fallschirmsprung, dokumentiert von den automatischen Kameras in der Ballongondel und am Helm des Schutzanzugs. Kittinger fiel zunächst vier Minuten und 36 Sekun-

Abb. 2.2 Der amerikanische Testpilot Joe Kittinger springt aus einer Höhe von 31 Kilometern zur Erde. Dort herrschen schon fast Weltraumbedingungen.

den, stabilisiert durch einen kleinen Hilfsfallschirm, und erreichte fast Schallgeschwindigkeit, bevor sich in rund 5500 Meter Höhe der Hauptfallschirm öffnete. Nach fast zehn Minuten landete er sicher auf der Erde. Der Zustand seiner rechten Hand hatte sich während des Abstiegs wieder normalisiert.

Einen tragischen Ausgang nahm der Druckverlust in der Landekapsel der russischen Sojus 11-Mission. Beim Abtrennen der Landekapsel vom Orbitalmodul löste sich vorzeitig die Versiegelung eines Ventils, der Druck fiel innerhalb kürzester Zeit auf Null ab. Zwar landete die Kapsel wie vorgesehen an Fallschirmen, doch die drei Kosmonauten Georgi Dobrowolski, Wiktor Pazajew und Wladislaw Wolkow konnten nur noch tot geborgen werden. Für den arglosen Anhalter bleibt die drängende Frage zu klären, auf welche Weise er seine Chancen erhöhen kann, um noch lebendig von einem Raumschiff aufgelesen zu werden? Der galaktische Reiseführer rät schlicht, die Luft anzuhalten. Das ist leider ein weiterer Beleg dafür, dass dieses sonst so nützliche Nachschlagewerk Dinge enthält, die sehr zweifelhaft oder zumindest wahnsinnig ungenau sind. Um vogonische Lyrik ertragen zu können, mag es sinnvoll sein, die Luft anzuhalten, doch wenn man aus der Luftschleuse wie ein Korken aus einem Spielzeuggewehr in den Weltraum schießt, bedeutet es das sichere Todesurteil. Arthur Dent und Ford Prefect wären nie an Bord des Raumschiffs »Herz aus Gold« gelangt. Ebenso wäre es übrigens auch dem Astronauten Dave Bowman (Keir Dullea) im Film »2001 – Odyssee im Weltraum« ergangen, als er ohne den Helm seines Raumanzuges wieder von der Raumfähre zurück ins Raumschiff gelangen wollte, aus dem ihn der Bordcomputer HAL ausgesperrt hatte. Denn auch Bowman atmet noch einmal kräftig ein und hält dann die Luft an, bevor er sich in die geöffnete Luftschleuse katapultiert.

Doch was passiert eigentlich, wenn man kräftig einatmet, bevor man den Bedingungen des Weltraums ausgesetzt ist? Eins ist sicher: Man platzt nicht, wie es z. B. im Weltraumwestern »Outland – Planet der Verdammten« (1981) mit Sean Connery zu sehen ist. Der menschliche Körper ist ein äußerst stabiles Behältnis und explodiert auch im Vakuum nicht einfach so. Doch der schwindende Druck führt dazu, dass die im Blut und anderen Körperflüssigkeiten gelösten Gase ausgasen und lebensgefährliche Embolien zur Folge haben. Geplatzte Blutgefäße führen zu inneren Blutungen, nicht zuletzt in der Lunge. Um das Risiko von Embolien zu vermeiden, ist es daher anzuraten, alle Luft in den Lungen auszuatmen, bevor man von einer Vogonen-Wache in den Weltraum geworfen wird.

Aus Mangel an Erfahrungswerten können Mediziner nur mutmaßen, wie lange ein Mensch ohnmächtig im Weltraum zubringen kann, um erfolgreich wiederbelebt werden zu können. Versuche mit Hunden in den 60er-Jahren haben ergeben, dass der Blutdruck in den Arterien nach zwei Minuten verschwunden ist, die Herzkontraktion aber für mindestens fünf Minuten erhalten bleiben kann. Dann wäre eine Wiederbelebung zumindest denkbar, allerdings nur, wenn es gelingt, innerhalb von rund anderthalb Minuten wieder normale Druckverhältnisse für den Betroffenen herzustellen.

Da sich Arthur und Ford nach 30 Sekunden im Weltraum unbeschadet an Bord der »Herz aus Gold« wiederfinden, erscheint es wahrscheinlich, dass sie doch alle Regeln beachtet haben, die sich jeder galaktische Anhalter für den Fall merken sollte, wenn er doch einmal ohne Raumanzug im Weltraum landet:

1. Möglichst vorher alle Luft ausatmen!
2. Warme Kleidung tragen!
3. Augen und Mund schließen, Nase zuhalten!
4. Wer als echter Anhalter sein Handtuch dabei hat, sollte seinen Kopf damit umwickeln. Das schützt zusätzlich vor Kälte und schädlicher Strahlung.
5. Möglichst innerhalb von zwei Minuten von einem vorbeifliegenden Raumschiff retten lassen, dessen Besatzung ausreichend medizinische Erfahrung und Ausstattung zur Reanimation besitzt.

Im von Eoin Colfer verfassten sechsten Band der Anhalter-«Trilogie« zeigt sich, dass Zaphod Beeblebrox die Erkenntnisse der Physiologie verinnerlicht hat. Von seinem linken Kopf (eine lange Geschichte!) wird er ohne einen Raumanzug ins Weltall geworfen. Zaphods tief im Unterbewusstsein vergrabene Persönlichkeit hält währenddessen einen aufschlussreichen inneren Monolog: »Da ich die Luft nicht angehalten habe, gibt es keine Lungenschäden, aber das bedeutet, dass ich höchstens eine halbe Minute Zeit habe, bevor das sauerstoffarme Blut mein Gehirn erreicht. Ich hätte noch so viel mehr aus meinem Leben machen können…«

Da Zaphod wie Ford von einem Planeten in der Nähe von Beteigeuze stammt, dürfte er nicht den Beschränkungen der menschlichen Physiologie unterworfen sein, sodass das sauerstoffarme Blut gut etwas länger benötigen kann, um zum Gehirn zu gelangen. Bei gewöhnlichen Menschen wie Arthur Dent liegt diese Zeit bei rund 15 Sekunden. Arthur muss also im Raumschiff »Herz aus Gold« erst aus der Bewusstlosigkeit aufwachen. Das wird auch durch das Beispiel eines NASA-Technikers bestätigt, der 1965 in einer Druckkammer einen Raumanzug auf seine Funktionsfähigkeit testen sollte. Als der Druck im Anzug durch einen Defekt verloren ging, wurde der Techniker plötzlich den Bedingungen ausgesetzt, die in einer Höhe von fast 37 Kilometern über dem Erdboden herrschen. Nach 14 Sekunden fiel er in Ohnmacht. Das letzte, woran sich der Techniker erinnern konnte, bevor er bewusstlos wurde, war ein äußerst eigenartiges Gefühl auf seiner Zunge. Infolge des rapiden Druckabfalls hatte der Speichel auf der Zunge zu kochen begonnen. Dass die Temperatur, bei der Wasser kocht, vom herrschenden Luftdruck abhängt, lässt sich bereits auf niedrigeren Berggipfeln testen. In 2000 Metern Höhe beträgt der Luftdruck nur noch grob 80 Prozent des Werts auf Höhe des Meeresspiegels und Wasser kocht bereits bei 90 Grad Celsius. Ein »Drei-Minuten-Ei« muss in dieser Höhe mindestens fünf Minuten kochen, um die gewünschten Eigenschaften zu erhalten. Im Vakuum des Weltraums, wo natürlich keinerlei Luftdruck herrscht, genügt die Körpertemperatur vollauf, um Speichel auf der Zunge oder Schweiß auf der Haut zum Kochen zu bringen, nicht jedoch im Inneren des Körpers. Das ist nichts, vor dem man sich wirklich fürchten muss, wenn man sich nur in Pyjama und Bademantel im Weltraum wiederfindet. Angst muss einem in erster Linie der eklatante Mangel an Sauerstoff machen.

Allerdings soll nicht verschwiegen werden, dass es Lebewesen gibt, die einen ausgedehnten Weltraumspaziergang überleben können und dabei nicht auf einen Raumanzug angewiesen sind. Es handelt sich dabei um die sogenannten Bärtierchen, die neben den Insekten, Milben, Krustentieren einen eigenen Stamm der Wirbellosen darstellen, lateinisch *Tardigrada* genannt. Sie sind meist kleiner als ein Millimeter und besitzen in der Regel acht Beine. Ihren deutschen Namen verdanken sie ihrem Aussehen und ihrer tapsigen Art sich fortzubewegen. Doch die Bärtierchen gelten unter Zoologen nicht nur als knuddelige Mikroorganismen, sondern eher als außergewöhnliche Überlebenskünstler. Extremer Kälte oder Trockenheit trotzen die Tardigrada dadurch, dass sie jeden Stoffwechsel einstellen und tonnenförmig einschrumpfen. Dieser Zustand heißt Kryptobiose und eignet sich auch für Weltraumspaziergänge, wie ein deutsch-schwedisches Forscherteam zeigen konnte. Sie ließen im September 2007 eine größere Zahl von zwei verschiedenen Bärtierchenarten im Rahmen der FOTON-M3-Mission in den Weltraum bringen. In einer Höhe von 270 Kilometern umkreisten die Winzlinge zehn Tage lang die Erde und waren dabei direkt dem Weltraum ausgesetzt. Die Kälte und das Vakuum setzten den Bärtierchen nicht sonderlich zu, und die Verluste hielten sich im Vergleich zu einer Kontrollgruppe innerhalb der Raumkapsel sehr in Grenzen. Wenn die Tierchen auch die lebens-

Abb. 2.3 Die so genannten Bärtierchen können in ihrer Kältestarre sogar den unwirtlichen Bedingungen des Weltraums trotzen.

feindliche Weltraumstrahlung aushalten mussten, überlebten nur noch zwei Prozent der einen Art. Doch wenn man bedenkt, dass die Bärtierchen im Extremfall für zehn Tage die UV-Strahlung der Sonne in ihrer gesamten Bandbreite sowie die kosmische Strahlung ertragen mussten, erstaunt es, dass überhaupt Exemplare überlebt haben. Von denjenigen Tieren, die nur dem langwelligeren Teil der UV-Strahlung ausgesetzt waren, überlebten in der Kältestarre immerhin weit über die Hälfte. Sie ließen sich, zurück auf der Erde, fast alle wiederbeleben. Sie erfreuten sich wieder eines ungebremsten Appetits und legten Eier. Der Nachwuchs entwickelte sich trotz des Weltraumausflugs der Elterntiere völlig normal. Wie es den Bärtierchen gelingt, den hohen Strahlungsdosen zu trotzen, welche genetischen Faktoren oder zellulären Prozesse dabei die entscheidende Rolle spielen, ist Gegenstand der aktuellen Forschung. Ob sich daraus hilfreiche Erkenntnisse für menschliche Weltraumreisende ergeben, ist eher unwahrscheinlich. Aber detaillierte Erkenntnisse über die Kryptobiose könnten dabei helfen, die Konservierung von Zellen in Biobanken zu verbessern – auch im Anhalter-Kontext ein nicht zu vernachlässigender Aspekt, wenn man bedenkt, wie Arthur Dent im fünften Band der Anhalter-Saga zu seiner Tochter Random gekommen ist.

Per Anhalter durch die Galaxis? Warum eigentlich nicht?

Wenn man einmal von den unliebsamen Folgen absieht, die einem drohen, wenn man aus einer Luftschleuse ins All geworfen wird, hat der Gedanke, sich als Anhalter von einem Raumschiff einer weit fortgeschrittenen außerirdischen Zivilisation mitnehmen zu lassen, durchaus seinen Reiz. Die amerikanische Rockgruppe »The Byrds« fantasierte bereits 1966 in ihrem Song »Mr. Spaceman« davon, sich von außerirdischen Raumfahrern mitnehmen zu lassen. (Auch wenn diese vorher arglose Erdenbürger mit ihren fliegenden Untertassen erschrecken, wie es im Song-Text heißt, und blaugrüne Fußstapfen hinterlassen haben, die im Dunklen leuchten. Ford Prefects Geschichte von den Foppern, die Planeten ohne interstellare Verbindung »besummen«, könnte hier ihren Ursprung haben.)

Zu den bekanntesten kosmischen Anhaltern vor Arthur Dent gehört sicherlich der bereits erwähnte Dave Bowman aus Kubricks Meisterwerk, das übrigens auch zu den erklärten Lieblingsfilmen von Douglas Adams zählt (»Der Film 2001 hat mir unglaublich gefallen, ich habe ihn mir sechsmal angesehen«). Hier katapultiert ein mysteriöses »Sternentor« einer außerirdischen Intelligenz Bowman über rätselhafte und ausgesprochen psychedelische »Hyperräume« nicht nur weit weg, sondern auch in völlig neue Stufen der Entwicklung. In Steven Spielbergs »Unheimliche Begegnung der Dritten Art« (1977) nehmen die Außerirdischen den Kraftwerksingenieur Roy Neary (Richard Dreyfuss) auf ihre interstellare Reise mit. In beiden Beispielen erfährt man allerdings nicht wirklich, wo genau die kosmischen Passagiere schließlich ankommen.

Von einem außerirdischen Raumschiff mitgenommen zu werden, könnte uns endlich weiter hinausbringen als die Apollo-Missionen. Diese zählen natürlich zu den großen technischen Leistungen der

Menschheit. Zwölf Männer sind bis 1972 auf der Oberfläche des Mondes herumgehüpft oder sogar herumgefahren, haben dort Flaggen, Messgeräte, Müll und Golfschläger zurückgelassen, und sind wohlbehalten zur Erde zurückgekehrt. Dafür mussten sie rund 400 000 Kilometer zurücklegen. Doch das entspricht nicht einmal dem Billionstel des Durchmessers unserer Galaxis! Die Voyager-Sonden haben immerhin längst den Bereich der Pluto-Umlaufbahn hinter sich gelassen und stoßen zur Grenze zwischen der Plasmablase unseres Sonnensystems, der sogenannten Heliosphäre, und dem intergalaktischen Medium vor. Voyager 1 ist das am weitesten von der Erde entfernte künstliche Objekt und hat seit ihrem Start im September 1977 über 16 Milliarden Kilometer zurückgelegt. Die Sonde ist mit rund 60 000 Kilometern pro Stunde auf dem Weg, unser Sonnensystem zu verlassen. Doch selbst bei diesem stolzen Tempo dauert es über 18 000 Jahre, bis die Sonde ein lumpiges Lichtjahr zurückgelegt hat.

Also Daumen raus und auf Außerirdische hoffen, die Anhaltern freundlich gesonnen sind. Sonst wird es Menschen auf absehbare Zeit wohl kaum gelingen, in coolere Regionen unserer Galaxis zu gelangen. Doch auch das hat seine Tücken. Arthur Dent dürfte nach seinen Reisen durch Raum, Zeit und die Wahrscheinlichkeitsdimensionen der galaktischen Zone ZZ9 Plural Z Alpha kaum noch wissen, ob und wo er ankommt oder aufbricht. In »Macht's gut, und danke für den Fisch«, dem vierten Band der Anhalter-Saga, kehrt er wieder auf die (oder eine?) Erde zurück und muss sich sogar wieder mit den profanen Schwierigkeiten des irdischen Trampens herumschlagen. Rücksichtslose Autofahrer machen sich einen Spaß daraus, Arthur bei strömendem Regen nicht nur am Straßenrand stehen zu lassen, sondern auch noch mit einem Schwall Wasser zu beglücken. Und als Arthur schließlich doch mitgenommen wird, hat das nachhaltige Auswirkungen auf seinen Gefühlshaushalt, denn im Wagen begegnet er Fenchurch, in die er sich sofort verliebt.

Douglas Adams hat hier vermutlich alle einschlägigen Erfahrungen gemacht, als er sich vor und während seines Studiums per Anhalter durch Europa schlug und immerhin bis Istanbul gelangte – wo er sich eine Lebensmittelvergiftung zuzog und wieder zurück nach Hause musste. In der Tasche trug er das unverzichtbare Buch »Hitch-Hiker's Guide to Europe«, das als Inspiration für den Namen des galaktischen Reiseführers diente. Die eigentliche Idee, so hat Adams oft genug erzählt, sei ihm im Jahr 1971 gekommen, als er betrunken auf einem Feld bei Innsbruck lag und in die Sterne schaute. Douglas Adams war sich irgendwann nicht mehr sicher, ob es sich wirklich genauso zugetragen hat. Sein Biograf M. J. Simpson hat nach gründlicher Recherche herausgefunden, dass sich das Ganze vermutlich 1973 bei einem Urlaub in Griechenland, genauer auf Santorini, zugetragen hat. Aber die Anekdote ist zu schön, um sie nicht zu erzählen – getreu dem Grundsatz: »Der Anhalter ist endgültig. Die Wirklichkeit ist öfter ungenau.«

Douglas Adams vertraute als studentischer Tramper bei seinen Reisen dem Reiseführer »Hitch-Hiker's Guide to Europe« von Ken Welsh[1)], der zeigte, wie man auch noch fast völlig abgebrannt durch Europa trampen kann. Der 19-jährige Douglas gehörte wirklich zur Zielgruppe des Buches. Es sagt viel über seine finanzielle Lage aus, dass er sich ein Exemplar des Buches nur geliehen und, wie er später freimütig zugab, nicht wieder an den Ausleiher zurückgegeben hatte. Welsh lotet jede Möglichkeit aus, um auf der Reise Geld zu sparen. Die Informationen über die Länder und eine kleine Auswahl der wichtigsten Städte beschränken sich auf das Allernötigste. Und es findet sich im Buch auch eine Packliste der essenziellen Dinge, die ein Anhalter dabei haben sollte. Ein Handtuch ist erstaunlicherweise nicht darunter.

Welsh gibt natürlich auch Tipps, wie man seine Chancen als Anhalter erhöhen kann (»Look like a nice kid and you can skid around pretty fast«). Denn Anhalter genießen keinen sonderlich guten Ruf, weder auf der Erde noch im Weltraum. »[D]as Verkehrsmittel trennt die Menschen auch physisch. Die Eisenbahn wurde durch Autos abgelöst«, konstatierten die deutschen Philosophen Max Horkheimer und Theodor Adorno in einem Fragment zu ihrer »Dialektik der Aufklärung« (1944), dem Hauptwerk der »Kritischen Theorie«. Ihr ernüchterndes Fazit: »Durch den eigenen Wagen werden Reisebekanntschaften auf halbbedrohliche hitchhikers reduziert. Die Menschen reisen streng voneinander isoliert auf Gummireifen.« Auch die Polizei misstraute den verdächtigen Gestalten am Straßenrand.

Die Wissenschaft hat das Phänomen des Trampens bislang eher mit Nichtachtung gestraft. Die erste und bis heute wohl immer noch umfangreichste Untersuchung über Anhalter und ihre Erfahrungen, verfasste der eigentlich als Englischdozent arbeitende Mario Rinvolucri. Sein Buch mit dem Titel »Hitch-hiking« erschien 1974 im Eigenverlag in Cambridge. Rinvolucri stützte sich dabei im Wesentlichen auf die Befragung von insgesamt 161 männlichen und 25 weiblichen Anhaltern, die im Sommer 1968 in Großbritannien getrampt waren, und insgesamt 700 Fragebogen, die er an Anhalter im Raum Cambridge verteilt hatte. Die mittlerweile im Internet zugängliche Studie ist ein auch heute noch lesenswertes Zeitdokument, das nicht nur einen Einblick in die guten wie schlechten Erfahrungen der Tramper erlaubt, sondern auch eine kleine Geschichte des Trampens in Großbritannien bietet.

2001 widmeten sich die englischen Soziologen Graeme Chesters und David Smith der vernachlässigten Kunst des Trampens und mussten feststellen, dass nach Rinvolucri keine nennenswerten Arbeiten zum Thema erschienen waren. Chesters und Smith stellten fest, dass gerade Trampen eine interessante Möglichkeit bieten könnte, Theorien zu Risiko und Vertrauen in der Gesellschaft auf den Prüfstand zu stellen. Gleichzeitig versuchten die beiden Soziologen dem Niedergang des Trampens nachzugehen. Auch hier ergaben ihre Recherchen einen deutlichen Mangel an empirischen Daten. Plausibel erschien, dass die größere Zahl an Autobesitzern die praktizierenden Anhalter noch mehr in eine Außenseiterrolle drängte. Doch schon Rinvolucri musste feststellen, welchen schlechten Ruf Tramper zum Beispiel in den Augen der britischen Polizei genossen. Er schreibt: »Für viele Polizisten ist ein langhaariger Anhalter ein ›slag‹. Dieser sehr aufschlussreiche Polizei-Slang umfasst Betrunkene, Landstreicher, Beatniks und Hippies.« Anhalter waren für die britische Polizei also damals gleichbedeutend mit dem Bodensatz der Gesellschaft. Dazu passt, dass das englische Wort »slag« ursprünglich Schlacke bezeichnet. Das erinnert stark an den Begriff »strag«, den Douglas Adams wiederum für Nicht-Anhalter geprägt hat. Die Meinung von Prostetnik Vogon Jeltz über Anhalter hält sich gar nicht mit wenig schmeichelhaften Bezeichnungen auf. Seine Botschaft ist unmissverständlich: Arthur und Ford sind »absolut nicht willkommen«. Aber wer die Wunder der Galaxis für weniger als 30 Altair-Dollar am Tag sehen will, der möchte nicht von Vogonen gemocht, sondern einfach nur mitgenommen werden. Am liebsten von einem Raumschiff mit dem Unendlichen Unwahrscheinlichkeitsantrieb.

3
Sensationeller Durchbruch in der Wahrscheinlichkeitsphysik

Das Prinzip, kleine Mengen *endlicher* Unwahrscheinlichkeit herzustellen, indem man einfach die Logikstromkreise eines Sub-Meson-Gehirns Typ Bambelweeny 57 mit einem Atomvektoren-Zeichner koppelte, der wiederum in einem starken Brownschen Bewegungserzeuger hing (sagen wir mal, einer schönen heißen Tasse Tee), war natürlich allenthalben bekannt...

Per Anhalter durch die Galaxis, Kapitel 10

Sensationeller Durchbruch in der Unwahrscheinlichkeitsphysik: Wenn die Geschwindigkeit des Raumschiffs die Unendliche Unwahrscheinlichkeit erreicht, durchfliegt es nahezu gleichzeitig jeden Punkt des Universums. Andere Regierungen werden platzen vor Neid.

Per Anhalter durch die Galaxis, Kapitel 11

»Eine Gesellschaft mit sechs Milliarden Menschen ist automatisch auf Zufälle eingestellt. Trotzdem sind wir erstaunt, wenn wir jemanden kennen lernen, der am selben Tag Geburtstag hat. Wirklich erstaunlich wäre es nur, wenn es keine Zufälle gäbe«, gab Douglas Adams im Mai 2000 Claudia Riedel, meiner damaligen Kollegin bei der Wochenzeitung »Die Zeit«, zu Protokoll. Für die Rubrik »Zeit Leben« sollte er über einen Traum nachdenken. Dabei kamen ihm immer neue Ideen in den Sinn und er sprang munter von einem Thema zum nächsten, wie man es auch aus seinen Büchern kennt. Das Thema »Zufall« begleitete ihn allerdings schon seit Beginn seiner Karriere. Die Geschichte von »Per Anhalter durch die Galaxis« ist voll von Zufällen. Einer der größten dürfte sein, dass Arthur Dent und Ford Prefect innerhalb der kritischen 30 Sekunden nach ihrem Rauswurf aus dem Schiff der vogonischen Bauflotte von einem vorbeifliegenden Raumschiff gerettet werden. Doch damit des Zufalls nicht genug: Das Raumschiff wurde nämlich ausgerechnet von Zaphod Beeblebrox, dem Präsidenten der Galaxis und Cousin Fords, geklaut, und an Bord befindet sich zufälligerweise auch die letzte Erdenfrau Tricia Macmillan, der Arthur auf einer Party in Islington vergeblich versucht hatte näherzukommen.

All diese Zufälle passieren bei Douglas Adams nicht einfach aus dem Nichts. Er hatte Arthur und Ford von der Vogonen-Wache ins ungastliche Weltall werfen lassen. Eine ausweglose Lage, die sich auf den ersten Blick nur dadurch lösen ließ, dass zufällig ein Raumschiff vorbeiflog und die beiden hilflosen Anhalter aus ihrer misslichen Lage ohne Raumanzug rettete. Doch das war eine zu platte Lösung, und genau das plagte Douglas Adams, als er am Skript für das Anhalter-Hörspiel arbeitete. Tagelang grübelte er darüber nach, wie er Arthur und Ford auf originelle Weise aus ihrer hoffnungslosen Lage hinausmanövrieren könnte. Erst eine Fernsehdokumentation über Judo brachte die erhoffte Lösung. »Der Judolehrer sagte darin etwas sehr Interessantes«, berichtete Douglas Adams 1992 in der Southbank Show.[1] Wenn sich ein über hundert Kilo schwerer Hüne auf einen werfe, so der Lehrer, dann müsse man das Gewicht des Gegners gegen ihn selbst wenden. Wenn er sich also auf einen stürze, dann müsse man versuchen, dies zu seinem statt zum eigenen Problem zu machen. Das brachte die eingefahrenen Gedanken von Douglas wieder in Gang: »Jede Antwort mit der ich ankam, wie die beiden entkommen könnten, war im Grunde sehr, sehr unwahrscheinlich. Die Unwahrscheinlichkeit war das Problem. Okay, also machte ich aus dem Problem die Lösung!« Und so erfand Adams den »Unendlichen Unwahrscheinlichkeitsantrieb«, der nicht nur Arthur und Ford vor dem sicheren Erstickungstod rettete, sondern auch der Handlung neuen Schwung verlieh. Der Warp-Antrieb bei Star Trek bringt die Besatzung ohne große Zeitverzögerung an die entferntesten Ziele in der

Galaxis, der Unendliche Unwahrscheinlichkeitsantrieb katapultiert diejenigen, die ihn benutzen, dagegen unvermittelt an die entlegendsten Orte und in die unwahrscheinlichsten Situationen.

Um zu verstehen, wie der Unendliche Unwahrscheinlichkeitsantrieb funktioniert, ist es unabdingbar, über das Verhältnis von Zufall und (Un-)Wahrscheinlichkeit nachzudenken. Sind wir nicht tatsächlich verblüfft, wenn wir jemanden treffen, der am selben Tag Geburtstag hat? Doch bei genauerer Betrachtung ist das nicht mehr als reiner Zufall. Das Jahr hat 365 Tage (im Schaltjahr einen mehr), an einem Tag muss jeder, den man trifft, Geburtstag haben, insofern erscheint es ganz natürlich, dass irgendwann zufällig jemand darunter ist, der am selben Tag wie man selbst geboren wurde. Niemand würde vermuten, dass sich hinter einem solchen Zusammentreffen ein tieferer Zusammenhang oder gar ein Naturgesetz verbirgt.

Die Welt der Naturwissenschaft war lange Zeit frei von jedem Zufall. Lässt man beispielsweise einen Stein frei zur Erde fallen, dann lässt sich präzise sagen, welche Strecke er nach einer bestimmten Zeit zurückgelegt hat, und auf welche Geschwindigkeit er bis dahin beschleunigt wurde. Dieser Vorgang läuft immer gleich ab, von Zufall oder Wahrscheinlichkeit keine Spur. Man spricht von einer »deterministischen« (festgelegten) Gesetzmäßigkeit.

Doch auch im »Reich des Zufalls« gibt es Gesetzmäßigkeiten. Das beste Beispiel dafür ist das Werfen eines Würfels. Wenn dieser ungezinkt ist, dann beträgt die Wahrscheinlichkeit dafür, eine bestimmte Augenzahl zu werfen eins zu sechs, oder ein Sechstel. Das heißt, wir können zwar nicht sicher vorhersagen, welche Augenzahl bei einem Wurf herauskommt, wohl aber wie groß die Wahrscheinlichkeit dafür ist: ein Sechstel. Auch bei dem Geburtstags-Beispiel, ließe sich eine Wahrscheinlichkeit dafür angeben, auf jemanden zu treffen, der am selben Tag Geburtstag hat. Dafür müssten wir beispielsweise wissen, wie viele Mitglieder der Einwohnerschaft (nehmen wir mal die unserer jeweiligen Heimatstadt) jeweils an einem bestimmten Tag im Jahr Geburtstag haben. Die Anzahl derjenigen, die mit mir am selben Tag Geburtstag haben, geteilt durch die Gesamtbewohnerzahl gibt mir dann grob die Wahrscheinlichkeit, jemand anderes mit demselben Geburtsdatum zu treffen. Ein konkretes Beispiel: Ich lebe in einer Stadt mit 10 000 Einwohnern. 42 davon haben am selben Tag mit mir Geburtstag. Wenn alle Einwohner an einem Ort versammelt sind, und ich auf irgendeinen davon zugehe, dann beträgt die Wahrscheinlichkeit dafür, dass diese Person mit mir Geburtstag hat, 42 geteilt durch 10 000, das heißt grob vier Tausendstel. Am Beispiel Geburtstag lässt sich auch gut illustrieren, wie schnell man daneben liegen kann, wenn es darum geht, Wahrscheinlichkeiten einzuschätzen. Dem österreichischen Mathematiker Richard von Mises (1883 – 1953) wird das so genannte »Geburtstagsproblem« zugeschrieben. Von Mises fragte danach, wie viele Personen man versammeln muss, damit die Wahrscheinlichkeit, dass zwei von ihnen am selben Tag Geburtstag haben, etwa 50 Prozent beträgt. Unter der Voraussetzung, dass alle Geburtstermine gleich wahrscheinlich sind, und ohne Berücksichtigung von Schalttagen, lautet die überraschende Antwort: 23. Der Grund dafür liegt vor allem in der Tatsache, dass es bei einer bestimmten Zahl n von Personen $n(n-1)/2$ verschiedene Paare gibt (bei $n = 23$ wären das 253 Paare), die am selben Tag Geburtstag haben könnten, wenn man nicht ein bestimmtes Datum fordert. Die Wahrscheinlichkeit dafür, dass die Geburtstage zweier Personen zusammentreffen, steigt somit für kleine Werte von n ungefähr mit dem Quadrat der Anzahl n an. Bei 50 Personen liegt sie bereits bei 97 Prozent.

Wenn man an den Unwahrscheinlichkeitsantrieb denkt, dann lässt sich der Blickwinkel auch umkehren und angeben, wie unwahrscheinlich ein Ereignis ist, beispielsweise eine bestimmte Augenzahl mit einem Würfel zu werfen. Wir wissen, dass die Wahrscheinlichkeit für jede der sechs Augenzahlen ein Sechstel beträgt, wenn der Würfel vollkommen gleichmäßig ist. Die Summe der Wahrscheinlichkeiten ist eins, das ist gewissermaßen die Wahrscheinlichkeit, dass irgendeine der sechs Augenzahlen nach einem Wurf erscheinen muss. Die »Unwahrscheinlichkeit« dafür, dass nach einem Wurf beispielsweise keine eins erscheint, wäre demnach eins minus ein Sechstel, also fünf Sechstel. Das mag auf den ersten Blick als eine wenig spektakuläre Erkenntnis erscheinen, spielt aber eine zentrale Rolle für das Funktionsprinzip des Unendlichen Unwahrscheinlichkeitsantriebs: Wenn man exakt weiß, wie unwahrscheinlich eine Sache ist, von der man möchte, dass sie passiert, dann muss man diese Unwahrscheinlichkeit in den Unendlichen Unwahrscheinlichkeitsantrieb des Raumschiffs »Herz aus Gold« füttern – und schwupps! – schon geschieht es.

Ein ähnlicher Umgang mit Unwahrscheinlichkeiten findet sich auch in der komischen Fantasy-Literatur. In den Scheibenwelt-Romanen von Terry Pratchett existiert die Redewendung von der »Eins-zu-einer-Million-Chance«, die paradoxerweise mit einer fast sicheren Wahrscheinlichkeit eintritt, aber nur, wenn die Chance, dass etwas Bestimmtes passiert, exakt eins zu einer Million beträgt. Etwas, das zum Beispiel die Wahrscheinlichkeit von eins zu 999 943 besitzt, ist dagegen so gut wie aussichtslos.

Doch das Problem bei Pratchett wie Adams ist zunächst einmal, dass sich nicht einfach jedem Ereignis auch sinnvoll eine Wahrscheinlichkeit (oder Unwahrscheinlichkeit) zuordnen lässt. Im Falle des Würfelns ist das keine Schwierigkeit. Wir haben eine feste Zahl von Alternativen, von denen eine eintreten muss, und wir können den Vorgang beliebig oft wiederholen. Dagegen ist es unmöglich anzugeben, wie wahrscheinlich es ist, dass man eine bestimmte Person kennen lernt und sich in sie verliebt. Was wären die Alternativen dazu? Es lässt sich sicher nicht für jede Sekunde unseres Lebens eine Gesamtheit von Ereignissen angeben, von denen eins geschehen muss. In diesem Sinne stellt Douglas Adams die übliche Sichtweise der mathematischen Wahrscheinlichkeitstheorie völlig auf den Kopf, die anhand von wiederholbaren Versuchen oder von statistischen Daten Angaben über die Wahrscheinlichkeit von Ereignissen macht. Wenn man den Unendlichen Unwahrscheinlichkeitsantrieb mit einer Unwahrscheinlichkeitszahl füttert, dann tritt ein Ereignis ein, dass diese Unwahrscheinlichkeit besitzt. Wie sich im Laufe von »Per Anhalter durch die Galaxis« zeigt, funktioniert der Unendliche Unwahrscheinlichkeitsantrieb zwar prinzipiell, erweist sich aber letztlich als unkontrollierbar. Man weiß zwar, dass etwas Unwahrscheinliches geschieht, aber eigentlich nie, um was für ein unwahrscheinliches Ereignis es sich genau handelt. Alles ist möglich. Das erleben Arthur und Ford am eigenen Leib, als sie sich japsend an Bord der »Herz aus Gold« wiederfinden. Der Fußboden, auf dem sie landen, wurde von »fünf wilden Ereignismahlströmen« ausgespuckt, nachdem diese »in tückischen Unvernunftsstrudeln umeinander« gewirbelt waren. Plötzlich erscheint die Uferpromenade von Southend, wobei das Meer feststeht wie ein Felsen und dafür die Häuser auf und ab schaukeln. Ein Fünf-Millionen-Liter-Bottich Vanillesoße ergießt sich über die beiden vor dem Erstickungstod geretteten Weltraumtramper.

Schließlich büßt Arthur nach und nach seine Arme und Beine ein, die sich selbstständig machen, und Ford verwandelt sich in einen Pinguin. Das alles wirkt, als hätte sich der Beatles-Fan Douglas Adams von John Lennons Bilderwelt im Song »I Am The Walrus« inspirieren lassen, wo »Vanillesoße aus dem Auge eines toten Hundes tropft« und »Elementare Pinguine Hare Krishna« singen. Anders als »harte« Science-Fiction-Autoren war Douglas Adams nicht darauf aus, für vertrackte Situationen wissenschaftliche plausible Lösungen zu finden, sondern möglichst überraschende. Aus dem Zufall eine Antriebsart für ein Raumschiff zu machen, gehört sicherlich zu seinen Geniestreichen.

Doch auch wenn eine Unwahrscheinlichkeitstheorie im realen Leben keinen rechten Sinn ergibt, lohnt es sich, die Zutaten, aus denen Douglas Adams den Unendlichen Unwahrscheinlichkeitsantrieb zusammengebastelt hat, genauer anzuschauen. Um Arthur und Co. kreuz und quer durch Raum, Zeit und Wahrscheinlichkeiten schicken zu können, suchte er sich mit sicherem Gespür für das Wesentliche genau die Aspekte der Physik heraus, in denen sich zuerst der Einfluss von Zufall und Wahrscheinlichkeit zeigte. Und er hat damit sicher die ungewöhnlichste Anwendung für eine schöne heiße Tasse Tee gefunden.

Das Universum in einer Teetasse

Wer die deutsche Fassung des ersten Anhalter-Buchs kennt, der wird sich vielleicht schon einmal über den »Braunschen Bewegungserzeuger« gewundert haben, von dem dort die Rede ist. Verwunderlich ist nicht, dass dieser sich als »schöne heiße Tasse Tee« herausstellt, sondern dass diese Bezeichnung klingt, als ob sie irgendetwas mit dem Physiker Ferdinand Braun zu tun haben könnte, in dessen nach ihm benannte Röhre wir schauen, wenn wir nichts Besseres zu tun haben oder noch keinen schnieken Flachbildschirmfernseher besitzen. Douglas Adams wusste, wovon er schrieb, sein Übersetzer Benjamin Schwarz in diesem Falle leider nicht. Gemeint ist selbstverständlich der »Brownsche Bewegungserzeuger« bzw. die »Brownsche Bewegung«, die wir dem britischen Botaniker Robert Brown verdanken. Der machte im Jahre 1828 eine erstaunliche Entdeckung, die später in der Physik einmal für Furore sorgen sollte. Brown betrachtete frei im Wasser schwebende Pflanzenpollen unter dem Mikroskop und bemerkte eine eigentümliche Zitterbewegung dieser winzigen Partikel, deren Durchmesser im Bereich von hundertstel Zentimetern lag. Diese Beobachtung ließ Brown nicht los. Er wollte hinter die Ursache dieser unaufhörlichen Bewegung kommen. Zunächst probierte er verschiedene Sorten von Pollen aus, wandte sich dann anderen organischen und schließlich anorganischen Substanzen zu, darunter pulverisierte Bruchstücke der Sphinx. Mit geduldigem Experimentieren gelang es ihm auszuschließen, dass das Phänomen eine Eigenschaft lebender Materie sei. Brown konnte aber auch andere mögliche Erklärungen widerlegen, wie beispielsweise Strömungen innerhalb der Flüssigkeit oder kleine Luftblasen, die sich im Wasser gebildet haben könnten. Doch woher rührte das unaufhörliche Zappeln der Mikropartikel in der Flüssigkeit? Brown konnte sich trotz aller Versuche keinen rechten Reim auf die Sache machen.

Die endgültige Aufklärung der Natur der Brownschen Bewegung gelang schließlich Albert Einstein in seinem »Wunderjahr« 1905, in dem er auch die Spezielle Relativitätstheorie formulierte und die Idee der Lichtquanten vorstellte. Den Schlüssel zum Verständnis der Brownschen Bewegung liefert die Atomvorstellung. Das Gezappel kleinster Partikel in Flüssigkeiten lässt sich dadurch erklären, dass die Atome der Flüssigkeit wegen ihrer ungerichteten Wärmebewegung in zufälliger Folge gegen die schwebenden Teilchen prasseln. Daher bot sich eine schöne heiße Tasse Tee durchaus als Zufallsgenerator, beziehungsweise, um im Anhalter-Jargon zu bleiben, als Quelle für endliche Unwahrscheinlichkeiten an. Da die Stöße nicht zwangsläufig gleichmäßig aus allen Richtungen erfolgen, können sie sich so aufsummieren, dass die Staubkörnchen im Wasser um kleine Strecken und in ganz unterschiedliche Richtungen verschoben werden.

Die Bewegung der Körnchen lässt sich unter dem Mikroskop beobachten und aufzeichnen, aber es lässt sich nicht vorhersagen, in welche Richtung und wie weit diese jeweils genau verschoben werden. Albert Einsteins Genie bestand darin, dass er einen theoretischen Weg fand, um aus der Brownschen Bewegung und den Eigenschaften der Flüssigkeit erstmals die Größe der Atome abschätzen zu können. Die Vorhersagen Einsteins konnte der französische Physiker Jean Perrin (1870 – 1942) einige Jahre später experimentell bestäti-

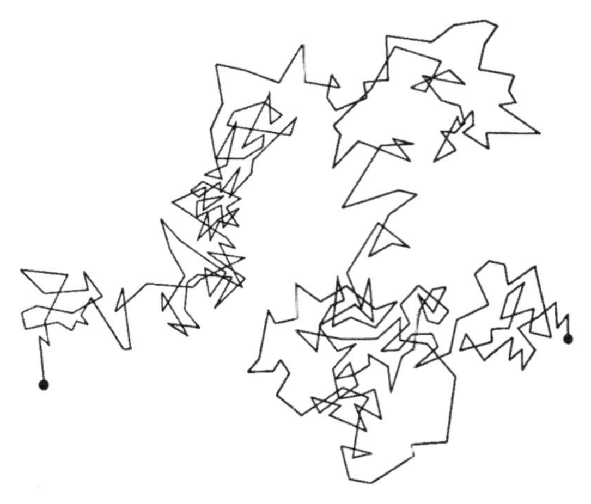

Abb. 3.1 Bei der Brownschen Bewegung lassen die zufälligen Stöße der unsichtbaren Atome einer Flüssigkeit die Mikropartikel in einem wilden Zick-Zack-Kurs umherwandern.

gen. Das war auch ein eindrucksvoller Beleg für die Existenz der Atome.

Die Vorstellung der Atome war selbstverständlich nicht neu, denn schon der griechische Philosoph Demokrit hatte in der Antike die Idee kleinster, unteilbarer Bestandteile der Physik entwickelt. Doch in der Physik des 19. Jahrhunderts fanden die Atome keine rechte Anerkennung. Viele Physiker konnten sich partout nicht mit dem Gedanken anfreunden, dass die Welt aus etwas aufgebaut sein sollte, was man nicht einmal mithilfe eines Mikroskops sehen konnte. Für Physiker wie Ernst Mach (1838 – 1916) und Max Planck (1858 – 1947) oder den Physikochemiker Wilhelm Ostwald (1853 – 1932) waren Atome noch um die Wende zum 20. Jahrhundert bestenfalls eine nützliche Hilfskonstruktion, aber keinesfalls Dinge, die wirklich existierten. Wenn Ernst Mach auf das Thema Atome angesprochen wurde, reagierte er meist mit einem spöttischen »Haben's schon eins gesehen?«

Einer der wenigen, die fest an die Realität der Atome glaubten, war der österreichische Physiker Ludwig Boltzmann (1844 – 1906).[2] Er revolutionierte die Thermodynamik, indem er die Vorgänge, die mit der Wärme verbunden sind, aus einem atomaren Blickwinkel betrachtete, obwohl die Atome bis dahin ebenso unsichtbar wie umstritten geblieben waren. Dabei gelang es Boltzmann erstmals, den Wahrscheinlichkeitsbegriff in der Physik salonfähig zu machen. Damit lässt sich auch, wie wir später sehen werden, verstehen, was es bedeutet, wenn man »analog der Indeterminismustheorie« alle Unterwäschemoleküle der Gastgeberin einer Party plötzlich einen Schritt nach links machen lassen kann.

Für die klassischen Physiker des 19. Jahrhunderts wäre eine solche Party ganz gewiss als eine Herabwürdigung der Wissenschaft erschienen. Außerdem waren sie Anhänger des Determinismus, das heißt der Lehrmeinung, dass sich alle physikalischen Größen – zumindest prinzipiell, wenn auch nicht praktisch – eindeutig berechnen und vollständig messen lassen sollten. Der Determinismus gab den Physikern lange Zeit die sichere Hoffnung, jedes Naturphänomen mit den Methoden der Physik in den Griff bekommen zu können. Ihr Selbstbewusstsein war fast so unerschütterlich wie das des Computers »Deep Thought«, der nach eigenem Bekunden die Vektoren aller Atome beim Urknall selber durchgerechnet hat.[3]

Ein solch hochgesteckter Anspruch entsprach der deterministischen Sichtweise, die besonders durch die klassische Mechanik nach Newton geprägt war. Wenn man nur die Orte und Geschwindigkeiten aller Teilchen im Universum genau genug kennen würde, dann ließe sich jedes weitere Geschehen vorausberechnen. Indeterminismus würde dagegen bedeuten, dass es prinzipiell nicht möglich ist, alles beliebig genau zu berechnen.

Als die Physiker sich im Laufe des 19. Jahrhunderts intensiver mit dem Phänomen der Wärme auseinandersetzten, mussten sie feststellen, dass hier eine rein mechanistische Sichtweise nicht mehr funktionierte. Die Bewegungen, die durch die Newtonschen Bewegungsgleichungen beschrieben werden, lassen sich nämlich zeitlich umkehren, sofern die Energie des betrachteten Systems erhalten bleibt. Die Flugbahn eines Balles ist physikalisch demnach auch umgekehrt möglich. Kommt Wärme ins Spiel, etwa durch Reibung, dann ist das nicht mehr der Fall, und die physikalischen Vorgänge scheinen nur noch in eine Richtung möglich: Wenn man sich nach einem harten Arbeitstag einen Pangalaktischen Donnergurgler gönnen möchte, muss man rezeptgemäß drei Würfel gefrorenen akturanischen Mega-Gins in der Mischung zergehen lassen. Zwischen Mega-Gin-Würfeln und der Flüssigkeit findet dann ein Temperaturausgleich statt, bei dem die Flüssigkeit kälter und die Mega-Gin-Würfel wärmer werden und schmelzen. Der umgekehrte Fall – die Mega-Gin-Würfel geben ihr bisschen Wärme an die Flüssigkeit ab – tritt jedoch nicht ein. Diesen Sachverhalt postulierte der deutsche Physiker Rudolf Clausius (1822 – 1888), der zu den Pionieren der Dynamik gehörte, als zweiten Hauptsatz der Thermodynamik, der in seiner populären Form lautet: Wärme geht nicht von sich aus von einem kälteren auf einen wärmeren Körper über. Der erste Hauptsatz ist eine besondere Formulierung des Energieerhaltungssatzes und besagt, dass sich verschiedene Energien ineinander umwandeln lassen, aber weder neu entstehen noch vernichtet werden können. Clausius deutete die Wärme bereits als die ungeordnete Bewegung kleinster Teilchen, also von Atomen oder Molekülen (Clausius sprach von »Molekeln«). Anschaulich gesagt: Je stärker sich die Moleküle im Teewasser bewegen, umso heißer ist der Tee.

Doch was hat das mit Wahrscheinlichkeit zu tun? Der zweite Hauptsatz besagt ja, dass Wärme stets vom wärmeren zum kälteren Körper fließt, bis sich die Temperatur ausgeglichen hat. Dies lässt sich auch so deuten, dass der Zustand des Temperaturgleichgewichts wahrscheinlicher ist, als der Zustand, in dem beide Körper eine unterschiedliche Temperatur haben.

Erst 1865 gelang es Clausius, den zweiten Hauptsatz auch auf befriedigende Weise mathematisch zu formulieren. Hierbei führte er eine neue Größe ein, die sogenannte Entropie. Die Entropie konnte nämlich in einem abgeschlossenen System nur zunehmen oder gleich bleiben, niemals aber abnehmen, und gab so gewissermaßen eine Richtung für die thermodynamischen Prozesse vor. Um die Entropie zu definieren, kam Clausius ohne Atome aus. Stattdessen betrachtete er, wie sich makroskopische Größen wie Temperatur und Wärmemenge bei ganz bestimmten idealisierten Kreisprozessen von Wärmemaschinen verhielten. Dieses Gesetz erschien den Physikern bald ebenso unumstößlich wie der Satz von der Erhaltung der Energie.

Die Entropie erscheint als recht abstrakte Größe, aber sie ist nicht nur von theoretischem Interesse. Sie charakterisiert gewissermaßen das Vermögen eines Systems, sich zu verändern. Um ein beliebtes Bild zu benutzen: Je chaotischer ein Arbeitszimmer ist, umso weniger lässt sich sein unordentlicher Zustand durch ein paar Handgriffe beseitigen. Physikalisch gilt: Je größer die Entropie, umso weniger ist das System in der Lage, sich (auf eine physikalische Art) zu verändern, zum Beispiel in Bezug auf Druck, Volumen, Temperatur. Ingenieure konnten den Zusammenhang zwischen Temperatur und Entropie zum Beispiel dafür nutzen, um den Wirkungsgrad ihrer Dampfmaschinen zu berechnen und zu optimieren.

Der zweite Hauptsatz der Thermodynamik veranlasste die Physiker auch dazu, über das Schicksal des Universums nachzudenken, des größten physikalischen Systems überhaupt. Lord Kelvin (der mit der Temperaturskala) vermutete bereits 1852, dass jedes Mal, wenn eine Energieform in eine andere umgewandelt wird, ein Teil der nutzbaren Energie »verloren geht«. Der zweite Hauptsatz deutete schließlich darauf hin, dass alle Prozesse das Universum in einen Zustand maximaler Entropie steuern, in dem jeder Temperaturunterschied und damit alles Leben verschwunden sein wird. Das bezeichnete man als den »Wärmetod« des Universums, auch wenn das etwas irreführend war, denn es ist kaum zu erwarten, dass ein Universum im endgültig erreichten »thermodynamischen Gleichgewicht« ein besonders kuscheliger Platz sein wird. Auf lange Sicht, so ließe es sich ganz im Sinne des traditionsbewussten Engländers Arthur Dent formulieren, sind alle Tassen Tee kalt.

Mitte des 19. Jahrhunderts kam Bewegung in die Thermodynamik, im wortwörtlichen Sinne. Mit der Vorstellung einer hypothetischen, nicht näher definierten Wärmesubstanz (»Caloricum«) waren die Wissenschaftler nicht mehr so recht weiter weitergekommen. Als neuer Ansatz kam die Atomvorstellung wieder ins Spiel, auch wenn hier nicht so recht klar war, wie die Atome eigentlich beschaffen waren. Immerhin war es Rudolf Clausius gelungen, einen Zusammenhang zwischen der mittleren Geschwindigkeit der »Molekeln« in einem Gas und dem Druck und Volumen eines Gases herzustellen.

Der Brite James Maxwell führte die Ideen von Clausius zur Bewegung kleinster Moleküle weiter und leitete die nach ihm benannte Verteilungsfunktion für die Geschwindigkeiten der Teilchen im Gas her. Für ihn war das aber mehr eine interessante »Übungsaufgabe der Mechanik«. Die Frage nach der Existenz der Atome beschäftigte Maxwell nicht, ganz im Gegensatz zu Ludwig Boltzmann, der sich von der Skepsis seiner Kollegen nicht beirren ließ. Das beeinflusste nicht nur die weitere Entwicklung der Physik, sondern hatte durchaus seine Relevanz für den Unendlichen Unwahrscheinlichkeitsantrieb.

Endliche und unendliche Unwahrscheinlichkeiten

Die Idee von Douglas Adams, endliche Unwahrscheinlichkeiten unter anderem mithilfe einer schönen heißen Tasse Tee zu erzeugen, hat also durchaus eine gewisse Berechtigung, wenn man an die ungeordnete und damit letztlich zufällige Bewegung der Moleküle im Tee denkt. Doch für den Unendlichen Unwahrscheinlichkeitsantrieb benötigt man, wie der Name klar sagt, auch unendliche Unwahrscheinlichkeiten. Auch hier zieht sich Adams wieder mit einem bizarren Einfall aus der Affäre und erzählt in »Per Anhalter durch die Galaxis« von einem Studenten, der beim Ausfegen des Labors auf die entscheidende Idee kommt: Wenn der Unendliche Unwahrscheinlichkeitsantrieb *im Grunde genommen* unmöglich ist, dann ist dies logischerweise eine endliche Unwahrscheinlichkeit. Also muss man nur ausrechnen, wie groß diese Unwahrscheinlichkeit genau ist, diese Zahl in einen Endlichen Unwahrscheinlichkeitsgenerator eingeben, diesem noch eine wirklich heiße Tasse Tee servieren und ihn dann anstellen. Auf diese Weise erfindet der Student »aus der hohlen Hand« den Unendlichen Unwahrscheinlichkeitsgenerator. Er erhält dafür vom Galaktischen Institut den Preis für Äußerste Gerissenheit verliehen, kann sich darüber aber nicht lange freuen, da er von einer rasenden Horde berühmter Physiker gelyncht wird, die alles ertragen können, nur keine Besserwisser. Douglas Adams war sich bei dieser komischen Episode sicherlich nicht bewusst, dass es in der Geschichte der Physik tatsächlich einmal einen Streit um endliche und unendliche Unwahrscheinlichkeiten gegeben hat. Doch wenn er davon erfahren hätte, wäre er sicher ebenso interessiert wie amüsiert gewesen. Nicht zuletzt, weil dabei eine Zahl ins Feld geführt wird, die so groß ist, dass sie fast eine bessere Vorstellung von der Unendlichkeit vermittelt als die Unendlichkeit selbst.

Der eine Protagonist dieses Disputs war Ludwig Boltzmann, der sich innerhalb der Thermodynamik mit der Frage beschäftigte, wie sich die Energie eines Gases auf dessen Atome (oder Moleküle) verteilt und wie sich diese Energieverteilung mit der Zeit verändert. So kann man sich zum Beispiel vorstellen, dass die Energie gleichmäßig auf jedes Atom verteilt ist, aber es sind natürlich noch viele andere Möglichkeiten denkbar. Boltzmann gelang es zu zeigen, dass sich jede Art von Energieverteilung durch die Stöße der Atome untereinander zwangsläufig zur Maxwell-Verteilung hin entwickelt, wenn man keine äußeren Einwirkungen auf das Gas zulässt. Die Maxwellsche Verteilung ändert sich nicht mehr durch die Zusammenstöße der Atome und entspricht dem Gleichgewichtszustand des Gases. Boltzmanns Erkenntnis beruhte darauf, dass die Arten, wie sich die Gesamtenergie auf die Atome verteilen lässt, unterschiedlich wahrscheinlich sind. Um das zu verstehen, mag ein einfaches Würfel-Beispiel als Vorbereitung dienen: Nehmen wir einmal an, dass drei Würfel geworfen werden. Was ist wahrscheinlicher: eine 11 oder eine 12 als Augensumme zu werfen? Um diese Frage zu beantworten, kann man sich anschauen, auf welche Weisen sich die Zahlen 11 und 12 in je drei Summanden zerlegen lassen:

$$11 = 1 + 5 + 5 = 1 + 4 + 6 = 2 + 3 + 6 = 2 + 4 + 5 = 3 + 3 + 5 = 2 + 4 + 4$$
$$12 = 1 + 5 + 6 = 2 + 4 + 6 = 2 + 5 + 5 = 3 + 4 + 5 = 3 + 3 + 6 = 4 + 4 + 4$$

Für beide Zahlen erhält man sechs verschiedene Weisen. Also sollte die Wahrscheinlichkeit dafür, mit drei Würfeln eine 11 oder eine 12 als Augensumme zu würfeln, gleich sein, oder? Bei näherer Betrachtung zeigt sich, dass das nicht stimmt: Jede Zerlegung lässt sich nämlich unterschiedlich oft realisieren, je nachdem welche Zahl der erste, zweite oder dritte Würfel zeigt. Wenn man das berücksichtigt, dann lässt sich zum Beispiel die Zerlegung »3 + 3 + 5« auf drei verschiedene Weisen realisieren: 3 + 3+ 5 = 3 + 5 +3 = 5 + 3 +3. Bei drei verschiedenen Augenzahlen ergeben sich, wie man leicht überprüfen kann, sogar sechs Möglichkeiten. Zählt man alle Möglichkeiten zusammen, dann zeigt sich, dass es 27 Möglichkeiten gibt, um auf die Augensumme 11 zu kommen, dagegen nur 25 um die Summe 12 darzustellen. Beim Werfen von drei Würfeln ist die Augensumme 11 also etwas wahrscheinlicher als die 12.

Wenn es darum geht, die Gesamtenergie eines Gases auf die N Atome zu verteilen, stellt sich ein ganz ähnliches Problem. Für die Situation, dass alle N Atome genau den gleichen Anteil der Gesamtenergie erhalten, das heißt E/N, gibt es zum Beispiel nur eine einzige

Möglichkeit. Es sind aber auch viele andere Arten vorstellbar, mit der sich die Gesamtenergie E des Systems auf die einzelnen Atome verteilt. Sol könnte die eine Hälfte zum Beispiel die Energie 0,5 mal E/N haben, die andere Hälfte 1,5 mal E/N. Schon bei $N = 10$ würde sich ein großer Unterschied zwischen beiden Situationen zeigen: Die Gleichverteilung lässt sich nur auf eine Weise realisieren, aber bei der Annahme der beiden unterschiedlichen Energiewerte ergeben sich bereits 252 Möglichkeiten, diese auf die 10 verschiedenen Atome zu verteilen.[4] In einem realistischen Volumen hat man es nicht nur mit 10, sondern mit 10^{23} Atomen zu tun, und natürlich sehr viel mehr Möglichkeiten, wie sich die Gesamtenergie auf diese verteilen kann. Die Anzahl der Möglichkeiten, die Maxwell-Verteilung zu realisieren, übersteigt die jeder anderen Verteilung in einem solchen Maß, dass sich das System innerhalb kürzester Zeit dorthin entwickelt. Boltzmann konnte mit diesen Überlegungen eine Größe herleiten, die sich genauso verhielt wie die Entropie, das heißt im Laufe der Zeit konnte sie nur gleich bleiben oder wachsen, aber nicht abnehmen.

Aus heutiger Perspektive könnte man annehmen, dass sich Boltzmanns Kollegen darüber freuten, dass es nun eine weitere Methode gab, um die Entropie zu definieren. Doch weit gefehlt: Die Gegner der Atomvorstellung waren auch nicht gewillt, eine Entropie-Definition zu akzeptieren, die mithilfe der Atome zustande gekommen war. Boltzmanns Kontrahenten waren vielmehr der Überzeugung, dass die Energie die grundlegende Größe sei, aus der sich das Gebäude der Physik entfalten könne, nicht die Bewegung unsichtbarer Atome. Der Streit um die Vormacht der Atome oder der Energie wurde mit großer Leidenschaft geführt. Einen Eindruck davon vermittelt die Schilderung des Physikers Arnold Sommerfeld, von einer Auseinandersetzung zwischen Boltzmann und Ostwald auf der Naturforscherversammlung in Lübeck im Jahre 1895. Der Disput erinnerte Sommerfeld »vom Inhalt als auch von der Form her an den Kampf zwischen einem Stier und einem wendigen Torero. Diesmal blieb trotz aller Fechtkünste der Torero (Ostwald) auf dem Platz. Boltzmanns Argumente waren umwerfend«.

In der Fachzeitschrift »Annalen der Physik« startete der Mathematiker Ernst Zermelo, der Assistent von Max Planck war und gewissermaßen als dessen ausführender Arm agierte, eine weitere Attacke gegen Boltzmann. Ziel war es, Boltzmanns atomare und mechanistische Interpretation der Thermodynamik und insbesondere der Entropie zu widerlegen. Zermelos Argumentation lässt sich in der Terminologie der Unwahrscheinlichkeitstheorie in »Per Anhalter durch die Galaxis« wie folgt zusammenfassen: Es ist unendlich unwahrscheinlich (also unmöglich), dass die Entropie in einem abgeschlossenen System abnimmt. Dagegen ist dies bei Boltzmanns Theorie nur im Grunde unmöglich, das heißt, es besteht dort eine endliche Unwahrscheinlichkeit dafür, dass die Entropie in einem abgeschlossenen System zunehme. Das ist alles nicht ganz einfach, aber es lohnt sich, das näher zu betrachten – nicht nur, weil es die reale Variante des Streits um endliche und unendliche Unwahrscheinlichkeiten darstellt, sondern auch, weil es eine wichtige Episode in der Geschichte der Physik ist.

Ausgangspunkt für Zermelos Argumentation war eine Untersuchung des französischen Mathematikers Henri Poincaré (1854–1912), in der dieser zu dem Schluss kam, dass in einem System von (als punktförmig angenommenen) Materieteilchen jeder Zustand, der sich durch die Geschwindigkeit der Teilchen und ihrer Anordnung zueinander charakterisieren lässt, im Laufe der Zeit beliebig oft wiederkehrt.[5] Laut Poincaré müsste also – bildlich gesprochen – das unaufgeräumte Arbeitszimmer sich selbst überlassen zwangsläufig wieder in den aufgeräumten Zustand zurückkehren, falls man nur lange genug wartet – ein klarer Verstoß gegen den Zweiten Hauptsatz.

Zermelo folgerte, dass es in einem System wie einem Gas aus Atomen bei Boltzmann keine irreversiblen Vorgänge, also solche, bei denen sich die Entropie erhöht, geben könne. Wenn es zu einer Zunahme der Entropie käme, dann würde irgendwann bei der Rückkehr in den Ausgangszustand auch zwangsläufig eine entsprechende Entropieabnahme stattfinden, ein eklatanter Verstoß gegen den zweiten Hauptsatz der Thermodynamik! Poincaré dachte bei seinen Überlegungen an die Stabilität unseres Sonnensystems, Zermelo wendete diese aber auf Atome an, um Boltzmanns mechanistische Herleitung der Entropie und damit auch die Atomvorstellung zu widerlegen. Zermelo folgerte in seiner Arbeit, dass bei Boltzmann irreversible (unumkehrbare) Vorgänge nur dadurch möglich seien, dass die Moleküle »sich ins Unendliche zerstreuen oder schließlich unendlich große Geschwindigkeiten gewinnen«. Doch das widersprach der Energieerhaltung und der Abgeschlossenheit des Systems. Ein irreversibler Prozess wäre damit unendlich unwahrscheinlich und Boltzmanns Herleitung der Entropie ausgehend von der Realität der Atome hinfällig.

Boltzmann antwortete umgehend. Er bescheinigte Zermelo kurzerhand, seine Arbeit nicht verstanden zu haben und rechnete ihm in seiner Replik vor, wie lange es dauert, bis sich ein bestimmter Zustand (wie etwa der Anfangszustand) wiederholt. Boltzmann kommt dabei auf die mehr als gigantische Zahl von 10 hoch 10 hoch 18 Sekunden, also eine eins mit einer Trillion Nullen! Das ist eine Zahl, die viel mehr als nur astronomisch ist. Auch Boltzmann konnte nur zeigen, dass jeder Versuch, die Zahl zu veranschaulichen, zum Scheitern verurteilt sein musste: »Wenn [...] um jeden mit dem besten Fernrohr sichtbaren Fixstern so viele Planeten wie um die Sonne kreisten, wenn auf jedem dieser Planeten so viele Menschen wie auf der Erde wären und jeder dieser Menschen eine Trillion Jahre lebte, so hätte die Zahl der Sekunden, welche alle zusammen erleben, noch lange nicht fünfzig Stellen.« Die Moleküle in einem Gas bräuchten also tatsächlich ewig, um ihren alten Zustand mit geringerer Entropie zu erreichen, ganz im Gegensatz zum Gleichgewichtszustand, der durch die Maxwell-Verteilung beschrieben wird. Hätte man ein Gas, in dem alle Moleküle zunächst genau dieselbe Geschwindigkeit hätten, dann würden sie diesen Gleichgewichtszustand, so Boltzmann, bereits in einer einhundertmillionstel Sekunde so gut wie erreichen. Das ist eine Zahl mit sieben Nullen, allerdings nach dem Komma. Boltzmann entgegnete Zermelos Angriff also damit, dass die Rückkehr in einen Zustand mit niedrigerer Entropie in seiner atomaren Deutung zwar tatsächlich prinzipiell nicht unmöglich, aber bei genauerer Betrachtung so unwahrscheinlich sei, dass man eigentlich keinen Unterschied zur völligen Unmöglichkeit mehr feststellen könne. Zeit und Wahrscheinlichkeit waren also, wie es scheint, ganz auf der Seite von Boltzmann, und viele Physiker waren bereit, ihn als Sieger über Zermelo anzuerkennen. Die Mathematiker fühlten sich weiterhin unbehaglich. Was sollte das für ein Theorem sein, fragten sie, das weder richtig noch falsch, sondern nur wahrscheinlich richtig war? Der akademische Streit zwischen Boltzmann und Zermelo war daher auch nicht endgültig entschieden, sondern bot im Laufe des 20. Jahrhunderts weiterhin Anlass, um über die mathematisch-physikalischen

Fragen der Thermodynamik und insbesondere der Entropie nachzudenken.

All diese Unmöglichkeiten bieten eine gute Gelegenheit, um noch einmal auf die plötzliche Bewegung von Unterwäschemolekülen zurückzukommen. Die Thermodynamik, wie sie Boltzmann interpretierte, lehrt uns, dass wir etwas darüber aussagen können, wie sich die Energie eines Gesamtsystems auf die Atome verteilt, oder welche Durchschnittsgeschwindigkeit die Atome besitzen, aber auch, dass wir nichts Genaues über die Bewegung einzelner Atome aussagen können. Das ist ein Aspekt des Indeterminismus, der davon ausgeht, dass sich nicht alle physikalischen Größen eindeutig berechnen und vollständig messen lassen. Gleichzeitig ist die Möglichkeit, dass sich die Moleküle in einem Kasten allesamt plötzlich mit derselben Geschwindigkeit in dieselbe Richtung bewegen, prinzipiell nicht ausgeschlossen, wenn auch sehr, sehr, sehr, sehr unwahrscheinlich. In diesem Sinne ist auch die Methode, »auf Partys Stimmung zu machen, indem man analog der Indeterminismustheorie alle Unterwäschemoleküle der Gastgeberin einer Party plötzlich einen Schritt nach links machen ließ«, zu verstehen. Dann dürfte die Unwahrscheinlichkeit »eins zu zwei hoch unendlich minus eins« betragen, wobei »unendlich minus eins« eine irrationale Zahl ist, die nur in der Unwahrscheinlichkeitsphysik eine feste Bedeutung hat.

Klassisch oder quantenmechanisch?

Die Atome und die Wahrscheinlichkeiten hielten in den 1920er-Jahren ein weiteres Mal Einzug in die Physik, diesmal durch die Entwicklung der Quantenmechanik, die zu den erfolgreichsten Theorien des 20. Jahrhunderts gehört und deren Interpretation noch heute Physikern und Philosophen Kopfschmerzen bereiten kann. Daher haben einige Autoren versucht, den Unwahrscheinlichkeitsantrieb quantenmechanisch zu interpretieren. Der Physiker Michio Kaku erklärt sich in seinem Buch »Die Physik des Unmöglichen« die Funktionsweise des Unendlichen Unwahrscheinlichkeitsantriebs so, dass dieser in der Lage ist, die Wahrscheinlichkeit eines Quantenereignisses, wie z. B. den Sprung eines Elektrons von einem Energieniveau in ein anderes, willkürlich zu verändern. Damit sei es möglich, dass völlig unwahrscheinliche Ereignisse nicht nur viel wahrscheinlicher, sondern geradezu zur Regel werden. Man denke nur an die völlig absurden Vorkommnisse und Gestalten, denen Arthur und Ford frisch gerettet an Bord der »Herz aus Gold« begegnen.

Auch der Journalist Marcus O'Dair bringt bei seiner kurzen Betrachtung des Unwahrscheinlichkeitsantriebs die Quantenmechanik ins Spiel. O'Dair führt diesen über die Indeterminismustheorie auf die Heisenbergsche Unschärferelation zurück, nach der man, grob gesagt, nicht gleichzeitig die Geschwindigkeit und den Ort eines mikroskopischen Teilchens messen kann. Je genauer wir zum Beispiel die Geschwindigkeit eines Elektrons messen, umso weniger ge-

Abb. 3.2 »Haaaaauuuurrchchch«, sagte Arthur, als er fühlte, wie sein Körper weich wurde, und sich in die unwahrscheinlichsten Richtungen bog. »Southend scheint sich aufzulösen ... die Sterne wirbeln herum ... eine Dunstglocke ... meine Beine wandern in den Sonnenuntergang ... mein linker Arm ist auch ab.« Ein entsetzlicher Gedanke durchfuhr ihn. »Verdammt«, sagte er, »wie bediene ich jetzt bloß meine Digitaluhr?« Verzweifelt drehte er die Augen in Fords Richtung. »Ford«, sagte er, »du verwandelst dich in einen Pinguin. Laß das bitte.«
Per Anhalter durch die Galaxis, Kapitel 9

nau kennen wir seinen Ort. Im Extremfall einer beliebig genauen Impulsmessung gäbe es für das Elektron unendlich viele mögliche Orte, so wie das Raumschiff »Herz aus Gold« dank des Unendlichen Unwahrscheinlichkeitsantriebs gleichzeitig jeden Punkt des Universums durchkreuzen kann. Im Falle des Elektrons würde dann schließlich eine Ortsmessung festlegen, an welchem Ort es sich befinde. Dieses Prinzip würde nach Ansicht von O'Dair so etwas wie eine »spontane Raumfahrt« ermöglichen. Diese Interpretation hat jedoch ihre Tücken. So lässt sich diese Überlegung kaum vom mikroskopischen Elektron auf das makroskopische Raumschiff »Herz aus Gold« übertragen. Außerdem sind Messungen in der Physik immer mit einer gewissen Unschärfe behaftet. Beliebig genaue Messungen gibt es in der Praxis nicht. Doch wie wir bereits gesehen haben, genügt die klassische Thermodynamik völlig, um Atome, Wahrscheinlichkeiten und sogar das Schicksal des Universums in den Blick zu bekommen. Und auch die entscheidende Zutat für den Unwahrscheinlichkeitsgenerator ist klassisch: eine schöne heiße Tasse Tee.[6] Die britische Leidenschaft für Tee wird nicht umsonst in der Literatur von so unterschiedlichen Gestalten wie dem verrückten Hutmacher, Doctor Snuggles und Arthur Dent verkörpert. Und Douglas Adams selbst hat 1999 eine – allerdings erst posthum veröffentlichte – Anleitung für eine perfekte Tasse Tee verfasst.

Eiszeit, Löffelstör und rauschende Socken

> Sein Herz schlug schnell. Er wischte sich etwas von dem Dreck weg und legte sein Ohr an die Seite des Raumschiffes. Er hörte nur ein schwaches, unbestimmtes Rauschen.
>
> *Das Restaurant am Ende des Universums, Kapitel 12*

Der von Douglas Adams erdachte Unendliche Unwahrscheinlichkeitsantrieb ist sicher nicht als Vorlage für einen tatsächlichen Raumschiffantrieb zu gebrauchen, aber er gibt einen Fingerzeig darauf, wie nützlich Zufall und Wahrscheinlichkeit sein können. Der Zufall, wie er sich in der Brownschen Bewegung äußert, nimmt, wie wir gesehen haben, eine wichtige Rolle für die Entwicklung der modernen Physik ein. Im Alltag stört er oft einfach nur und macht sich zum Beispiel unangenehm als Rauschen bemerkbar, das beim Musikhören ebenso nervt wie beim Telefonieren. Im Labor verdeckt Rauschen oft die interessanten Signale, die man messen möchte, und so muss man viele Experimente auf möglichst tiefe Temperaturen herunterkühlen, damit das wilde Wärmegezappel der Atome nicht alles kaputt macht. Rauschen ist also ein Problem. Doch das war die Unwahrscheinlichkeit auch, bis Douglas Adams sie in die Lösung verwandeln konnte. Kann sich Rauschen also vielleicht auch von einer nützlichen Seite zeigen? Diese Frage kam erstmals auf, als sich Klimaforscher darüber wunderten, dass Eiszeiten mit einer gewissen Regelmäßigkeit alle 100 000 Jahre auftraten. Zufällig führt die Erdachse eine kleine Taumelbewegung aus, die ebenfalls eine Periode von etwa 100 000 Jahren hat. Wissenschaftler rätselten, ob das periodische Taumeln der Erdachse die Eiszeiten »triggern« könnte. Doch bei genauerer Betrachtung zeigte sich, dass das Taumeln eine viel geringere Auswirkung hatte als alle jährlichen und sogar täglichen Schwankungen der Wärme, die die Erde von der Sonne empfängt, speichert und reflektiert. Physiker schlugen 1981 einen interessanten Perspektivwechsel vor: Was wäre, wenn die kurzzeitigen, aber stärkeren Fluktuationen (das »Rauschen«) das schwache Signal mit seiner Periode von 100 000 Jahren irgendwie verstärkten und damit für den Eiszeitzyklus sorgten? Diese verwegene Hypothese ließ sich bis heute nicht endgültig bestätigen, aber sie lenkte den Blick der Forscher auf den möglichen Nutzen des Rauschens. Den entdeckten Meeresbiologen beim Löffelstör, der sich von den winzigen Organismen im Plankton ernährt. Dieser Fisch besitzt einen Stirnfortsatz, der wie eine Antenne geformt und mit Tausenden von Elektrorezeptoren versehen ist. Damit ist er erstaunlicherweise in der Lage, die winzigen elektrischen Signale einzelner Planktonorganismen wahrzunehmen. Anhand von Versuchen ließ sich zeigen, dass sich die Fangquote des Löffelstörs um bis zu 50 Prozent steigern ließ, wenn zusätzlich noch eine gewisse Art von Rauschen vorhanden war. In der Natur stammt das Rauschen vermutlich vom Plankton selbst. Der Schwarm erzeugt gewissermaßen das Hintergrundrauschen, das die Empfindlichkeit des

Löffelstörs in Bezug auf das elektrische Signal einzelner Planktonorganismen erhöht. Dieses Phänomen bezeichnet man als »stochastische Resonanz«. Ihr Prinzip lässt sich mit einem einfachen Modell verstehen. Man stelle sich eine Murmel in einem Eierkarton vor, der mit schwacher Kraft so sanft geschaukelt wird, dass die Murmel nicht in der Lage ist, die Schwelle zu einer benachbarten Mulde zu überwinden. Kommt jedoch noch ein zufälliges Rütteln dazu, also eine Form von Rauschen, so ist es möglich, dass eine der zufälligen Rüttelbewegungen zusammen mit dem Schaukeln dafür sorgt, dass die Murmel die Schwelle doch überwinden kann. Wird das Rütteln stärker, dann überdeckt es das »unterschwellige« Schaukeln irgendwann. Bei einer genauen Betrachtung zeigt sich, dass es einen optimalen Rauschpegel gibt, damit sich die stochastische Resonanz ausnutzen lässt, das eigentlich zu schwache Signal zu verstärken.

Mittlerweile suchen Physiker, Ingenieure und Biologen nach Anzeichen von stochastischer Resonanz in den unterschiedlichsten Systemen. Könnte es sein, dass die Neuronen sie sich im Gehirn bei der Signalverarbeitung zunutze machen? Lassen sich technische Anwendungen der stochastischen Resonanz vorstellen? Ein Ansatz verfolgt das Ziel, den geschädigten Tastsinn von Menschen nach einem Schlaganfall oder Unfall zu sensibilisieren. So ist es denkbar, dass spezielle Socken oder Handschuhe, die ein elektrisches oder mechanisches Rauschen erzeugen, den verkümmerten Tastsinn schärfen. Vielfach steht hier die Forschung noch am Anfang, aber viele Forscher sind überzeugt, dass es lohnt, der nützlichen Seite der zufälligen Fluktuationen noch genauer auf die Spur zu kommen. Angesichts der Tatsache, dass die Nanotechnologie immer kleinere Maschinen ermöglicht, denken Physiker darüber nach, ob sich aus der ungeordneten Brownschen Bewegung vielleicht doch eine gerichtete Energie gewinnen lassen könnte. Schon der amerikanische Physik-Nobelpreisträger Richard Feynman hatte in seinem bekannten Physiklehrbuch gezeigt, dass eine »molekulare Ratsche«, die allein durch die Brownsche Bewegung in eine Richtung bewegt wird, dem zweiten Hauptsatz der Thermodynamik widerspricht und nur funktionieren kann, wenn dem System von außen Energie zugeführt wird. Aber Forschern ist es beispielsweise gelungen, ein Verfahren zu entwickeln, das die chaotische Brownsche Bewegung nutzt, um Teilchen, die separiert werden sollen, über einen Ratschenmechanismus in ei-

Abb. 3.3 Nicht vergessen werden sollen die tragischen Opfer des Unendlichen Unwahrscheinlichkeitsantriebs, ein Pottwal und ein unschuldiger Petunientopf, die zu unpassender Zeit und am unpassenden Ort entstanden und ganz plötzlich wieder hinscheiden mussten.

nen gerichteten Teilchenstrom umzuwandeln. »Brownsche Motoren« sind also nicht völlig unwahrscheinlich und könnten in Zukunft zum Beispiel für Fertigungsprozesse mit ganz kleinen Stoffmengen von Interesse sein. Für Reisen durch den Weltraum bieten sie keine Perspektiven, leider.

Weitere unwahrscheinliche Antriebe

Adams konnte übrigens zusammen mit John Lloyd seine erfinderische Fantasie in Bezug auf absurde Fortbewegungsmethoden kurze Zeit nach dem Anhalter-Hörspiel erneut nutzen, als er für die Zeichentrickserie »Doctor Snuggles« Geschichten schrieb. In Folge 12, »Die Reise nach Nirgendwo« betitelt, werden Fräulein Reinlich, Haushälterin von Doctor Snuggles, und ihre Freundin Madame Etepetete entführt. Beide bleiben spurlos verschwunden, selbst die sonst so auskunftsfreudige »Wer-Wo-Was-Maschine« (ein Vorläufer des World Wide Web?) liefert keine Anhaltspunkte, wohin es die älteren Damen verschlagen haben könnte. Doctor Snuggles hat darauf eine geniale Idee: »Wir müssen auch verschwinden, und dafür müssen wir ein Verschwindegefährt konstruieren.« Gesagt getan, und nur kurze Zeit später starten Doctor Snuggles und seine Weggefährten ihre Reise in einem ganz absonderlichen Fahrzeug. Dieses findet selbstständig seinen Weg, verhindert es aber auf alle möglichen Arten, dass die Passagiere wissen, wohin die Reise geht. Nur so gelingt es ihnen, genauso zu verschwinden, wie Frau Reinlich und Madame Etepetete. Das Verschwindegefährt reist durch den Weltraum, bis es zu einem Planeten gelangt, der verdächtig einem Ei ähnelt. Dort haben Vögel und Menschen die Rollen getauscht und sich so die Verhältnisse, wie man sie von der Erde kennt, auf kuriose Art umgekehrt: Die älteren Damen fristen nun in einem Käfig im Haushalt des vogelartigen Professors Federleib ihr Dasein. Doctor Snuggles gelingt es jedoch, dem Professor seine Sammelleidenschaft für Menschen auszutreiben, indem er ihn auf das Sammeln von Briefmarken bringt. Die Entführten sind gerettet und Doctor Snuggles ist erleichtert: »Wie wäre es jetzt mit der längst fälligen Tasse Tee?«

Schließlich ersann Douglas Adams im dritten Band der Anhalter-Sage »Das Leben, das Universum und der ganze Rest« noch den Bistr-O-Matik-Antrieb, der Einsteins Spezielle und Allgemeine Relativitätstheorie in das Reich der Gastronomie fortsetzt. So, wie sich Zeit und Raum als nicht absolut erwiesen haben, nutzt der Bistr-O-Matik-Antrieb aus, dass auch Zahlen nicht absolut sind, sondern von der Bewegung des Beobachters im Restaurant abhängen. Dies dürfte jedoch weniger ein Anzeichen sein für das gesteigerte Interesse von Douglas Adams an der Relativitätstheorie, sondern für seine, nicht zuletzt durch den Erfolg der ersten beiden Anhalter-Romane beförderte Begeisterung für ebenso gute wie teure Restaurants.

Doch weder Verschwindegefährt noch Bistr-O-Matik-Antrieb können es in Bezug auf ihre Popularität mit der des Unendlichen Unwahrscheinlichkeitsantriebs aufnehmen. Darum war es nicht völlig unwahrscheinlich, dass Douglas Adams bei einem BBC-Webchat am 21. März 2001 von einem Fan gefragt wurde, wann man den Unendlichen Unwahrscheinlichkeitsantrieb beim Autohändler um die Ecke kaufen könne. Die Antwort von Douglas Adams war kurz und überhaupt nicht hilfreich: »Wenn er ihn auf Lager hat.« Immerhin, als ausgeklügelten Rauschgenerator für Soundtüftler gibt es den Unendlichen Unwahrscheinlichkeitsantrieb schon zu kaufen.[7)]

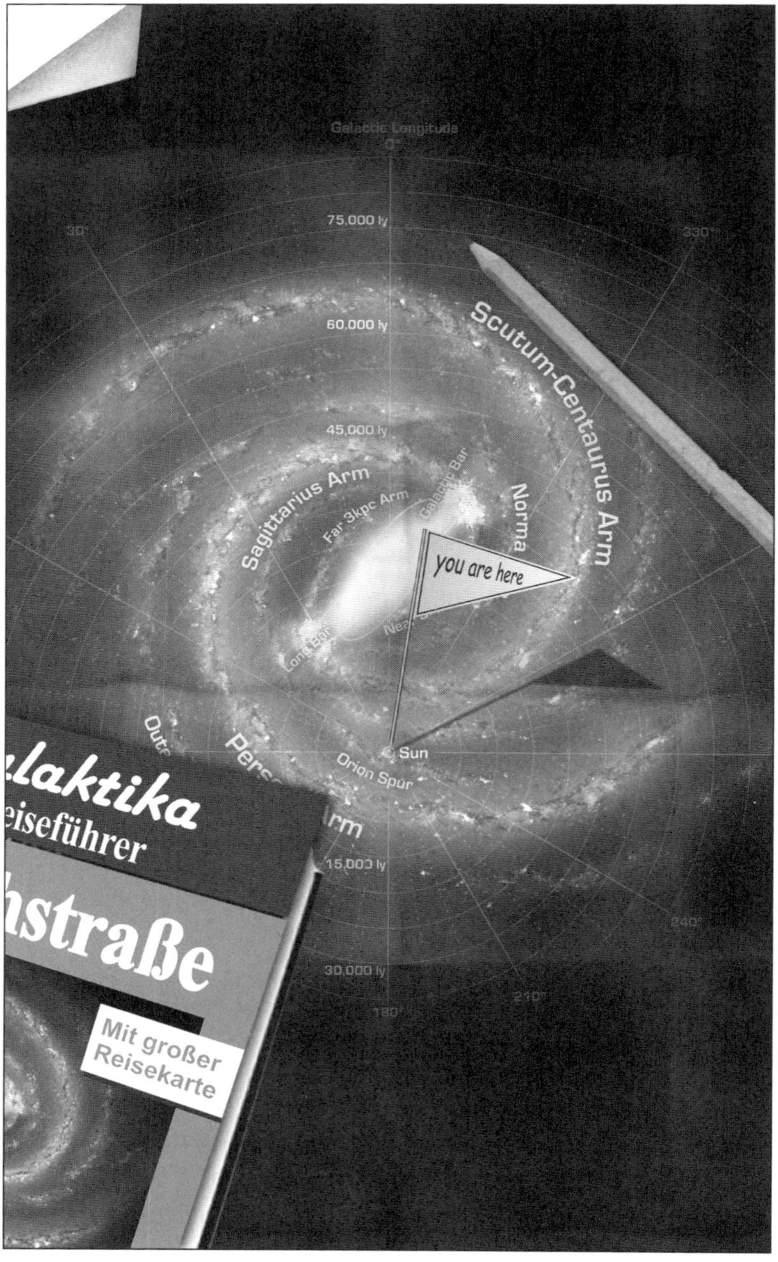

Galactic Longitude
0°
30°
330°
75,000 ly
60,000 ly
45,000 ly
Scutum-Centaurus Arm
Sagittarius Arm
Far 3kpc Arm
Galactic Bar
Norma
you are here
Long Bar
Sun
Orion Spur
15,000 ly
30,000 ly
240°
210°
180°
laktika
eiseführer
hstraße
Mit großer
Reisekarte

4
Die Wunder der Galaxis für weniger als 30 Altair-Dollar am Tag

> Was soll das heißen, Sie sind niemals auf Alpha Centauri gewesen? Ja du meine Güte, ihr Erdlinge, das ist doch nur vier Lichtjahre von hier. Tut mir leid, aber wenn Sie sich nicht einmal um Ihre ureigensten Angelegenheiten kümmern, ist das wirklich Ihr Problem.
>
> *Prostetnik Vogon Jeltz, Per Anhalter durch die Galaxis, S. 43*

> Die Sonn' und du und ich und alle Sterne, die wir sehn
> Bewegen sich Millionen Meilen am Tag
> In 'nem äußeren Spiralarm, mit 40 000 Meilen pro Stund,
> in der Galaxie, die Milchstraße genannt
>
> *Monty Python,Galaxy Song (1983)*

Dem Kommandanten der Arche B von Golgafrincham bietet sich durch die transparente Kuppel über dem Kontrollraum ein atemberaubender Anblick der Milchstraße. In Richtung ihres Zentrums, wo auch sein Heimatplanet liegt, wirken die Sternmassen fast wie ein Band aus Licht. In Zielrichtung liegen die sternärmeren äußeren Regionen der Galaxis, die von den beteigeuzischen Handelsaufklärern erschlossen und von den akturanischen Megafrachtern mit Massengütern aus dem Zentrum der Galaxis versorgt werden. Man muss den Kommandanten der Arche B von Golgafrincham einfach um seine Sicht beneiden. Uns Erdlingen ist der ungestörte Blick auf die Milchstraße zumeist durch die urbane Lichtfülle versagt, was schade ist, denn dieser Anblick gehört zu den spektakulärsten auf unserem Heimatplaneten. Selbst der ärgste Sternmuffel wird sich mit offenem Mund staunend Genickstarre holen, wenn ihm das Glück eines wolken- und mondfreien Nachthimmels zuteil wird. Wer eine Urlaubsreise in eine Region der Erde antritt, deren Nachthimmel ungestört vom Licht der Zivilisation ist, der sollte also den Sternhimmel und insbesondere die Milchstraße auf die Liste der Sehenswürdigkeiten setzen. Der Eintritt ist frei. Wer dann ein Fernglas zur Hand hat, kann das sternerfüllte Band mit den Augen durchwandern und offene Sternhaufen erspähen oder verwaschene Scheibchen, die Kugelsternhaufen. Nur noch den blechernen Griesgram Marvin würde das alles völlig kalt lassen.

Prosaisch betrachtet schauen wir bei der Milchstraße mit bloßem Auge nur auf ein Durcheinander aus leuchtender und nicht leuchtender Materie, ein idealer Hintergrund für die chaotische Reise von Arthur und seinen Weggenossen. Als sich diese im März 1978 das erste Mal auf ihre Reise begaben, war unser Sonnensystem schon ausgiebig erkundet worden. Irdische Sonden hatten bereits allen inneren Planeten unseres Sonnensystems einen Besuch abgestattet. Mariner 10 war 1974 am Merkur vorbeigeflogen, Russische Venera-Sonden drangen ab 1970 erfolgreich in die schwefelsäuregeschwängerte Venusatmosphäre ein, um von dort aus Daten und Bilder zur Erde zu funken. Den amerikanischen Mars-Sonden Viking 1 und 2 gelang 1976, am symbolträchtigen 200. Geburtstag der Vereinigten Staaten, eine weiche Landung auf dem roten Planeten. Und Pionier 10 und 11 gewährten der Menschheit schließlich die ersten Nahaufnahmen vom Gasplaneten Jupiter, bevor Pionier 11 im September 1979 Saturn, den wahren »Herren der Ringe«, erreichte. Voyager 1 und 2 flogen zu dieser Zeit bereits am Jupiter vorbei, um nach Saturn (1980) auch Uranus (1986) und Neptun (1989) zu besuchen. Während die unbemannten Sonden das Panorama unseres Sonnensystems entfalteten, machte Adams einfach unsere Milchstraße zu seiner »Galaxie aus Licht und Geist«, voller exotischer Orte wie Damogran, Bethselamin, Maximegalon, Froschstern B, Preliumtarn, Barteldan, Lamuella und natürlich Magrathea.

Doch wie stand und steht es eigentlich mit unserer galaktischen Ortskenntnis? Befinden wir uns wirklich weit draußen in den fast schon sprichwörtlich gewordenen »unerforschten Einöden eines total aus der Mode gekommenen Ausläufers des westlichen Spiralarms der Galaxis«? Ist wirklich was los im Zentrum der Galaxis? Auf welche Distanzen muss sich ein wagemutiger Anhalter einrichten, der die Wunder der Galaxis für weniger als 30 Altair-Dollar pro Tag sehen möchte? Für die Erde gibt es mittlerweile das Global Positioning System (GPS), die fiktive Milchstraße im literarischen Universum von Douglas Adams erschließt der galaktische Reiseführer, doch wie finden wir uns tatsächlich in unserer engeren kosmischen Heimat zurecht?

Tanzende Sterne, verspritzte Milch und ein himmlisches Lama

Vor aller Wissenschaft erschloss sich die Menschheit das Universum durch Geschichten, Sagen und nicht zuletzt religiöse Mythen. Auch der galaktische Reiseführer ist reich an legendären Stoffen, ob nun von den Jatravartiden auf Viltwodl VI, den Leuten von Golgafrincham oder den Bewohnern von Brequinda im Foth von Avalars. Die Bewohner des Planeten Erde machten sich zunächst mit Fantasie und Fabulierlust einen Reim auf das leuchtende Band, das den gesamten – damals noch völlig ungestörten – Nachthimmel überspannte.

Die Aborigines, die Ureinwohner Australiens, sahen das leuchtende Band der Milchstraße als einen Fluss in der Himmelswelt an. Für sie waren die umgebenden helleren Sterne Fische, die lichtschwächeren hielten sie für Wasserlilien. Und in den großen dunklen Bereichen der Galaxis erblickten die australischen Ureinwohner einen großen Pflaumenbaum. (Die Europäer, die in der Neuzeit mit ihren Segelschiffen weit genug in südliche Gefilde gelangten, nannten die dunklen Bereiche schlicht »Kohlensack«.) Die Angehörigen der Aranda- und Luritja-Stämme in Zentralaustralien glaubten, dass die Milchstraße die Himmelsvölker in zwei Stämme teilt, eine himmlische Ermahnung, eine ähnliche Aufteilung des Landes zwischen benachbarten Stämmen auch auf der Erde beizubehalten.

Eine besonders schöne Sage ist von den Aborigines im Gebiet des heutigen Queensland überliefert. Ihre Version von der Entstehung der Milchstraße ist mit der Heldenfigur Purupriki verbunden, eine

Art australischer Version von Orpheus. Purupriki war gleichermaßen für seine Lieder und Tänze als auch für seine Geschicklichkeit bei der Jagd berühmt. Wenn er sang, dann tanzten die Menschen in seinem Rhythmus bis zur völligen Erschöpfung und schworen Stein und Bein, dass er sogar die Sterne zum Tanzen bringen könne. Als Purupriki eines Morgens zur Jagd aufbrach, entdeckte er einen Baum voller Flughunde und erlegte deren Leittier. Doch die anderen Flughunde erwachten und stürzten sich rachelüstern auf den Jäger. Schließlich trugen sie ihn mit sich in den Himmel. Pururikis Stammesgenossen sorgten sich derweil um ihr Idol und entschlossen sich, seinen Tanz aufzuführen, in der Hoffnung, dass ihn dies zurückbringen würde, denn ohne ihn fehlte ihnen einfach der Rhythmus. Doch plötzlich hörten sie Gesang vom Himmel her. Als der Rhythmus des Gesangs immer lauter und erkennbarer wurde, begannen tatsächlich die bislang zufällig verteilten Sterne zu tanzen und ordneten sich nach Pururikis Lied an. So erinnert die Milchstraße daran, dass der Stammesheld mit traditionellen Liedern und Tänzen geehrt werden soll.

Die Bezeichnung »Milchstraße« geht auf die wohl bekannteste Entstehungsgeschichte für das leuchtende Band am Abendhimmel zurück. Zeus sorgte sich um seinen unehelichen Sohn Herakles, der dank seiner Taten später noch Berühmtheit erlangte. Herakles sollte als Sohn des Göttervaters selbstverständlich auch in den Genuss von Göttermilch kommen. Und so holte ihn der Götterbote Hermes eines Nachts aus der Wiege und brachte ihn zur schlafenden Hera, wo er ihn an deren Brust legte. Vor lauter Durst langte der kleine Herakles ungestüm nach der Quelle und schreckte Hera auf, die ihn ungehalten von ihrer Brust riss. Die Muttermilch spritzte im weiten Bogen über den Himmel und ist noch heute als Milchstraße sichtbar, ein etwas anrüchiger Gedanke, wenn man es sich recht überlegt. Die Griechen bezeichneten daher das helle Band am Nachthimmel mit »galaxias«, abgeleitet vom griechischen Wort gala (γάλα) für Milch.

Die Milchstraße hat fast in jedem Volk einen festen Platz in der Mythologie. Die Inka verglichen die Milchstraße wie so viele andere Völker mit einem Fluss. Das Tal des Flusses Urubamba galt als Spiegelbild der Milchstraße. Sie schenkten aber auch den dunklen Bereichen besondere Aufmerksamkeit, indem sie diese mit Tieren identifizierten. Der »Kohlensack« in der südlichen Milchstraße erschien ihnen als Lama, mit den Sternen Alpha und Beta Centauri als Augen. Dass Tiere noch immer die Fantasie der Sterngucker beflügeln, beweist die Meldung aus dem Jahr 2009, dass der neuseeländische Fotograf Fraser Gunn eine dunkle Struktur im Zentrum der Galaxis ablichten konnte, die wie ein Kiwi, dem Nationalvogel Neuseelands, geformt ist. Dieser symbolträchtige Fund gelang Gunn vom Mount John-Observatorium am Lake Tekapo aus. Der dortige Nachthimmel wurde als eines der Nachthimmelschutzgebiete des UNESCO-Welterbes nominiert, nicht zuletzt wegen einer Sicht auf das galaktische Zentrum und die Magellanschen Wolken (eine unserer Nachbargalaxien).

Heimatkunde Milchstraße

Heute glaubt natürlich niemand auch nur ein Wort von all den Mythen über die Milchstraße. Den ersten Schritt in Richtung einer realistischeren Perspektive machten die Mitglieder der irdischen Sektion der Vereinigten Gewerkschaften der Philosophen, Weisen, Erleuchteten und anderer Berufsdenker. Die antiken Denker der Erde, allen voran die Griechen, zerbrachen sich nicht mehr nur den Kopf darüber, welcher Göttergestalt sie die Entstehung der Milchstraße unterschieben konnten, sondern sie machten sich auf, die »wahre Natur« der Welt zu ergründen und diese auf philosophische Prinzipien zurückzuführen. Einen besonders kühnen Gedanken hatte der 460 v. Chr. im thrakischen Abdera geborene Philosoph Demokrit, dessen Schriften uns leider nur in Fragmenten oder indirekt überliefert sind. Demokrit nahm an, dass alles aus zahllosen, kleinsten und unteilbaren Teilen besteht, die er Atome nannte. Er lehrte auch, dass sich die Erde aus den größeren und schwereren Atomen gebildet hatte. Die leichteren Atome stiegen in den Himmel und bildeten Luft und Feuer. Daraus schieden sich wiederum dichtere Massen ab, die durch schnelle Bewegung zu glühen begannen und zu den Gestirnen wurden. Die Anhänger Demokrits argumentierten, wenn man der Überlieferung durch Aristoteles Glauben schenken darf, folgendermaßen: Die Milchstraße ist »das Licht gewisser Sterne«. Wenn sich die Sonne unter der Erde hindurch bewege, dann bescheine sie einige Sterne. Diese seien nicht sichtbar, weil ihr Licht von den Strahlen der Sonne gehindert werde. Das Licht derjenigen Sterne aber, die von der Erde verdeckt werden, sodass sie nicht mehr von der Sonne beschienen werden, bilde die Milchstraße.

Die alten Griechen haben viele gute Gedanken gehabt, aber bei dieser Argumentation ist man versucht anzunehmen, dass Aristoteles sie von der Rückseite eines Pakets Frühstücksflocken abgeschrieben haben könnte. Doch aus heutiger Sicht ist es nur allzu leicht, den Besserwisser herauszukehren. Ist es nicht plausibel, dass die Sonne von der Erde so verdeckt wird, dass sie den gesamten Himmel bis auf ein mehr oder weniger breites Band zwischen den beleuchteten Himmelsregionen bescheint? Zudem sollte man in Rechnung stellen, dass die alten Griechen noch keine rechte Vorstellung von den wahren Größenverhältnissen haben konnten. Aber immerhin traf Demokrits visionärer Gedanke, dass die Milchstraße aus unzähligen Sternen besteht, wie sich später herausstellen sollte, den Nagel auf den Kopf. Aristoteles verwarf hingegen leichtfertig diese Vorstellung. Er hielt die Milchstraße stattdessen für eine Ansammlung glühender Dämpfe. Seiner Ansicht nach war sie u. a. die Quelle der Kometen. Diese, so Aristoteles, seien Feuer, die aus der Milchstraße stammten und ihre Dämpfe auf die Erde sinken ließen. Dadurch würde die Atmosphäre verschmutzt und es würden Katastrophen ausgelöst. Damit lag er völlig falsch, aber er begründete damit wohl den schlechten Ruf der Kometen als Unglücksboten, der ihnen bis ins 20. Jahrhundert anhaftete.

Die Römer deuteten die Milchstraße lieber religiös und hielten sie für den Ort, an dem die Seelen der Verstorbenen landeten.[1] In der Spätantike wurde die Milchstraße dagegen mal als Ansammlung von Sternenhitze angesehen (Macrobius im 4. Jahrhundert) oder als »Leuchtspur«, die die Sonne auf ihrer Bahn hinterließ (Isidor von Sevilla im 6. Jahrhundert). Aber auch die Sichtweise von Aristoteles, dass die Milchstraße doch nur ein meteorologisches Phänomen war, gewann im 13. Jahrhundert wieder an Popularität. Von der Antike bis ins Mittelalter wähnte sich die Menschheit jedenfalls gut im Zentrum des Kosmos aufgehoben und nicht etwa weit draußen in irgendwelchen unerforschten Einöden der Galaxis. Klarheit über die wahre Natur der Milchstraße herrschte nicht. Und so dichtete der große Dante zu Beginn des 14. Jahrhunderts ganz zu Recht in seiner »Göttlichen Komödie«: »Wie unterschieden von den größern Sternen/Und von den kleinern, zwischen beiden Polen/Galaxia glänzt, ein Rätsel selbst der Weisen.«

Hier half nur eins: Genauer hinschauen als es alle anderen bis dahin getan hatten. Das Privileg, Dinge zu erspähen, die noch nie zuvor ein Mensch gesehen hatte, war Galileo Galilei vergönnt, als er das gerade erfundene Fernrohr als erster in den Nachthimmel richtete. Darüber berichtete er in seiner 1610 veröffentlichten »Sternenbotschaft« (Sidereus Nuncius). Dem ungläubigen Publikum konnte er darin von der »rauen und ungleichen Oberfläche« des Mondes berichten, von »bisher nie gesehenen« Fixsternen und von »vier niemandem vor uns bekannte(n) [...] Wandelsternen«, damit meinte er die vier größten Jupiter-Monde. Besonders stolz verkündete er: »Auch scheint mir, man dürfe es nicht geringachten, den Streit über die Galaxis oder Milchstraße beigelegt und ihr Wesen neben dem Verstand auch den Sinnen offenbart zu haben; und auch mit dem Finger darauf zeigen zu können, dass der Stoff der bis heute von den Astronomen Nebel genannten Sterne bei Weitem anders ist, als man bisher glaubte, wird sehr schön und erfreulich sein.«

Allerdings dauerte es noch drei Jahrhunderte, bis sich die Astronomen wirklich ein brauchbares Bild von unserem Platz im Universum machen konnten. Lange Zeit sahen sie die Milchstraße vor lauter Sternen nicht. Auf viele wichtige Fragen gab es keine Antwort: Wie groß ist die Milchstraße? Markieren ihre Grenzen auch die Grenzen des Universums? Und: Wie sieht sie von außen gesehen überhaupt aus? Die Astronomen waren nicht zu beneiden. Ein bisschen ähnelte ihre Lage der eines Wanderers, der von einem festen Punkt im Wald aus bestimmen soll, wie der Wald genau bepflanzt ist und wie weit sich dieser ausdehnt.

Einfach hinschauen genügte nicht, so faszinierend der Anblick im Fernrohr auch sein mochte. Im Falle der Milchstraße ließ sich jedoch etwas mit Zählen ausrichten, wobei es nicht nur darum ging, wie viel Sternlein am Himmel stehen, sondern wo bzw. wie weit weg. Wilhelm Herschel stellte sich zusammen mit seiner Schwester Caroline um 1790 dieser Aufgabe. Er ging davon aus, dass gleich helle Sterne auch gleich weit entfernt seien und die Helligkeit der Sterne quadratisch mit der Entfernung abnahm. Die Helligkeit selbst ließ sich nur grob durch den Vergleich der Sterne miteinander bestimmen. Aus der in vielen Beobachtungsnächten mit viel Fleiß gewonnenen Stern-

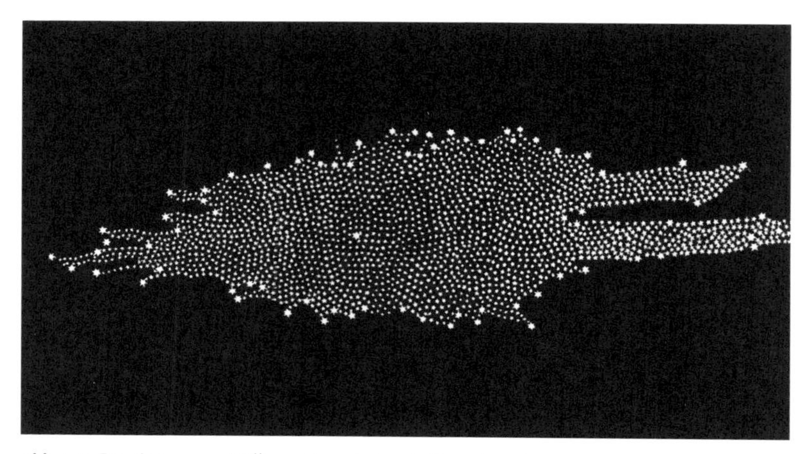

Abb. 4.1 Der Astronom William Herschel erstellte 1785 anhand seiner Sternzählungen die erste Karte von der Gestalt unserer Milchstraße.

statistik ermittelten die Herschels eine grobe Gestalt der Milchstraße, eine abgeflachte Scheibe mit einer tiefen Kerbe rechts. Über die Entfernungen ließ sich eigentlich noch nicht viel Verlässlicheres sagen als »verdammt groß«. Doch egal, wie weit die Sterne damals auch von uns entfernt schienen, die Sonne und ihre Planeten befanden sich im Weltbild der Herschels weiterhin im Zentrum der Galaxis.

Außer wilden Spekulationen blieb den Astronomen nichts anderes übrig, die Sternzählungen zu verfeinern bzw. erst einmal etwas über die wahren Entfernungen herauszufinden. Dabei half elementare Geometrie. Damit gelang es Friedrich Wilhelm Bessel 1838 als erstem Astronomen, die Entfernung zu einem Stern zu bestimmen. Er nutzte aus, dass man einen Stern im Laufe eines halben Jahres von zwei gegenüberliegenden Punkten der Erdbahn sehen kann (man spricht hierbei auch von der sogenannten Parallaxe). Wie bei Vermessungen auf der Erde ließ sich mithilfe einer genauen Winkelmessung und der Kenntnis der Basislinie, die Entfernung zum Stern mit elementarer Trigonometrie berechnen. In diesem Fall lieferte der Durchmesser der Erdbahn von rund 150 Millionen Kilometern die Basislinie. Bessel nahm den Stern 61 Cygni ins Visier. Die Schwierigkeit dabei war nur, dass der Winkel so klein war, nämlich rund 0,3 Bogensekunden, also weniger als ein Zehntausendstel Grad. Daraus ermittelte Bessel eine Entfernung von knapp 10 Lichtjahren, also annähernd 100 Billionen Kilometern. Damit lag er schon sehr gut. Die heutigen Messungen liefern eine Entfernung von knapp über 11 Lichtjahren.

Damit war der Anfang gemacht, etwas über die Größe der Milchstraße herauszufinden. Der holländische Astronom Jakobus Kapteyn startete 1906 die erste koordinierte Sternzählung, um die Verteilung der Sterne in unserer Galaxis zu bestimmen. Über vierzig Observatorien arbeiteten dafür zusammen und maßen die scheinbare Helligkeit, die Spektren und die Eigenbewegung der Sterne. Anhand der umfangreichen Beobachtungen schätzte Kapteyn den Radius der Milchstraße auf mindestens 25 000 Lichtjahre. (Frühere noch sehr spekulative Schätzungen waren von nur 2000 Lichtjahren ausgegangen.) Vom Zentrum sollte nach seinen Beobachtungen die Sterndichte bis zu einer Entfernung von etwa 10 000 Lichtjahren abfallen, um dann wieder anzusteigen. Die Milchstraße hatte demnach die Form einer abgeflachten Scheibe mit einem »Knubbel« in der Mitte und einem wulstigen Rand. Kapteyn rückte die Sonne aufgrund seiner Beobachtungen um rund 2000 Lichtjahre vom galaktischen Zentrum ab. Das war eine gewisse Beruhigung für diejenigen Astronomen, denen etwas unwohl bei dem Gedanken war, dass die Erde bzw. unser Sonnensystem irgendeine besondere Stellung im Universum einnehmen sollte. Schließlich hatte Kopernikus die Erde von ihrem privilegierten Platz im Sonnensystem vertrieben. Warum sollte sich das Sonnensystem quasi über die galaktische Hintertür ins Zentrum des Universums zurückmogeln? (Damals schien das Universum im Wesentlichen aus unserer Heimatgalaxis zu bestehen.)

Der erste, der die Sonne gewissermaßen aus dem Zentrum der Milchstraße in die Außenregionen katapultierte, war ein verhinderter Journalist. Der Amerikaner Harlow Shapley war 1907 mit 22 Jahren eigentlich fest entschlossen gewesen, sich an der Universität Missouri für Journalistik einzuschreiben. Doch er musste feststellen, dass die entsprechende Fakultät erst ein Jahr später ihre Pforten für Studierende öffnen sollte. Als Shapley das Vorlesungsverzeichnis in die Finger bekam, beschloss er, das erstbeste Fach, das er darin fand, zu studieren. Archäologie verwarf er, weil er sie, wie er später erklärte, nicht aussprechen konnte, und blieb dadurch bei der Astronomie hängen. Vermutlich spielte letztendlich doch mehr Interesse an der

Wissenschaft als Zufall die entscheidende Rolle für Shapleys Studienwahl. Shapley widmete sich einer speziellen Gruppe von Objekten, den Kugelsternhaufen, die Kapteyn außerhalb des äußeren Randes unserer Galaxis angesiedelt hatte. Bei einer Gruppe von veränderlichen Sternen (den Cepheiden), die in diesen Kugelsternhaufen zu finden waren, hatte sich gezeigt, dass ihre wahre Leuchtkraft eng mit der Dauer der Periode verbunden, mit der sich ihre scheinbare Helligkeit änderte. Da sich von einigen nahen Exemplaren dank der Parallaxe die Entfernung und damit die absolute Leuchtkraft ermitteln ließen, hatten die Astronomen sozusagen »Standardkerzen« für die Entfernungsbestimmung an der Hand. Kannte man die Periode, ließ sich auf die Leuchtkraft und aus der scheinbaren Helligkeit am Himmel dann auf die Distanz schließen. Shapley erhielt so Klarheit über die Verhältnisse in der Milchstraße. Das Zentrum befand sich demnach in Richtung des Sternbilds Schütze. Die Sonne lag nach Shapley rund 42 000 Lichtjahre vom Zentrum entfernt – eine signifikante Zahl, die später jedoch deutlich nach unten korrigiert werden musste.

Die Milchstraße war damit viel zu klein, um den heißen, unbewohnten und äußerst abgelegenen Planet Damogran zu beherbergen, auf dem das Raumschiff »Herz aus Gold« unter striktester Geheimhaltung gebaut worden war. Damogran sollte sich nach Angabe des galaktischen Reiseführers fünfhunderttausend Lichtjahre von unserer Sonne entfernt befinden. Vermutlich hatte da ein Kundschafter des Reiseführers bei der Recherche geschlampt. Doch in einer Sache hatte der Anhalter zweifellos recht: Die astronomischen Entfernungen sprengen einfach die menschliche Vorstellungskraft. Unklar war um 1920 nur wie sehr. Denn da gab es noch die milchigen und oft spiralförmigen Fleckchen am Himmel wie den Andromedanebel. Schon Kant hatte 1755 in seiner »Allgemeinen Naturgeschichte« darüber spekuliert, dass die Spiralnebel Sternensysteme wie unsere Milchstraße sein könnten – eine schwindelerregende Perspektive. »Der erstere Anblick einer zahllosen Weltenmenge vernichtet gleichsam meine Wichtigkeit als eines tierischen Geschöpfes«, schrieb Kant. Die bestürzende Nichtigkeit des Menschen, die Kant angesichts des »bestirnten Himmels über mir« verspürte, ließ sich nur durch das »moralische Gesetz in mir« lindern, die den Wert des Menschen als Intelligenz wieder ins Unendliche erhebe.

Moralische Überlegungen waren Anfang des 20. Jahrhunderts nicht mehr Bestandteil der Astronomie, die sich über die gigantischen Entfernungen im Universum Klarheit verschaffen wollte. Howard Shapley war nicht nur davon überzeugt, dass sich die Sonne nicht im galaktischen Zentrum befand, sondern auch, dass die Spiralnebel innerhalb der Milchstraße lagen. Heber Curtis, Direktor des Lick-Observatoriums widersprach seinem jungen aufstrebenden Kollegen bei einem Treffen der amerikanischen Akademie der Wissenschaften am 26. April 1920 mit dem Thema »Der Maßstab des Universums«. Diese Auseinandersetzung ist als die »Große Debatte« in die Annalen der Astronomie eingegangen. Curtis war eher auf der Linie von Kant und ging davon aus, dass die Spiralnebel ebenfalls »Inseluniversen« wie unsere Milchstraße innerhalb eines gigantischen Universums waren.

Klarheit konnten nur verlässliche Beobachtungen schaffen. Die lieferte Edwin Hubble, dem es 1924 gelang, im Andromedanebel veränderliche Cepheiden-Sterne aufzuspüren. Anhand der Perioden-Leuchtkraft-Beziehung kam er auf eine Entfernung in der Größenordnung von einer Million Lichtjahren. (Heute geht man von rund 2,5 Millionen Lichtjahren aus.) Damit war bewiesen, dass auch der Andromedanebel in Wirklichkeit eine riesige Ansammlung von Sternen wie unsere Milchstraße war, allerdings mit einem größeren Durchmesser von 157 000 Lichtjahren, wie wir heute wissen. Die Ausmaße des Universums explodierten geradezu. Und als wenn das nicht schon genug gewesen wäre, entdeckte Hubble anhand der Rotverschiebung der Spektrallinien im Sternlicht, dass sich das sowieso schon gigantische Universum auch noch ausdehnte.

Wenn man bedenkt, welches Aufheben um die Kopernikanische Wende gemacht wurde, durch die die Erde aus ihrem Platz im Zentrum vertrieben wurde, dann verdient die neue Perspektive auf unseren Platz im Weltraum, wie sie sich in den 1920er-Jahren entwickelte, ebensoviel Aufmerksamkeit. Denn es stand nun fest, dass unser Sonnensystem, das vom Licht in rund 11 Stunden von einem zum anderen Ende durchquert werden kann, nichts im Vergleich zur Ausdehnung des Universums ist, in dem das Licht Jahrmilliarden hinter sich bringen kann, ohne an ein Ende zu gelangen. Die Sprachlosigkeit angesichts kosmischer Weiten hat Douglas Adams bereits früh in seiner Karriere in einen grandiosen Redeschwall verwandelt. Im Bühnenprogramm von 1974, das er mit (dem nicht mit ihm verwandten) Will Adams und dem später einmal zu Anhalter-Ehren gelangten Martin Smith aus Croydon auf die Beine gestellt hatte, findet sich der Monolog »Jenseits der Unendlichkeit« (»Beyond Infinity«). Dieser Titel geht vermutlich auf ein Thema aus Stanley Kubricks Film »2001 – Odyssee im Weltraum« zurück und sollte später in leicht veränderter Form Eingang in den galaktischen Reiseführer finden. Der Monolog endet in beiden Fällen mit der Feststellung: »Du glaubst vielleicht, die Straße runter bis zur Drogerie ist es eine ganz schöne Ecke, aber das ist einfach ein Klacks, verglichen mit dem Weltraum.« Leisten Sie also nicht der vergeblichen Forderung Folge, sich eine Erdnuss in Reading und eine Walnuss in Johannesburg vorzustellen, um mit der Größe des Weltraums irgendwie zurechtzukommen. Es funktioniert ja doch nicht. Aber es ist durchaus bemerkenswert, sich klarzumachen, dass es nicht einmal neunzig Jahre her ist, dass wir das Universum in seiner ganzen Größe gefunden haben, so als ob es bis dahin wie im Falle der Bewohner des Planeten Krikkit durch eine Staubwolke verborgen gewesen wäre. Im gewissen Sinne traf das auch auf die Erdenbewohner zu. Denn um zu erkennen, wie die Milchstraße genau aufgebaut ist, war es nötig zu erkennen, dass der Raum zwischen den Sternen keineswegs einfach nur leer ist.

Was ist so toll daran, in einer Staubwolke zu stecken?

»Wir befinden uns mitten im Pferdekopfnebel. Einer einzigen gewaltigen dunklen Wolke.«
»Und die soll ich auf dem leeren Bildschirm erkennen?«
»Ein dunkler Nebel ist der einzige Ort in der ganzen Galaxis, wo man einen leeren Bildschirm sieht.«

Per Anhalter durch die Galaxis, Kapitel 14

Mit der Zeit stellte es sich als sehr viel kniffliger heraus, sich ein verlässliches Bild von der Milchstraße und der Position unserer Sonne darin zu machen. Immer mehr wurde den Astronomen klar, dass sie keineswegs einfach nur den Wald vor lauter Bäumen bzw. die

Struktur der Milchstraße vor lauter Sternen nicht erkennen konnten. Ihre Lage glich viel mehr einem Hausbesitzer, der vom Wohnzimmer aus die Zahl und Lage der Zimmer, ihren Inhalt, oder die Beschaffenheit des Daches erschließen sollte, ohne sich vom Platz zu bewegen. Und als wäre das nicht schon schwierig genug, zog auch noch störender Rauch durch die Räume.

Die Astronomen hatten bei all ihren Sternzählungen den dunklen Wolken in der Galaxis keine rechte Aufmerksamkeit geschenkt. Doch langsam dämmerte ihnen, dass Staub und Gas zwischen den Sternen umherschwirrten, die viele Bereiche viel dunkler erscheinen ließen, als sie tatsächlich waren. Man konnte sich also nicht darauf verlassen, dass die Helligkeit der Sterne einfach mit dem Quadrat ihres Abstands abnahm. Im Extremfall versperrten Staubwolken den Blick völlig, wie z. B. dort, wo man das Zentrum der Galaxis vermutete. Die Astronomen mussten sich also bemühen, Modelle zu entwickeln, die die unterschiedliche Abschwächung des Sternlichts berücksichtigen. So korrigierte sich z. B. die Entfernung der Sonne zum galaktischen Zentrum von 42 000 Lichtjahren, wie sie Shapley geschätzt hatte, auf rund 26 000 Lichtjahre. Besonders ärgerlich war jedoch, dass die interstellaren Staubwolken den Blick in das Zentrum der Galaxis in Richtung des Sternbilds Schütze verwehrten. Wenn dort wirklich etwas los war, dann konnte man es nicht sehen.

Für mehr Durchblick sorgte kurioserweise der amerikanische Ingenieur Karl Jansky, Mitarbeiter der Bell Telephone Laboratories. Er hatte 1931 den Auftrag erhalten, Rundfunkstörungen zu untersuchen, die mit Erscheinungen in der Erdatmosphäre zusammenhingen. Letztendlich sollten Janskys Forschungen Erkenntnisse darüber liefern, wie sich die Störungen beim Funk über die Ozeane hinweg ausschalten lassen könnten. Jansky stieß bei seinen Beobachtungen auf ein rätselhaftes Rauschen, das sich zunächst keiner Quelle zuordnen ließ. Auch wenn die Atmosphäre keinen Anlass für Störungen bot, war dieses Rauschen (neben dem unvermeidlichen thermischen Eigenrauschen) im Lautsprecher des Empfängers zu hören. Langwierige Messreihen zeigten, dass die Quelle sich im Tageslauf mit dem Himmelsgewölbe mitdrehte. Alles schien darauf hinzudeuten, dass der Ursprung der unbekannten Radiostrahlung im interstellaren Raum oder in den Fixsternen selbst liegen musste. Es dauerte noch fast zwei Jahrzehnte, bis die Fachastronomen die Tragweite dieser Beobachtung erkannten. Das lag zum einen daran, dass Jansky seine Beobachtungen in einer radiotechnischen Zeitschrift veröffentlichte, die in astronomischen Kreisen keine Beachtung fand. Zum anderen verzögerte der Zweite Weltkrieg weitere Forschungen.

Doch wie sollten sich neue Erkenntnisse über den Aufbau der Galaxis aus dem Rauschen im Radiobereich gewinnen lassen? Dazu stellte der niederländische Astronomiestudent Hendrik Christoffel van de Hulst 1944 eine folgenreiche Überlegung an. Er hatte berechnet, dass die Wasserstoffatome im interstellaren Raum unter der im Weltraum herrschenden Dichte und Temperatur eine charakteristische Spektrallinie aussenden, die Radiostrahlung mit einer Wellenlänge von 21 Zentimetern entspricht. Es dauerte noch sechs Jahre, bis diese Strahlung schließlich fast gleichzeitig in den USA, den Niederlanden und Australien nachgewiesen wurde. Die 21-Zentimeter-Linie entwickelte sich zum wichtigsten Instrument, um den Aufbau der Galaxis zu entschlüsseln. Anhand der Gesamtintensität der Strahlung in einer bestimmten Beobachtungsrichtung ließ sich auf die Dichte des Wasserstoffs schließen. Aus der Veränderung und Verschiebung des Linienprofils infolge der Doppler-Verschiebung bzw. der Radialgeschwindigkeiten der Wasserstoffwolken ließ sich auf die Entfernung schließen. Die ersten Karten der Wasserstoffverteilung enthüllten nur eine angedeutete Spiralstruktur. Mit mehr und immer genaueren Beobachtungen kristallisierten sich mit der Zeit vier größere Spiralarme heraus, die nach den Sternbildern benannt sind, in deren Richtung sie liegen: Norma (Winkelmaß), Scutum-Centaurus (Schild-Zentaur), Sagittarius (Schütze) und Perseus. Unsere Sonne befindet sich nahe des kleineren Orion-Arms, der zwischen dem Sagittarius- und Perseus-Arm liegt. Das war aber noch nicht der Weisheit letzter Schluss. Amerikanische Astronomen präsentierten der Öffentlichkeit im Sommer 2008 mithilfe des Spitzer-Weltraumteleskops ein verbessertes Bild. Demnach besitzt die Milchstraße nur zwei größere Spiralarme, denn der Norma- und der Sagittarius-Arm stellten sich als viel weniger sternenreich heraus, als bis dahin angenommen. Davon zu sprechen, dass Spiralarme aus der Mode kommen können, ist also alles andere als unsinnig. Doch unbeeindruckt von allen Moden absolvieren unsere Sonne und die Sterne in ihrer Umgebung in 200 Millionen Jahren einen vollständigen Umlauf um das galaktische Zentrum, überlagert von Auf- und Abbewegungen in Be-

Abb. 4.2 Nach neueren Beobachtungen aus dem Jahr 2008 büßte die Milchstraße zwei ihrer vier größeren Arme ein.

zug auf die galaktische Ebene. Einige Forscher vermuten, dass sich die Bewegung der Sonne und der Erde durch die Spiralarme der Galaxis im Erdklima niedergeschlagen haben könnte. Doch wie wir im kommenden Kapitel sehen werden, verdanken wir der Galaxis weit mehr als nur klimatische Schwankungen.

»Mann, ist das ... schwarz!«

Und was ist los im Zentrum der Galaxis? Geht dort im Vergleich zur vermeintlichen Einöde um unsere Sonne die Post ab? Wie soll man das bitte schön herausfinden, wenn uns lästige Staubwolken die Sicht versperren? Auch hier gelang den Astronomen der Durchblick, indem sie sich Bereichen des elektromagnetischen Spektrums zuwendeten, die für menschliche Augen unsichtbar sind. Insbesondere langwelligere Wärme- bzw. Infrarotstrahlung oder kurzwelligere Röntgenstrahlung vermögen die Staubwolken zu durchdringen, sodass es gelungen ist, einen Blick ins galaktische Zentrum zu werfen. Das ist so, als ob dem Hausbewohner aus dem obigen Beispiel nun eine Röntgenkamera zu Verfügung stünde und er, wenn auch vielleicht nur schemenhaft von seinem Platz aus in die anderen Räume schauen kann. Doch den Astronomen genügten keine verschwommenen Umrisse, sie wollten genau erkennen, was im galaktischen Zentrum vor sich geht. Im Jahr 1974 hatte der britische Astronom Sir Martin Rees vermutet, dass superschwere Schwarze Löcher in den Zentren von Galaxien existieren könnten. Das Zentrum unserer Milchstraße bot die einzige Möglichkeit, diese kühne These nachzuprüfen. Doch dafür musste man dort extrem genau hinschauen. Zunächst erkannten die Astronomen, dass sich die Sterne im Zentrum tausendmal dichter drängeln als in der Nachbarschaft der Sonne.

Schon Jansky hatte bei seinen ersten Radiobeobachtungen festgestellt, dass sich im galaktischen Zentrum zwei starke und ausgedehnte Radioquellen befanden, Sagittarius A West und Sagittarius A Ost. Die amerikanischen Astronomen Bruce Balick und Robert Brown identifizierten dort – zeitgleich zu Rees Vermutungen – eine weitere, aber sehr viel kompaktere Radioquelle, die sie Sagittarius A* nannten. War das vielleicht das gigantische Schwarze Loch? Die abgestrahlte Energie ließ darauf schließen, dass das Objekt einige Millionen Sonnenmassen schwer sein musste. Es blieb jedoch ansonsten unsichtbar und so kam eine extrem dichte Zusammenrottung von normalen Sternen oder von Neutronensternen nicht infrage. Allerdings gab es einen indirekten Weg, um mehr über die rätselhafte Riesenmasse im galaktischen Zentrum zu erfahren. Die Astronomen mussten die Bewegungen der Sterne und Gasmassen nahe Sagittarius A* lang und präzise genug beobachten. Mithilfe der Bewegungsgesetze der Gravita-

Abb. 4.3 Das Band der Milchstraße mit seinen unzähligen Sternen und Staubwolken bildet den grandiosen Hintergrund vor dem die zwei 8,2 Meter-Teleskope des Very Large Telescopes der Europäischen Südsternwarten zu sehen sind. Oberhalb des linken Teleskops ist die Kleine Magellanische Wolke zu erkennen, eine Satelliten-Galaxie unserer Milchstraße. Ein Laserstrahl (»künstlicher Laserstern«) ist ins galaktische Zentrum gerichtet.

tionstheorie ließ sich dann auf Größe und Form der Massenverteilung schließen. Was im Prinzip einfach klingt, erforderte völlig neue Beobachtungsmethoden, um die nötige Auflösungsgenauigkeit zu erzielen. Die Spiegel der großen Infrarotteleskope auf der Erde sind nicht einfach starre Gebilde, sondern verformen sich bei jeder Bewegung des Teleskops. Mithilfe sogenannter »aktiver Optiken« ließen sich diese Einflüsse ausgleichen und damit das Auflösungsvermögen steigern. Zusätzlich entwickelten die Forscher »adaptive Optiken«, die den Teleskopspiegel rasch und auf eine solche Weise verformen kann, dass die nachteiligen Wirkungen der Luftunruhe in der Atmosphäre ausgeglichen werden. Was uns in einer klaren Nacht als Sternfunkeln erfreut, ist nämlich der größte Feind jedes beobachtenden Astronomen. Diese benötigen allerdings einen ausreichend hellen Stern in der Nähe des Beobachtungsobjekts, der ausreichend Photonen liefert, um die durch die Luftunruhe verursachten Bildverzerrungen zu ermitteln. Leider ist die Wahrscheinlichkeit dafür meist nur gering. Deshalb behilft man sich mit einem »künstlichen Laserstern«. Ein Laserstrahl, der auf die Wellenlänge einer bestimmten Spektrallinie von Natrium eingestellt ist, wird mit einem kleinen Projektionsteleskop in die obere Erdatmosphäre fokussiert. Das in rund 90 Kilometern Höhe von den dort vorhandenen Natriumatomen zurückgestreute Licht wirkt dann wie ein künstlicher Stern. Das ist nur eine der zahlreichen Finessen, mit deren Hilfe es gelungen ist, die Bewegung von Sternen um Sagittarius A* zu verfolgen. Die Beobachtungskampagne dauerte zusammen mit der Auswertung der Daten immerhin 16 Jahre. Besonderes Augenmerk legten die Astronomen auf den Stern S2, der in diesem Zeitraum einen kompletten Umlauf um die Radioquelle absolvierte – mit 5000 Kilometern pro Sekunde, das ist das 200-fache der Geschwindigkeit der Erde bei ihrer Bahn um die Sonne. Die hochexzentrische Ellipsenbahn von S2 führt den Stern von einigen Lichttagen bis auf zehn Lichtstunden an Sagittarius A* heran, was grob dem Durchmesser unseres Sonnensystems entspricht. Für das Schwarze Loch ermittelten die Astronomen anhand der neuen Messdaten von insgesamt 28 Sternen eine Masse von knapp 4 Millionen Sonnenmassen, die auf einen Raum mit einem Radius von nicht einmal 6,25 Lichtstunden konzentriert ist. Ist also was los im galaktischen Zentrum? Der an der Messkampagne im galaktischen »Herz der Finsternis« beteiligte Astrophysiker Stefan Gillessen vom Max-Planck-Institut für extraterrestrische Physik in Garching charakterisiert es folgendermaßen: »Die Bahnen der Sterne in der innersten Region sind völlig regellos. Dort geht es zu wie in einem Bienenschwarm.« Die Astronomen machen solche Erkenntnisse euphorisch, Zaphod Beeblebrox wäre dagegen sicher nicht sonderlich angetan gewesen, statt »Spaß, Abenteuer und wirklich fetzigen Sachen« im Zentrum der Galaxis nur ein gewaltiges Schwarzes Loch vorzufinden, dessen Entstehung bislang noch völlig ungeklärt ist.

Wenn es darum geht, zu erkennen, wie unsere Galaxis insgesamt aussieht, wird uns wohl für immer ein Blick von außen verwehrt bleiben. Aber es stehen uns durchaus Kundschafter im Weltraum zur Verfügung, mit denen es möglich ist, mehr über den Aufbau unserer Galaxis zu erfahren. Das Wissen der Astronomen stammt nicht mehr wie noch zu Herschels Zeiten aus Teleskopbeobachtungen mit eigenem Auge. Den ersten großen Wissenssprung leistete der europäische Astrometrie-Satellit Hipparcos, der von 1989 bis 1993 die Position und

Abb. 4.4 Die europäische Gaia-Sonde soll die Milchstraße ab 2012 mit bis dahin unerreichter Präzision neu kartieren.

die Helligkeit von 100 000 Sternen mit sehr hoher und 500 000 Sternen mit niedriger Auflösung vermessen hat. Doch der Hunger der Astronomen nach immer mehr und immer genaueren Daten über möglichst viele Sterne ist unersättlich. Hipparcos war erst der Anfang, um Ursprung, Entwicklung und Aufbau unserer Galaxis aufzuklären. Ab 2012 soll die 1700 Kilogramm schwere Raumsonde GAIA mit einer Sojus-Trägerrakete vom europäischen Raumfahrtzentrum Kourou in Französisch-Guayana starten, um aus dem Weltraum die Milchstraße in noch viel größerem Umfang und mit bislang unerreichter Präzision zu kartografieren. Insgesamt eine Milliarde Sterne sollen dabei in einem Zeitraum von fünf Jahren erfasst werden. Während Hipparcos Sterne bis in eine Entfernung von rund 3000 Lichtjahren vermessen hatte, galaktisch gesehen also noch in näherer Nachbarschaft zur Sonne, reicht GAIAs Scharfblick bis zu 150 000 Lichtjahre hinaus. GAIA-Projektwissenschaftler Ulrich Bastian vom Astronomischen Rechen-Institut in Heidelberg ist überzeugt, dass GAIA der Rang der »größten Entdeckungsmaschine in der Astronomie« gebührt. Denn neben der Vermessung der Milchstraße versprechen sich die Missionsplaner das

Aufspüren gigantischer Mengen neuer kosmischer Objekte, z. B. 20 000 Supernovae, 30 000 Planeten außerhalb unseres Sonnensystems, 50 000 Braune Zwerge (Objekte, die mit ihren Massen und Eigenschaften zwischen Planeten und Sternen liegen), mehrere Hunderttausend Weiße Zwerge (alte Sternreste), ähnlich viele Quasare (weit entfernte aktive Galaxien) und bis zu eine Million Asteroiden und Kometen innerhalb unseres Sonnensystems. Viel Material also für einen echten galaktischen Reiseführer. Als Ford dem verdatterten Arthur erklären musste, dass es 100 Milliarden Sterne in der Galaxis gibt und die Kapazität der Mikroprozessoren des galaktischen Reiseführers nur begrenzt ist, war an die Datenflut der GAIA-Mission noch nicht zu denken. Am Ende der fünfjährigen Version werden 100 Terabyte Daten zusammengekommen sein, das entspricht dem Inhalt von 20 000 DVDs und ist tausendmal mehr als bei Hipparcos. Um daraus verwertbare Ergebnisse zu extrahieren, sind Hochleistungsrechner und ausgefeilte Strategien zur Datenverarbeitung nötig. Wenn alles nach Plan verläuft, dann werden wir in den 20er-Jahren des 21. Jahrhunderts vielleicht wieder ein völlig neues Bild unserer kosmischen Heimat erhalten.

Galaktische Reisende

»›Keine Panik‹, flüsterte ihm der Preis zu.«

Robert Sheckley,
1. Preis: Allmächtigkeit (1968)

»*Keine Panik*. Das ist das erste hilfreiche und vernünftige Wort, das ich heute gesagt bekomme.«

Arthur Dent, Per Anhalter durch die Galaxis, Kapitel 5

Literaten hatten es immer einfacher als Entdecker und Wissenschaftler, wenn es darum ging, neues Terrain für sich nutzbar zu machen. Jonathan Swift konnte seinen Jedermann Lemuel Gulliver noch abseits von den bekannten Seerouten auf eine Reise zu imaginären Ländern wie Liliput, Brobdingnag, Laputa, Balnibarbi oder Glubbdubdrib schicken. Er nutzte die zu seiner Zeit so populären Reiseerzählungen, um seine satirischen Pfeile gegen politische wie gesellschaftliche Missstände, menschliche Ungenügsamkeiten und die Verfehlungen der damaligen »neuen Wissenschaft« im Geiste Bacons abzuschießen. Glaubwürdigkeit erzeugte er z. B. dadurch, dass er von Gullivers Fundstücken berichtete, die er angeblich der ehrwürdigen und über allen Zweifeln erhabenen Royal Society vermacht hatte. Im frühen 18. Jahrhundert sparten allerdings selbst wahre Reiseberichte nicht mit fantastischen Elementen. Im Gegensatz zu Swift spannte Douglas Adams die im 20. Jahrhundert beliebte Science-Fiction vor den Karren der Comedy. Dabei fehlte ihm die satirische Schärfe, auch wenn er sich über die ebenso hartnäckige wie vergebliche Suche der Menschen nach ewigen Antworten auf letzte Fragen lustig machte oder über eine entfesselte Wirtschaft, die sogar das Ende der Welt zu einem kommerziellen Event macht. In Ermangelung weißer Flecken auf der Erde und im Sonnensystem bevölkerte er einfach unsere Galaxis mit skurrilen Völkern und ließ Kundschafter den Reiseführer »Per Anhalter durch die Galaxis« schreiben, der mehr oder weniger zuverlässige Informationen zu allen Aspekten des Lebens in der Milchstraße zu bieten hat.

Reisen zur Milchstraße wurden schon beschrieben, als man noch nicht wusste, was sie für eine riesenhafte Ansammlung von Sternen ist. Der Römer Martianus Capella verfasste in der Wende vom 4. zum 5. Jahrhundert eine merkwürdige himmlische Tour de Force mit dem Titel »Die Hochzeit Merkurs und der Philologie«. Der Gott Merkur hat die ebenso gelehrte wie attraktive, aber sterbliche Philologia zur Gemahlin erwählt. Die muss sich für die Hochzeit auf den Weg in himmlische Sphären begeben. Erst als sie ihre irdische Gelehrsamkeit in Form einer Vielzahl von Bänden über Geometrie, Musik und andere Künste und Wissenschaften erbricht, wird sie schwerelos genug für den himmlischen Aufstieg, bei dem sie eine planetare Sphäre nach der anderen durchquert, bis sie schließlich den Wohnsitz von Jupiter in der Milchstraße, nahe des (damaligen) äußeren Randes des Universums erreicht. Auch wenn moderne Kritiker der merkwürdigen Himmelsreise von Capella bescheinigen, sie enthalte allegorische wie enzyklopädische Elemente, dürfte sie kaum ein Vorbild für die

Geschichte um den galaktischen Reiseführer darstellen. Genauso wenig übrigens wie das 1601 erschienene religiöse Traktat »The Plaine Man's Path-Way to Heaven« (»Der Einfältigen Fußpfad: oder Himmelsstraße«), bei dem der Name des Autors aufhorchen lässt: Arthur Dent. Es handelt sich allerdings um einen englischen Puritaner, über den außer dem Sterbejahr 1607 so gut wie nichts Biografisches bekannt ist. Douglas Adams hat immer hartnäckig bestritten, dass er den Namen für die Hauptfigur von »Per Anhalter durch die Galaxis« diesem Werk verdankt, obwohl eine Menge Indizien darauf hinweisen, dass er ein Original dieses Buches einmal zu Gesicht bekommen hat. Vermutlich hatte er dies nur vergessen oder verdrängt, als er die Hauptfigur seiner galaktischen Odyssee von Aleric B in Arthur Dent umtaufte.[2)]

Viel eher könnte die kurze Geschichte »Mikromegas« (1752) von Voltaire, der wir später noch einmal begegnen, werden als Inspiration für Douglas Adams gedient haben. Der große französische Spötter schildert in seinem Werk die Erlebnisse des acht Meilen großen Außerirdischen Mikromegas, durchaus angelehnt an Gullivers Reisen. Mikromegas, der vom Sirius aus durch die Milchstraße reist und schließlich auf die Erde gelangt, wo er die seltsamen Eigenheiten der Menschen näher kennen lernt.

Selbstverständlich ist die Milchstraße ein beliebter Schauplatz für die moderne Science Fiction-Literatur, nicht zuletzt, weil sich damit breit angelegte Geschichten über galaktische Imperien erzählen lassen. Douglas Adams war eigentlich kein erklärter Fan der Science Fiction, schon gar nicht von epischen »Space Operas«. Er schätzte die Science-Fiction vor allem dafür, dass sich mit ihr alles aus einer völlig anderen Perspektive sehen ließ, in dem sie gewissermaßen »das Fernglas herumdreht«, wie Douglas Adams es ausdrückte. »Das ist es, was ich im Hitchhiker versuche, und was meiner Meinung nach die beste Science-Fiction tut«, betonte er. Sein Ziel war es keineswegs, nur eine Parodie auf die Klischees der Science Fiction zu schreiben. Doch »Per Anhalter durch die Galaxis« ist natürlich nicht frei von parodistischen Elementen. Eine direkte Zielscheibe in der Science-Fiction-Literatur dürfte für Douglas Adams vermutlich die Foundation-Trilogie von Isaac Asimov gewesen sein – von den einen kultisch als größter Science-Fiction-Zyklus aller Zeiten verehrt, von anderen als Mumpitz von kosmischen Dimensionen abgetan. Asimov entwirft darin ein galaktisches Imperium mit 25 Millionen bewohnten Planeten. In der Zentralregion der Galaxis befindet sich Trantor, der Sitz der Regierung. Jedes Fleckchen von Trantor ist bebaut. Die 40 Milliarden Einwohner, die sich allein den administrativen Dingen des Imperiums widmen, leben also gewissermaßen in einer einzigen, den ganzen Planeten umspannenden Stadt. Der Mathematiker Hari Seldon sieht dank seiner überragenden Fähigkeiten den Zusammenbruch des galaktischen Imperiums voraus, dem ein 30 000 Jahre währendes »Dunkles Zeitalter« folgen soll. Doch durch Gründung von zwei Organisationen (die »foundations«) soll diese Zeit auf 1000 Jahre verkürzt werden. Das ist das Garn, aus dem große Science-Fiction-Epen gestrickt sind. Bei Asimov ist das gesamte Wissen der Galaxis in der Encyclopaedia Galactica gespeichert, aus der im Verlauf der Foundation-Trilogie immer wieder fleißig zitiert wird. Die Encyclopaedia Galactica kommt im Anhalter nicht sonderlich gut weg, und auch sonst stößt man bei Adams immer wieder auf Stellen, in denen er die pompösen Motive der »Space Opera« à la Asimov unerbittlich durch den Kakao zieht, am besten illustriert am Beispiel der kriegerischen Raumschiffflotten der Vl'hurgs und G'Gugvuntts, die die Erde angreifen und dort von einem Hündchen verschluckt werden.

Aber Foundation- wie Anhalter-Trilogie sind genau betrachtet gleichermaßen unrealistisch. Beide Trilogien eint zudem, dass sie nicht bei drei Bänden stehen geblieben sind. Asimov widmete sich nach einer längeren schöpferischen Pause der Aufgabe, das Universum seiner zahlreichen Roboter-Geschichten mit dem der Foundation-Trilogie zu einem noch grandioseren Buchzyklus zu vereinigen. Kein leichtes Unterfangen, denn in der Foundation-Saga kamen keine Roboter vor!

Douglas Adams bekannte freimütig, selten ein Science-Fiction-Buch bis zum Ende gelesen zu haben. Bei einem Autor hat er vermutlich eine Ausnahme gemacht, denn dieser dürfte sicher Pate für die Abenteuer von Arthur Dent gestanden haben. Die Rede ist vom Amerikaner Robert Sheckley (1928 – 2007), der in den 50er-Jahren mit seinen pointierten und oft bösartig-witzigen Kurzgeschichten bekannt wurde. Sheckley verstieg sich in seinen Geschichten oft in gewagte philosophische Gedankenflüge, ihm schien nichts heilig zu sein. Dabei war sein eigener Standpunkt kaum auszumachen. Vielleicht nannte ihn der bekannte britische Science-Fiction-Autor Brian Aldiss deshalb einmal »Voltaire auf Soda«. 1968 veröffentlichte Sheckley einen aberwitzigen Roman mit dem Titel »Dimensions of Miracles«, der jedoch erst 1981 auf Deutsch erschien. Sheckley erzählt die Geschichte von Tom Carmody, der lustlos seinem Bürojob nachgeht. Carmody ist eher still und melancholisch, neigt zu Stimmungswechseln, ist ein beachtlicher Bridgespieler und nominell Atheist, dies jedoch mehr aus Gewohnheit als Überzeugung. Völlig unerwartet gewinnt er im galaktischen Toto. Das bedeutet jedoch, dass er zum galaktischen Zentrum reisen muss, um dort seinen Gewinn abzuholen. Der stellt sich als ein »Yenta« genanntes Wesen heraus, das seine Gestalt wechseln kann und wenig hilfreiche philosophische Äußerungen von sich gibt. Carmody ist daher völlig auf sich allein gestellt, als es darum geht, den Weg zurück zur Erde zu finden. Die Suche nach dem Heimweg wird durch die Tatsache erschwert, dass es nicht nur eine, sondern eine Unzahl von vergangenen, zukünftigen und parallelen Erden gibt. Tom wendet sich schließlich verzweifelt an den Gott Melichrone, der ihn an den Weltenlieferanten Maudsley verweist. Der erinnert sich an die Erde, und dass er von einem ältlichen, bärtigen Herrn im Nachthemd den Auftrag erhalten hatte, diese zu bauen. Carmody reist nun u. a. zu einer Erde, die von sprechenden Dinosauriern bewohnt wird, und zu einer, in der sich Hollywood-Stars zu den allgegenwärtigen Klängen von Filmmusik tummeln. Schließlich erreicht er doch seinen Heimatplaneten, kehrt aber wieder zurück in das Universum, das zwar gefährlicher ist, ihm auf einmal jedoch vielversprechender und spannender erscheint.

Douglas Adams scheint dem »Voltaire auf Soda« sicher mehr zu verdanken als dem richtigen Voltaire. Inwiefern Douglas Adams den amerikanischen Schriftstellerkollegen schon vor seiner Arbeit an »Per Anhalter durch die Galaxis« wahrgenommen hat und sich von ihm inspirieren ließ, darüber gibt es widersprüchliche Aussagen. Jedenfalls bekannte er: »Die SF-Autoren, die mir am besten gefallen, sind die, die komisch sind, und davon gibt's nicht viele. Robert Sheckley ist ein sehr, sehr komischer Autor. Er ist auch ein Stilist. Ganz wenige Science-Fiction-Autoren schreiben gutes Englisch. Robert Sheckley kann das.« Die Wege von Adams und Sheckley sollten sich sogar einmal beruflich kreuzen. Sheckley war es, der den Begleitroman zum Computerspiel »Raumschiff Titanic« schreiben sollte.

Doch der erste Entwurf wurde als ungeeignet angesehen und so erhielt schließlich das Monty Python-Mitglied Terry Jones den Zuschlag.

Wie es der Zufall wollte, erblickte 1980 übrigens eine weitere Encyclopaedia Galactica das Licht der Welt. Carl Sagan führte das fiktive Nachschlagewerk ein, um in seiner Fernsehdokumentation »Cosmos« über bewohnte Welten in unserer Galaxis zu spekulieren. Über den sagenhaften Planeten Magrathea, dessen Bewohner in der Lage waren, Planeten zu bauen, berichtete Sagan allerdings nichts. Das blieb einem anderen galaktischen Nachschlagewerk vorbehalten.

PLANETEN-KONSTRUKTIONS-PROGRAMM

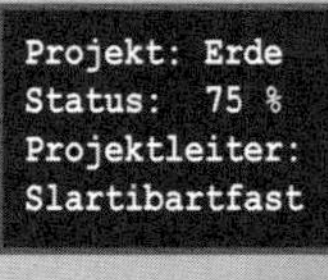

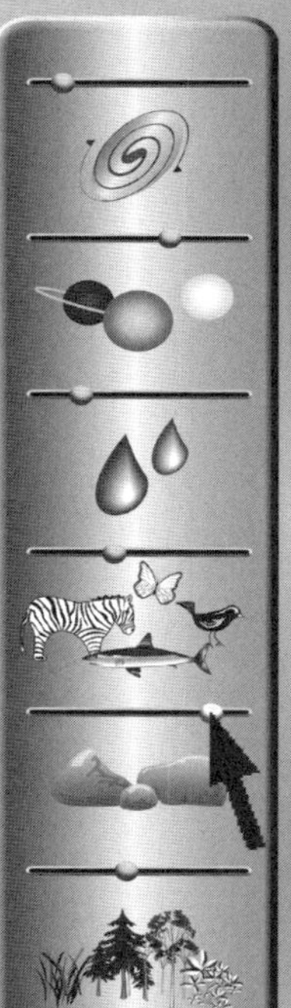

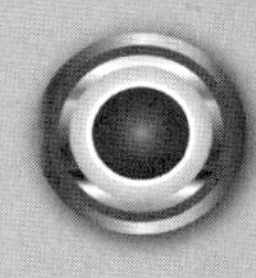

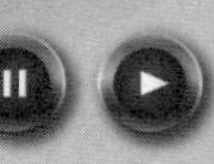

5
Planeten à la carte

»Ja, ich weiß, dass hier ein Planet ist. Darüber will ich ja mit niemandem streiten, nur könnte ich Magrathea halt absolut von keinem anderen kalten Felsklumpen unterscheiden.«

Ford Prefect, Per Anhalter durch die Galaxis, Kapitel 16

»An dieser Ersatz-Erde, die wir gerade bauen, haben sie mir Afrika übertragen, und natürlich mach ich's jetzt mit lauter Fjorden, weil ich sie nun mal mag und so altmodisch bin, dass ich meine, sie verleihen einem Kontinent was herrlich Barockes.«

Slartibartfast, Per Anhalter durch die Galaxis, Kapitel 30

Magrathea! Der unwahrscheinlichste Planet, der jemals existiert hat, eine Art Atlantis der Galaxis, von dem es in der Legende heißt, seine Bewohner hätten Planeten gebaut. Magrathea befindet sich gut verborgen in der wohl bekanntesten Dunkelwolke, die wir von der Erde aus beobachten können, dem Pferdekopfnebel im Sternbild Orion. Wie der Kopf eines Seepferdchens ragt eine dichte Staubwolke in einen Streifen eines leuchtenden Gasnebels hinein. Der Nebel wird von der starken Ultraviolettstrahlung des Mehrfachsterns Alnitak ionisiert, der rechts vom Pferdekopfnebel zu finden ist. Die vielen Fotografien, die von diesem wunderschönen Himmelsobjekt existieren, lassen vergessen, dass der Leuchtnebel überwiegend in einem Wellenlängenbereich strahlt, den das menschliche Auge so gut wie nicht mehr sehen kann. Mit einem großen Amateurteleskop ab etwa 50 Zentimeter Spiegeldurchmesser und einem geeigneten Filter lässt

Abb. 5.1 Der Pferdekopfnebel im Sternbild Orion. In »Per Anhalter durch die Galaxis« verbirgt sich dort der sagenumwobene Planet Magrathea.

sich daher nur eine dunkle Einbuchtung erahnen. Erst länger belichtete fotografische Aufnahmen enthüllen die pferdekopfähnliche Struktur der Dunkelwolke.

Magrathea ist für den Erdling Arthur Dent der erste Planet, den er nach der Zerstörung seiner Heimat betritt. Dort begegnet er dem Magratheaner Slartibartfast, der Arthur eine unglaubliche Enthüllung präsentiert: Die Erde ist von den Magratheanern auf Bestellung hyperintelligenter, pandimensionaler Wesen gebaut worden, die sich auf der Erde als Mäuse manifestierten. Und als wäre das nicht genug, war die Erde nicht einfach nur ein Planet, sondern ein gigantischer

Computer, der die Frage nach dem Leben, dem Universum und einfach allem liefern sollte, auf die die Antwort 42 lautet.

Wenn wir den Ort erspähen wollen, an dem sich die fiktive Wiege der Erde befindet, so müssen wir in einer klaren Winternacht nach Süden blicken. Zu dieser Zeit beherrscht dort das einprägsame Sternbild des Himmelsjägers Orion das Firmament: Zwei Sterne bilden die Schultern, eine Dreierreihe seinen Gürtel, darunter findet sich das Schwertgehänge, zwei weitere helle Sterne markieren seine Füße. Der Pferdekopfnebel befindet sich unterhalb des linken Gürtelsterns Zeta Orionis, auch Alnitak genannt. Rigel, der »rechte Fußstern« (Beta Orionis), befindet sich 800 Lichtjahre von uns entfernt. Dort soll sich der Madranitische Minendistrikt befinden, in dessen Hyperraumhäfen Ford Prefect seine außerordentliche Fähigkeit erlernte, anderer Leute Willenskraft zu schwächen. Auf diese Weise gelang es ihm auch, Arthur Dent von seiner unbequemen Lage vor dem Bulldozer in das nahe gelegene Pub zu lotsen. Besondere Beachtung verdient der linke Schulterstern Beteigeuze, ein Roter Überriesenstern. Dort soll sich Beteigeuze Fünf befinden, der Heimatplanet von Ford Prefect und seinem Halbcousin Zaphod Beeblebrox. Wir werden in

Abb. 5.2 Das Sternbild Orion und eine Aufnahme des Roten Riesensterns Beteigeuze. Die Vergleichskalen machen deutlich wie riesig dieser Stern ist.

diesem Kapitel nicht drum herumkommen, an dieser Aussage berechtigte Zweifel anzumelden.

Magrathea selbst bietet nur eine dünne sauerstoffhaltige Atmosphäre und eine äußerst trostlose Oberfläche, so trostlos, dass es die Magratheaner vorgezogen haben, hauptsächlich unterirdisch zu leben. Dort aber öffnet sich ein Tor zu einem riesigen Teil des Hyperraums, den die Magratheaner als Fertigungshalle für maßgeschneiderte Luxusplaneten nutzen. Jeder Wunsch lässt sich erfüllen, kein Wunsch ist zu ausgefallen, kein Material zu teuer. Wer unter den Reichsten der Reichsten der Galaxis das nötige Kleingeld besitzt, kann Planeten aus Gold und Platin genauso gut ordern wie aus Weichgummi. Erstaunlich ist, dass sich die Magratheaner nicht selbst einen etwas ansehnlicheren Planeten als Heimstatt gebaut haben.

Im galaktischen Baumarkt

Um die ausgefallenen Kundenwünsche zu befriedigen, bedienen sich die magratheanischen Hyperraumingenieure »Weißer Löcher« im All. Damit saugen sie die für den Planetenbau nötige Materie an. »Weiße Löcher« klingt schwer nach reinem Science-Fiction-Garn, doch es handelt sich durchaus um einen zwar entlegeneren, aber durchaus ernsthaft vorgebrachten Aspekt kosmologischer Theorien. Der russische Physiker Igor Novikov postulierte 1965 erstmals solche seltsamen Objekte als Teile des Urknalls, die erst mit Verspätung expandierten. »Weiße Löcher« sind gewissermaßen die Zeitumkehrung von Schwarzen Löchern. Daher auch das suggestive Attribut »weiß«, das jedoch nicht allzu wörtlich zu verstehen ist. Während Materie und sogar Licht in Schwarzen Löchern spurlos verschwinden, stoßen Weiße Löcher Materie und Strahlung wie aus dem Nichts aus. In diesem Sinne ist auch der immer noch rätselhafte Urknall ein Weißes Loch. In der Science-Fiction kommen Weiße Löcher gerne als Ausgang eines Wurmlochs ins Spiel. In den Kreisen der theoretischen Physiker befassten sich Mitte der 70er-Jahre unter anderem Roger Penrose und Stephen Hawking mit den Weißen Löchern, das vermutlich erste populäre Buch darüber erschien 1977 aus der Feder des Wissenschaftsjournalisten John Gribbin. Douglas Adams machte im Anhalter also eine physikalische Anspielung auf der Höhe der

Zeit. Leider hat das Ganze einen Haken: Weiße Löcher sind vermutlich rein mathematische Gebilde. Sie kommen zwar als Lösungen ins Spiel, wenn man Schwarze Löcher mithilfe der Allgemeinen Relativitätstheorie berechnet, aber nur für den Fall, dass die Masse Null beträgt. Das ist zwar die mathematisch einfachste, aber keine realistische Situation. Bringt man bei den Berechnungen Materie ins Spiel, dann wird das Weiße Loch instabil und ist damit leider nicht als Rohstofflieferant für den Planetenbau zu gebrauchen.

Den galaktischen Normalsterblichen, uns Erdlinge selbstverständlich mit eingeschlossen, bleibt also nichts anderes übrig, sich mit den Planeten zu begnügen, die auf natürlichem Wege entstehen, mit allen Mängeln und Unbequemlichkeiten, die damit verbunden sein können. Mal sind sie wie der Merkur zu klein, kraterübersät und der Sonne zu nah, mal besitzen sie wie die Venus eine brühend heiße Atmosphäre, aus der ein Regen aus Schwefelsäure fällt, oder sie stellen sich als unförmig und unsolide heraus oder hängen gar blau am Rande unseres Sonnensystems herum.

Die Angebotspalette Magratheas in allen Ehren, aber offenbar müssen Planeten auf anderem Wege entstehen. Mit der wohl seltsamsten Erklärung wird Arthur konfrontiert, als er auf dem Planeten Lamuella strandet. Old Trashbarg, eine Art Dorfschamane, behauptet, dass Lamuella eines Tages voll ausgebildet im Nabel eines Riesenohrwurms gefunden wurde, eine Erklärung, die Arthur Dent, einen »abgehärteten Weltraumreisenden mit guten Dreiernoten in Physik und Erdkunde«, nicht zufriedenstellt.

Der irdische Denker René Descartes war wohl der erste, der sich darüber Gedanken gemacht hat, wie die Planeten unseres Sonnensystems entstanden sein könnten. Er postulierte 1644, mehr aus philosophischen als aus physikalischen Gründen, dass die Planeten sich aus den Wirbeln in einer Staubwolke um die Sonne gebildet hätten. Immanuel Kant (und vierzig Jahre später unabhängig von ihm Pierre Laplace) stellte seine Theorie der Planetenentstehung auf die Basis von Newtons Gravitationstheorie, die so genannte Nebularhypothese Kant nahm an, dass sich die Materie im Urnebel an den Punkten ansammelt, die eine etwas stärkere Schwerkraft entfalten.[1)]Dieser »Planetenkeim« wächst immer schneller und sammelt die umgebende Materie in einem Wirbel auf. Dieses Modell blieb in den folgenden zwei Jahrhunderten die Basis für alle weiteren Überlegungen zur Entstehung unseres Sonnensystems.

Woher die Elemente stammten, aus denen die Sonne mit ihren Planeten und letztlich auch wir gemacht sind, konnte Kant noch nicht wissen. Die moderne Astrophysik bringt es auf einen einfach klingenden Nenner: galaktisches Recycling. Damit ist kein Duales System für unsere Milchstraße gemeint, sondern ein Materiekreislauf, dem wir unsere Existenz letztlich verdanken. In groben Zügen funktioniert das Ganze so: Die Milchstraße ist erfüllt von Wolken aus atomarem Wasserstoff. Brechen diese unter der Wirkung ihrer eigenen Schwerkraft in sich zusammen, dann kann ab einer kritischen Masse ein Stern entstehen, der je nach Größe Millionen bis Milliarden Jahre leuchten kann. In seinem Inneren wandeln die Sterne den Wasserstoff in schwerere Elemente um, wie Helium, Kohlenstoff, Silizium bis hin zu Eisen, das schwerste Element, das Sterne in Fusionsreaktionen erzeugen können. Ab da lässt sich durch die Kernfusion keine Energie mehr gewinnen. Noch schwerere Elemente entstehen dann nur noch in Novae oder Supernovae. Diese gewaltigen Sternexplosionen bringen das benötigte Baumaterial für Planeten auf den galaktischen Markt. Das in den interstellaren Raum hinausgeschleuderte Gas kühlt ab und wird wieder von Wasserstoffwolken einverleibt. Der galaktische Recycling-Kreislauf kann von Neuem beginnen, nun angereichert mit neuen Elementen.

In der Kinofassung von »Per Anhalter durch die Galaxis« kann man die beeindruckend in Szene gesetzte Werkhalle von Magrathea bestaunen. Gewaltige Baugerüste und Rohrleitungen umgeben Dutzende im Bau befindliche Planeten in einer gigantischen Halle, deren Grenzen nicht mal zu ahnen sind. In der Natur gibt es jedoch keine erfahrenen Planeteningenieure, sondern nur die Materie und die Kräfte, die zwischen ihren Bestandteilen wirken, darunter natürlich besonders die Schwerkraft. Der Blick auf unser Sonnensystem heute verrät uns bereits etwas über seine Ursprünge. Alle Planeten umkreisen die Sonne fast in einer Ebene und im gleichen Drehsinn. Diese Tatsache deutet stark darauf hin, dass die Planeten als ein Nebenprodukt aus der scheibenförmigen Ansammlung von Gas und Staubteilchen entstanden sein müssen, die unsere Sonne nach ihrer Geburt vor rund 4,5 Milliarden Jahren umgab. Kant und Laplace prägten für die Materiescheibe den Begriff »Urnebel«, heute spricht man von

»Akkretionsscheiben«. Die Scheibe besteht im Wesentlichen aus Wasserstoff und Helium. Die Staubteilchen machen nur rund ein Prozent der Scheibe um den jungen Stern aus, aber sie sind der Stoff, aus dem schließlich die Planeten entstehen. Für die Astrophysiker stellt sich somit die Herausforderung, zu beschreiben, wie die mikrometergroßen Partikel zu richtigen Planeten anwachsen können, die mehrere tausend Kilometer Durchmesser haben. Die Masse wächst dabei um dreißig Zehnerpotenzen!

Mittlerweile gehen die Astrophysiker davon aus, dass sich die Planetenentstehung in mehrere Phasen unterteilen lässt, die sich qualitativ unterscheiden. In der ersten Phase bilden sich aus den Staubteilchen nach und nach zentimetergroße Zusammenballungen. Dabei spielt noch nicht die Schwerkraft die Rolle des Klebstoffs, sondern die Oberflächenkräfte zwischen Staubteilchen, die sich nahekommen. Dafür sorgt die Brownsche Bewegung, d. h. die regellose Zitterbewegung des Staubs. Dies lässt sich in Experimenten unter den Bedingungen der Schwerelosigkeit nachweisen, beispielsweise in Parabelflügen. Deutsche Planetenforscher entwickelten das Experiment CODAG (Cosmic Dust Aggregation Experiment), das erstmals an Bord der US-Raumfähre Discovery zum Einsatz kam. Damit ließ sich zumindest die früheste Phase bei der Entstehung unseres Planetensystems experimentell testen. In einer Kammer, die mit einem verdünnten Gas gefüllt ist, verteilt man dafür möglichst gleichmäßig eine Wolke mikrometergroßer Staubpartikel. Tatsächlich lässt sich beobachten, dass sich die Teilchen innerhalb weniger Minuten zu kettenartigen Strukturen zusammenschließen. Bis sich in der Frühzeit unseres Sonnensystems auf diese Weise zentimetergroße Partikel gebildet haben, vergingen vermutlich zehn- bis hunderttausend Jahre – astronomisch gesehen ein eher kurzer Zeitraum. Währenddessen sanken die größeren Teilchen zur Mittelebene der Akkretionsscheibe ab, wo es allmählich turbulenter zuging. Staub und Gas vermischten sich oder drifteten in andere Regionen der Akkretionsscheibe.

Der nächste Schritt auf dem Weg zum Planeten ist für die Forschung noch immer ein Rätsel. Rechnungen und Experimente deuten klar darauf hin, dass das Aneinanderhaften durch die Oberflächenkräfte ab Größen von wenigen Zentimetern nicht mehr funktionieren kann. Wenn man zwei Steinchen aufeinander wirft, dann bilden sie anschließend keinen neuen einzelnen Stein. Irgendwann müssen im Laufe der Zeit auch metergroße Brocken entstehen. Doch dort stellt sich ein anderes Problem ein: Sie müssten sich bei Kollision meistens wieder in Staub auflösen. Damit wäre man wieder am Anfang angelangt. Hier vermuten Forscher, dass eine ganze Wolke aus solchen Felsbrocken durch ihre gemeinsame Schwerkraftwirkung zu Vorstufen von Planeten, den kilometergroßen »Planetesimale«, kollabieren könnte. Doch das ist noch Spekulation, und so versuchen zahlreiche Forschergruppen mit neuen Modellen und Experimenten, Licht in diese noch ungeklärte Phase der Planetenentstehung zu bringen.

Erst wenn kilometergroße Planetesimale entstanden sind, übernimmt die Schwerkraft eine zentrale Rolle. Ihre Stärke reicht nun aus, die kleineren Gesteinsbrocken aufzusammeln. Die wenigen entstandenen Planetesimale fegen die Umgebung ihrer Bahn sozusagen leer. So wachsen sie schließlich zu »richtigen« Planeten. Die Gesteinsplaneten Merkur, Venus, Erde und Mars sind vermutlich in einem Zeitraum von 100 Millionen Jahren durch Kollisionen auf ihre heutige Größe gewachsen. Die vielen Krater auf Merkur und Mond sind die »Narben« aus dieser Zeit, die auf der Erde längst verwittert sind. Sehr wahrscheinlich verdankt unser Mond seine Existenz einem Zusammenprall der Erde mit einem Körper von der Größe des Mars. Was aber ist mit den majestätischen Gasplaneten Jupiter und Saturn sowie den großen Eiswelten Uranus und Neptun, die viel weiter draußen ihre Bahnen ziehen? Isaac Newton nahm noch an, dass dies allein die Entscheidung Gottes war. Der richtete das Sonnensystem so ein, weil die inneren Planeten mehr Hitze von der Sonne aushalten mussten als die äußeren. »Allein die Unzulänglichkeit einer solchen Erklärung einzugestehen, erfordert nicht eben viel Nachsinnen«, urteilte Kant. Seine Begründung für die Dichteunterschiede der Planeten, die sich aus deren geschätzten Größen und ihrer Schwerkraft mithilfe der Newtonschen Theorie ableiten ließ, vermag heute nicht mehr zu überzeugen. Das moderne Stufenmodell der Planetenentstehung liefert eine wesentlich nachvollziehbarere Erklärung: Die Temperatur der Staubscheibe wird nach außen hin immer niedriger. Ab einer Entfernung von rund drei astronomischen Einheiten, also dreimal dem mittleren Abstand der Erde von der Sonne, fällt die Temperatur schließlich unter den Gefrierpunkt von Wasser. Man spricht hierbei auch von der »Schneegrenze«. Erst jenseits dieser Grenze hal-

Abb. 5.3 Eine der beeindruckendsten Schöpfungen der Planetenbauer von Magrathea: die Erde.

ten sich auch flüchtige Materialien, die von der Schwerkraft der entstandenen Gesteinsplaneten sehr schnell aufgesammelt werden. So umgibt schließlich eine riesige gasförmige und flüssige Hülle einen festen Kern wie bei Jupiter und Saturn. Demnach schien es also fast unausweichlich, dass ein Planetensystem auf den inneren Bahnen aus Gesteinsplaneten und weiter draußen aus viel größeren Gas- und Eiswelten mit einem kleinen festen Kern besteht. Bis vor 15 Jahren gab es keinen Grund, daran zu zweifeln. Schließlich kannten wir bis dahin nur ein einziges Sonnensystem, nämlich unser eigens.

Neu im Angebot: Exoplaneten

Eine Frage quälte die Astronomen Jahrzehnte, ja Jahrhunderte lang: Gibt es noch andere Planeten, die um Sterne wie unsere Sonne kreisen? Und wenn ja: Wie um alles in der Welt soll man solche extrasolaren Planeten (Exoplaneten) entdecken, wenn diese doch völlig von ihrem Mutterstern überstrahlt werden? Ein Schnappschuss von einem Exoplaneten müsste eigentlich unmöglich sein. Doch die Forscher setzten darauf, fremde Welten zumindest indirekt nachweisen zu können. Ein Stern mit einem oder mehreren Planeten, die ihn umkreisen, steht nämlich nicht völlig fest, sondern führt ebenfalls eine Kreisbewegung um den gemeinsamen Massenschwerpunkt des Gesamtsystems aus, die sich prinzipiell beobachten lassen könnte. Allerdings fällt die Bewegung des Sterns winzig aus und liegt bei Tausendstel Bogensekunden oder weniger. Das entspricht grob einem Haar, das man aus einer Entfernung von rund zehn Kilometern betrachtet! Wenn wir also genau auf die Bahnebene schauen, dann sehen wir, wie sich der Stern periodisch auf seiner Bahn um den Schwerpunkt des Gesamtsystems auf uns zu und wieder von uns weg bewegt. Die Wellenlänge des Sternlichts wird infolge der Doppler-Verschiebung ebenfalls periodisch zu lang- bzw. kurzwelligeren Wellenlängen verschoben, was sich anhand der leichten Verschiebung der Absorptionslinien im Sternspektrum nachweisen lässt. Auch hier ist der Effekt eines umkreisenden Planeten winzig. Die ersten Versuche, Planeten um andere Sterne zu entdecken, begannen in den 1940er-Jahren. Für rund ein halbes Jahrhundert stellten sich vermeintliche Entdeckungen immer wieder als Fehlmeldungen heraus. Doch dank immer besserer Beobachtungsmethoden, ermöglicht durch leistungsfähige Digitalkameras, gelang 1992 ein erster Durchbruch, der gleichzeitig eine gewisse Enttäuschung war. Astronomen konnten gleich drei Planeten um einen Stern nachweisen, die zudem Gesteinsplaneten sein mussten, allerdings deutlich kleiner als die Erde. Doch sie umkreisen einen schnell rotierenden Neutronenstern, das heißt einen Pulsar, der das Ergebnis einer Supernova ist. Damit war nicht nur jede Möglichkeit für Leben ausgeschlossen, sondern es stellte sich die bis heute unbeantwortete Frage, wie dort nach einer gewaltigen Sternexplosion überhaupt Planeten entstanden sein konnten.

Erst Ende 1995 gelang es den Schweizer Astronomen Michel Mayor und Didier Queloz, einen Planeten um einen sonnenähnlichen Stern nachzuweisen. Um den Stern 51 Pegasi kreist ein Planet von knapp einer halben Jupitermasse. Sein Abstand beträgt gerade einmal das Zwanzigstel des Abstands der Erde von der Sonne und so benötigt er für einen Umlauf auch nur 4,2 Tage. Eine fantastische Entdeckung und sie brachte die Wissenschaftler ins Grübeln. Dass ein so großer Planet sich so nahe an seinem Mutterstern befand, widersprach ihren Vorstellungen von der Entstehung des Sonnensystems. Demnach konnten sich große Gasplaneten wie Jupiter und Saturn nur weit entfernt von einem Stern bilden. Neue Simulationen deuten aber darauf hin, dass frisch entstandene Gasplaneten gebremst durch das Gas in der Akkretionsscheibe durchaus zum Stern hin wandern können.

Nach 1995 häuften sich die Entdeckungen von Exoplaneten und neue Methoden kamen zum Einsatz. Eine davon nutzt den »Mikrogravitationslinseneffekt« aus. Wenn in unserer Sichtlinie ein Stern nahe vor einem anderen, weiter entfernten Stern vorbeizieht, dann wirkt seine Schwerkraft wie eine Art Linse, die das Licht des Hintergrundsterns verstärkt. Während des Vorbeiziehens ergibt sich dann eine charakteristische Lichtkurve, die erst ansteigt und dann wieder absinkt. Wenn der Stern, der als Gravitationslinse wirkt, einen Planeten besitzt, dann kann sich dieser als kleiner Extrapeak in der Lichtkurve bemerkbar machen. Der Nachteil dieser Methode ist, dass sich diese Messung niemals mehr wiederholen lässt. Aber dass Sterne auf eine geeignete Weise nahe aneinander vorbeiziehen, ist durchaus nicht so selten, wie man vermuten würde. Und so liefert diese Methode weitere Funde für den wachsenden Zoo extrasolarer Planetensysteme. Die Zahl der bislang entdeckten Exoplaneten hat mittlerweile die 400er-Marke längst überschritten. Der Astrophysiker David Kipping vom University College London ist sogar optimistisch, dass der Forschungssatellit Kepler bewohnbare Monde um Exoplaneten aufspüren kann, sofern diese mindestens 20 Prozent der Erdmasse besitzen. Weitere Überraschungen sind in einer Zeit, da immer präzisere Instrumente und ausgefeiltere Techniken zum Einsatz kommen, geradezu vorprogrammiert. Vielleicht finden sich Planeten, auf denen man wie auf Magrathea in den Genuss eines Doppelsonnenaufgangs kommt? Ein Anblick, der nicht nur jeden galaktischen Anhalter vor Ehrfurcht erstarren lässt, sondern auch den jungen Luke Skywalker im ersten Star Wars-Film (1977) in den Bann zog, als er auf der wüsten Oberfläche seines Heimatplaneten Tatooine in den Doppelsonnenuntergang schaut. Lange Zeit galten Planeten um Doppelsternsysteme als reines Science-Fiction-Szenario, doch mittlerweile haben Astronomen solche Exoplanetensysteme tatsächlich entdeckt. Unklar ist allerdings, unter welchen Bedingungen sich Planeten dort auf stabilen Bahnen bewegen können, eine wichtige Voraussetzung für Leben. Der Brite Robert Harrington befasste sich bereits 1977 mit dieser Frage und zeigte anhand von numerischen Berechnungen, dass auch in Doppelsternsystemen prinzipiell stabile Bahnen möglich sein sollten. Aus der Tatsache, dass sich mindestens die Hälfte aller Sterne in Doppel- oder Mehrfachsystemen befinden, lässt sich also eine gewisse Hoffnung schöpfen, dass irgendwo im All ein Wesen sich an einem Doppelsonnenaufgang so erfreuen kann wie Zaphod Beeblebrox beim Anblick von Soulianis und Rahm, die den »schwarzen Saum des Horizonts« von Magrathea mit ihrem weißen Feuer versengen.

Und was ist mit Beteigeuze?

Wie sieht es nun aber mit der Herkunft von Ford Prefect und Zaphod Beeblebrox aus? Ist es denkbar, dass um den Stern Beteigeuze Planeten kreisen, vielleicht sogar erdähnliche? Leider nein, denn der rötlich strahlende Stern ist ein »Überriese«, der rund 20 Sonnenmassen in sich vereinigt. Sein Durchmesser ist so gewaltig, dass er an die Stelle unserer Sonne versetzt bis fast zur Jupiterbahn reichen würde. Seine Leuchtkraft ist hunderttausendmal größer als die unserer Sonne. Kein Wunder also, dass er der erste Stern war, bei dem es gelang, den Winkeldurchmesser, das heißt den Sehwinkel unter dem er von der Erde aus erscheint, zu bestimmen, und das bereits in den 1920er-Jahren. Fast neunzig Jahre später, im Sommer 2009, war Beteigeuze der erste Stern neben unserer Sonne, bei dem die Astronomen die Bewegungen des Gases an seiner Oberfläche beobachten konnten. Doch der rote Überriese verbrennt seinen Brennstoff so verschwenderisch, dass er sich bereits nach weniger als 10 Millionen Jahren am Ende seines Lebens befindet. Beteigeuze wäre also viel zu jung, um jemals einen Gesteinsplaneten hervorgebracht zu haben. Zudem ist er ein unregelmäßiger und pulsierender Veränderlicher, dessen Durchmesser zwischen rund 300 und 500 Millionen Kilometern schwankt. Beteigeuze gehört zu den Sternen, die riesige Mengen an Gas und Staub ins All schleudern, den Rohstoff für neue Sterne und Planeten. Er wird vermutlich in einigen tausend bis hunderttausend Jahren in einer gewaltigen Supernova explodieren, die sogar am Taghimmel zu sehen sein wird, denn Beteigeuze ist mit rund 600 Lichtjahren vergleichsweise nah. Dieser Wert wurde erst 2008 durch neue Beobachtungsdaten bestätigt. Bis dahin ging man eigentlich von einer geringeren Entfernung von ca. 400 Lichtjahren aus. Umso erstaunlicher, dass Douglas Adams im ersten Band der Anhalter-Saga die Entfernung zu Beteigeuze korrekt mit 600 Lichtjahren angibt.

Hoffnungsvoller ist da der Blick zum Pferdekopfnebel, der angeblichen Wiege von Magrathea, denn er stellt eine entstehende »Globule« dar, also die Geburtsstätte von massearmen Sternen. Einer dieser Jungsterne lässt sich sogar im optischen Teleskop beobachten. Hier besteht zumindest die reale Chance, dass sich irgendwann einmal Planeten bilden könnten. Wer nach natürlichen Fertigungsstätten sucht, der wird im Orion-Nebel fündig, der am Himmel nicht weit entfernt vom Pferdekopfnebel zu finden ist. Astronomen entdeckten dort mit dem Hubble-Weltraumteleskop vier dunkle Flecken, die ganz klar die Silhouetten von Staubwolken um junge Sterne darstellten, die das Licht des dahinter liegenden Nebels verdeckten. Das ist der bislang stärkste Hinweis, dass Kant, Laplace und ihre Nachfolger mit der »Nebularhypothese« richtig lagen.

Nach wie vor bewegt die Forscher wie die Öffentlichkeit die Frage, ob und wie ein erdähnlicher Planet irgendwo anders entstanden sein könnte. Slartibartfast konnte einfach die originalen Blaupausen der Erde hervorkramen und eine Kopie bauen. Uns bleibt nichts anderes, als weiter nach einer »zweiten Erde« im All zu suchen. Das ist keinesfalls hoffnungslos. Die bislang spektakulärsten Entdeckungen machten Astronomen um den Stern Gliese 581 im Sternbild Waage, der mit einer Entfernung von 20,4 Lichtjahren zu den 100 Sternen gehört, die unserer Sonne am nächsten kommen und die der deutsche Astronom Wilhelm Gliese katalogisiert und durchnummeriert hat. Seit 2005 wurden dort vier Exoplaneten entdeckt, der zweite davon,

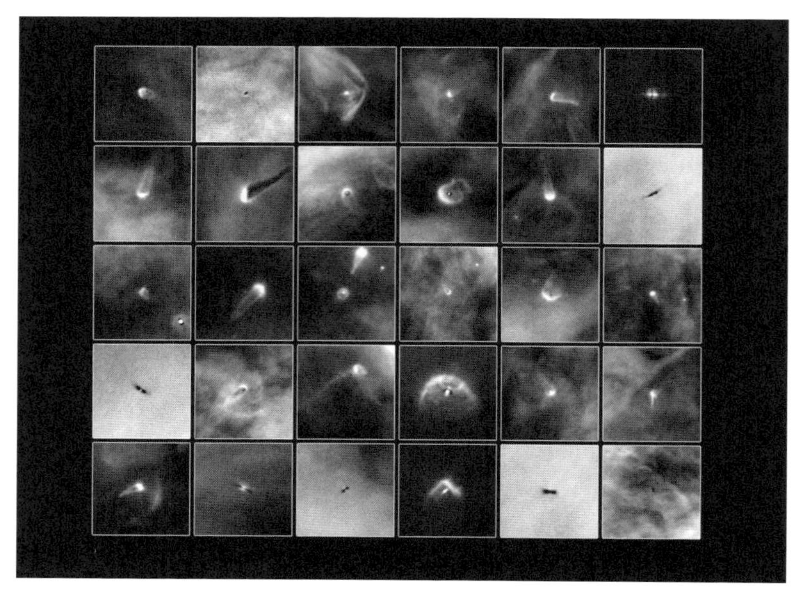

Abb. 5.4 Staubscheiben um junge Sterne im Orion-Nebel könnten die Brutstätten für neue Planetensysteme sein.

Gliese 581c, war mit rund fünffacher Erdmasse der erste erdähnliche Exoplanet. Leider befindet er sich nach Berechnungen eines Forscherteams vom Potsdam-Institut für Klimafolgenforschung so dicht an seinem Zentralstern, dass seine Oberfläche für die Entwicklung von Leben zu heiß ist. Beim zweiten Planeten, der um Gliese 581 entdeckt wurde, scheinen die Bedingungen günstiger zu sein. Gliese 581d hat die achtfache Masse der Erde und ist weit genug vom Zentralstern entfernt, dass zumindest die Entwicklung primitiver Lebensformen denkbar ist. Vermutlich ist es nur eine Frage der Zeit, bis sich die Spuren organischer Moleküle in den Atmosphären von Exoplaneten nachweisen lassen.

Anhand unserer Erde zeigt sich jedoch, dass es eine große Fülle von Kriterien geben könnte, die für die Entstehung von komplexeren oder sogar intelligenten Lebensformen eine Rolle spielen könnten, etwa die Lage eines Planetensystems innerhalb der Milchstraße. Im Falle der Erde hat sich gezeigt, dass der Mond dafür sorgt, die Erdachse zu stabilisieren, ein wichtiger Faktor dafür, dass sich regelmäßige Jah-

Abb. 5.5 Eine künstlerische Sicht des Planetensystems um den Stern Gliese 581, einem 20 Lichtjahre von der Erde entfernten Roten Riesen. Zu erkennen sind die Planeten 581c (im Vordergrund), 581b und 581d.

reszeiten ausbilden können. Auch der Jupiter könnte die Entstehung von Leben auf der Erde begünstigt haben, indem er die kleineren Fels- und Eisbrocken im Sonnensystem in einem Asteroidengürtel konzentrierte und so die Erde vor weiteren Einschlägen bewahrte.

Auch wenn wir vermutlich niemals zu Planeten außerhalb unseres Sonnensystems gelangen werden, fasziniert die Möglichkeit, auf Anzeichen von Leben zu stoßen. Douglas Adams hat somit die Galaxis zu Recht mit einer Unzahl fremder Welten mit verheißungsvoll exotischen Namen erfüllt: Damogran, Vogsphere, Bethselamin, Magrathea, Traal, Oglaroon, Golgafrincham, Krikkit, Han Wavel, Dalforsas, Preliumtarn, Sesefras Magna, Hawalius, Lamuella etc. Wer weiß, welchen davon die Astronomen in den nächsten Jahren und Jahrzehnten entdecken werden? Immerhin ist es 2008 gelungen, das schwache Leuchten extrasolarer Planeten zu sehen. Mit dem Hubble-Weltraumteleskop erspähten Astronomen im sichtbaren Bereich einen Planeten von mehreren Jupitermassen um den Stern Formalhaut im Sternbild Südlicher Fisch. Der kanadische Astrophysiker Christian

Marois bildete mithilfe von Großteleskopen auf Hawaii gleich drei Riesenplaneten um den Stern HR 8799 im Sternbild Pegasus ab, allerdings im infraroten Wellenlängenbereich. Die Reihe der Entdeckungen wird in den nächsten Jahren ganz sicher nicht abebben, nicht zuletzt dank der Planetensucher im Weltraum – Satelliten wie zum Beispiel Corot (ESA) und Kepler (NASA). Die Kosten und der technische Aufwand sind beträchtlich. Zaphod Beeblebrox hatte es bei seiner Suche nach Magrathea einfacher: »Ich beschließe, Magrathea zu suchen, und alles geschieht einfach so.«

Einmal Arthurdent und zurück

»Als eines Tages eine Expedition zu den Raumkoordinaten ausgeschickt wurde, die Vujagig für den Kugelschreiberplaneten angegeben hatte, stieß sie lediglich auf einen kleinen Asteroiden, auf dem ein einsamer alter Mann wohnte, der hartnäckig behauptete, das sei alles nicht wahr – obwohl man später dahinterkam, dass er log.«

Per Anhalter durch die Galaxis, Kapitel 21

Trotz der vielen hundert Exoplaneten, die bislang entdeckt worden sind, stellt sich die Frage, ob wir eigentlich schon alles, was in unserem eigenen Sonnensystem herumfliegt, aufgespürt haben? Wenn es um Asteroiden und Zwergplaneten geht, sicherlich nicht. An ihrer Suche können sich auch Amateurastronomen erfolgreich beteiligen. Als ein solcher Amateur hat auch Felix Hormuth angefangen, der sich mittlerweile als Doktorand am Heidelberger Max-Planck-Institut für Astrophysik mit Doppelsternen befasst. Hormuth hat mittlerweile über hundert Asteroiden aufspüren können. Seinen ersten Asteroiden entdeckte er am 7. Februar 1998 von der Starkenburg-Sternwarte in Heppenheim an der Bergstraße. Beim Vergleich zweier Aufnahmen derselben Sternregion hatte sich unter den vielen Fixsternen ein kleines Pünktchen weiterbewegt und entlarvte sich somit als Teil unseres Sonnensystems. Felix Hormuth führte die Beobachtungen in den folgenden Nächten fort, um sicherzugehen. Seine Entdeckung meldete er dem »Minor Planet Center (MPC)« in den USA, das offiziell dafür zuständig ist, alle Daten über Kleinplaneten und Kometen zu sammeln, auszuwerten und zu veröffentlichen.

Das 1947 gegründete MPC arbeitet unter der Schirmherrschaft der Internationalen Astronomischen Union und hat seinen Sitz am Smithsonian Astrophysical Observatory in Cambridge (Massachusetts). Wie üblich durfte Felix Hormuth auch einen Namen vorschlagen, den der Asteroid bei Bestätigung durch das MPC erhalten sollte: Arthur Dent. »Alternativ wäre auch Douglas Adams infrage gekommen, aber ich fand Arthur Dent lustiger«, sagt Hormuth, der damals schon ein Fan der Anhalter-Saga war. Besonders gefallen habe ihm, dass darin Ideen vorkommen, vor denen andere Autoren zurückgeschreckt wären, etwa den Einfall, Arthur Dent fliegen lernen zu lassen.

Ein Namensvorschlag für einen neuen Asteroiden muss jedoch stets vom dafür zuständigen Komitee anerkannt werden, das ein Dutzend Mitglieder hat, eins davon aus Deutschland. Bis zur endgültigen Taufe kann durchaus etwas Zeit ins Land gehen, denn das Komitee erhält jeden Monat rund zweihundert Namensvorschläge für neu entdeckte Asteroiden. Dabei gibt es einige Regeln zu beachten: Ein Asteroid darf zwar nach einer lebenden Person benannt sein, der Entdecker darf ihn jedoch nicht nach sich selbst benennen. Eine weitere Ausnahme sind Politiker, die bereits über hundert Jahre tot sein müssen, um als Namensgeber infrage zu kommen. Im Falle von Asteroid 1998CC 2, der schließlich die offizielle Nummer 18610 erhielt, dauerte es bis Anfang Mai 2001, bis der Name Arthurdent genehmigt war.

Bei genauerer Betrachtung passt der Name: Der Erdling Arthur Dent ist ein äußerst durchschnittlicher Vertreter der Menschheit, der Asteroid Arthurdent ein ganz gewöhnliches Mitglied des Hauptgürtels zwischen Mars und Jupiter. Seine Entfernung von der Sonne schwankt auf seiner elliptischen Bahn zwischen dem Zwei- und Dreifachen der Entfernung Erde-Sonne. Sein Durchmesser lässt sich nur schätzen und liegt vermutlich unter zehn Kilometern. »Wir wissen nicht einmal, ob er eher hell- oder dunkelgrau ist«, sagt Felix Hormuth, »dafür müsste man viel genauere Messungen durchführen oder sogar Spektren aufnehmen.« Doch dafür ist Arthurdent zu licht-

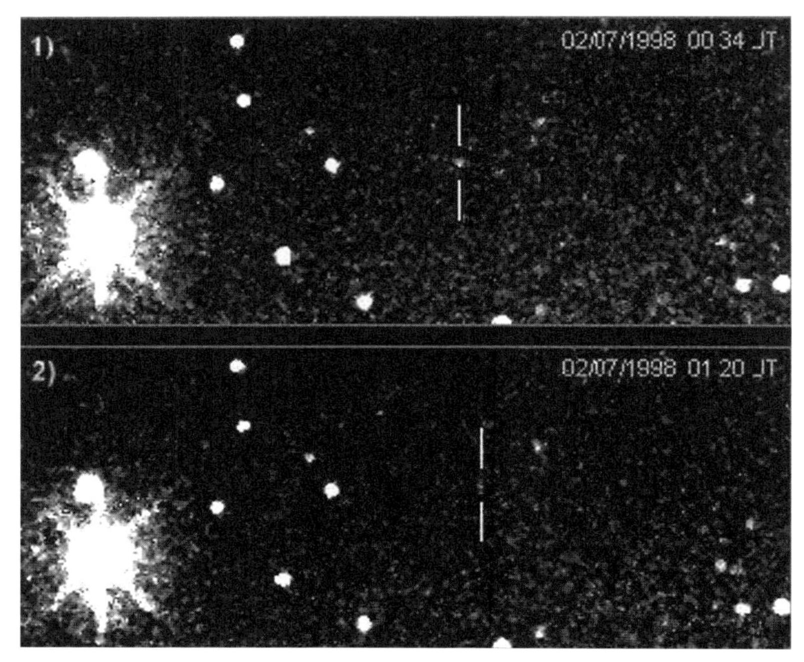

Abb. 5.6 Der Asteroid 18610 Arthur Dent (hier in zwei zeitlich aufeinander folgenden Aufnahmen mit senkrechten Strichen markiert) erregte besonders Aufsehen dadurch, dass ihn sein Entdecker Felix Hormuth nach der Hauptfigur von »Per Anhalter durch die Galaxis« benannte. Leider starb Adams zwei Tage nach der offiziellen Namensgebung.

schwach: Er hat etwa die 18. Größenklasse und hat damit weniger als ein Zehnmillionstel der Helligkeit von Beteigeuze.

Die Suche nach Asteroiden ist mittlerweile hauptsächlich »astronomische Buchhaltung«, wie es Felix Hormuth formuliert. Allerdings treibt die Forscher durchaus auch die Suche nach Asteroiden an, die der Erde möglicherweise irgendwann einmal gefährlich werden könnten. Noch interessanter wäre es allerdings, Proben von der Oberfläche eines Asteroiden zu entnehmen und für eine Analyse zur Erde zu bringen. Da die Materie der Asteroiden seit Jahrmilliarden praktisch unverändert geblieben ist, ließen sich daraus wichtige Aufschlüsse über den Ursprung unseres Sonnensystems gewinnen. Der japanischen Raumfahrtbehörde gelang mit ihrer 2003 gestarteten Sonde Hayabusa (Wanderfalke) vermutlich zum ersten Mal das

Kunststück, Bodenproben von einem Asteroiden zu entnehmen. Die Sonde erreichte den Asteroiden Itokawa am 12. September 2005 und sammelte mit einem trichterförmigen Staubsauger etwa ein Gramm Gestein auf. Leider verzögern Triebwerksprobleme die Rückkehr von Hayabusa zur Erde, mit der im Laufe von 2010 zu rechnen ist. Der endgültige Erfolg der Mission steht also noch auf Messers Schneide.

Im fünften Band der Anhalter-«Trilogie« berichtet Douglas Adams nicht einfach nur von der Entdeckung eines Asteroiden, sondern eines veritablen neuen Planeten jenseits der Pluto-Bahn. Die Astronomen hatten diesen neuen Planeten jahrelang gesucht, nachdem sie auf Anomalien in den Bahnen der äußeren Planeten gestoßen waren. Der Neuzugang im Sonnensystem wird zunächst Persephone getauft – eine griechische Göttin mit den Zuständigkeitsbereichen Fruchtbarkeit und Unterwelt –, erhält dann aber den Spitznamen Rupert nach dem Papagei eines Astronomen, wobei es Douglas Adams der Fantasie seiner Leserinnen und Leser überlässt, welche »rührende Geschichte« hinter dieser Namensgebung stecken mag.[2] Auf Rupert lässt Adams ein Raumschiff der Grebulonier stranden, die dank eines Meteoritentreffers all ihre im Zentralcomputer gespeicherten Daten und Erinnerungen verloren haben. Ohne jedes Ziel verlegen sie sich darauf, das Geschehen auf der Erde von Rupert aus zu beobachten. Als die ausgebildete Mathematikerin und Astrophysikerin Trillian später die Gelegenheit erhält, an einem Computer der Grebulonier zu arbeiten, wird ihr bewusst, dass diese planlosen Außerirdischen aus einer sehr fortgeschrittenen und hochstehenden Kultur stammen. Mithilfe des grebulonischen Computers gelingt es ihr nämlich bereits innerhalb einer halben Stunde, ein grobes Arbeitsmodell des Sonnensystems zusammenzustoppeln, in dem sie praktisch von jedem Punkt im Sonnensystem die Bewegungen der Planeten verfolgen kann.

Tatsächlich entdeckten die drei amerikanischen Astronomen Mike Brown, Chad Trujilo und David Rabinowitz 2005 den Planeten Eris, der einen hundert Kilometer größeren Durchmesser als Pluto hat und als »zehnter Planet« bezeichnet wurde. Da Eris sich so langsam bewegte, wurde er bei einer Himmelsdurchmusterung zunächst als Stern geführt und erst nach einer weiteren Auswertung korrekt identifiziert. Alles deutete darauf hin, dass unser Sonnensystem nun zehn Planeten besitzt. Für Douglas Adams bot die Geschichte von der Entdeckung des Planeten Rupert Gelegenheit für eine Spitze gegen die Astrologen: »Mußte damit nicht die gesamte Astrologie völlig neu durchdacht werden? War es nicht an der Zeit, zuzugeben, daß alles nur leeres Geschwätz war, und sich stattdessen der Schweinezucht zuzuwenden, die ja immerhin auf einigermaßen rationalen Grundlagen fußt?«

Doch bevor sich die Astrologen-Gemeinde, also die Damen und Herren mit den Horoskopen, im Falle von Eris tatsächlich über eine Reform ihrer Methoden Gedanken machen konnten, sahen sich die Astronomen veranlasst, nach einer verlässlichen Planeten-Definition zu suchen, statt einfach die Reihe der regulären Planeten kritiklos um einen Neuzugang zu erweitern. Letztlich setzte sich in der internationalen Astronomie-Community eine Neudefinition durch. Grob gesagt galt ein Körper im Sonnensystem dann als Planet, wenn er groß genug war, um durch seine Schwerkraft in eine sphärische Form gebracht zu werden, und wenn er seine Umlaufbahn von anderen herumschwirrenden Kleinkörpern leer gefegt hatte. Pluto scheiterte am zweiten Kriterium und verlor 2006 seinen Planetenstatus. Zusammen mit Eris und weiteren Objekten jenseits von Neptun zählt Pluto nun zu den Zwergplaneten. Diese Entscheidung wurde von Protesten aus der Öffentlichkeit begleitet und aus dem Kreis der Astronomen, die sich an ein Sonnensystem mit neun Planeten gewöhnt hatten. Doch solange die neue Definition bestehen bleibt, stellt sich nicht mehr die Frage, ob es einen zehnten, sondern ob es einen neunten Planeten geben könnte, der den Grebuloniern einen geeigneten Beobachtungsposten bieten könnte. Dass ein neunter Planet existiert, der deutlich größer als Pluto ist, ist recht unwahrscheinlich, aber immer noch wahrscheinlicher, als dass Elvis noch lebt, wie Arthur und Ford im fünften Band der Anhalter-Saga feststellen müssen.

Fjord Perfect

Unsere Erde verdient das Prädikat »Planet« auf jeden Fall. Sie hat ihre Bahn von Kleinkörpern gesäubert und besitzt die erforderliche sphärische Form. Zwar zeigt sich bei genauerer Betrachtung, dass sie infolge ihrer Rotation leicht abgeplattet und mit einem Wulst am Äquator versehen ist, doch das ist nur sichtbar, wenn man die Abweichungen von der perfekten Kugelform extrem vergrößert. Vom Mond aus erscheint sie als perfekt runde grün-blaue Murmel, eingebettet ins tiefe Schwarz des Weltraums. Im Universum von »Per Anhalter durch die Galaxis« ist die Erde nur ein »absolut unbedeutender, kleiner blassgrüner Planet«, dessen fantastische Geschichte erst nach seiner achtlosen Zerstörung durch die Vogonen offenbart wird. In Wirklichkeit verdankt sie ihre Existenz zwar nicht der magratheanischen Ingenieurskunst, aber dennoch ist es nicht übertrieben zu sagen, dass die Erde für uns wohl bis auf Weiteres der tollste Planet im Universum bleiben wird. Vielleicht ist es dem eleganten glazialen Faltenwurf der Fjorde zu verdanken, dass sich dennoch Forscher voll Ehrfurcht vor dem großen Slartibartfast verneigen? Die Herausgeber eines Bandes über den aktuellen Stand der Planetenforschung scheinen über die wahren Prioritäten keinen Zweifel zu haben und widmeten ihr Buch »dem einzig wahren Spezialisten für Planetenentstehung Slartibartfast von Magrathea und seinem Vater D. N. Adams«.[3)]

Wie war noch gleich der eigentliche Name?

Der Stern Beteigeuze teilt mit Ford Prefect das Schicksal, einen unaussprechlichen Namen zu besitzen. Paul Kunitzsch, Experte für die Geschichte der arabischen und mittelalterlichen Astronomie, hat sich ausführlich mit den oft rätselhaften Sternnamen befasst. Er gibt an, dass der frühe arabische Name für Beteigeuze »yad al-jauza« lautet, was so viel bedeutet wie »die Hand von al-jauza«. Das Wort »al-jauza« wiederum wurde mit »Riesin« oder »die Mittlere« übersetzt. Bei der Übersetzung ins Lateinische wandelte sich der Sternname zu »bedalgeuze«, was im 19. Jahrhundert schließlich zu Betelgeuze oder Betelgeux wurde. Die englische Variante Betelgeuse sprach sich ähnlich aus wie Beetlejuice (»Käfersaft«) und inspirierte den Regisseur Tim Burton zum gleichnamigen Film. Auf Deutsch hört der Heimatstern von Ford und Zaphod schließlich auf den Namen Beteigeuze. Kurzum: Der Stern macht es einem wirklich nicht leicht, ihn mit »richtigem« Namen anzusprechen.

Fords eigentlicher Name hat mit der rätselhaften »Großen Hrung-Explosions-Katastrophe im Gal./Sid./Jahr 037582« auf dem Planeten Beteigeuze Sieben zu tun, durch die die gesamte Bevölkerung ausgelöscht wurde, bis auf Fords Vater. Der gab Ford einen Namen aus dem nun ebenfalls ausgelöschten Praxibetel-Dialekt. Da Ford nie in der Lage war, seinen ursprünglichen Namen korrekt auszusprechen, erhielt er von seinen Schulkameraden den Spitznamen Ix verpasst, was in der Sprache von Beteigeuze Fünf so viel bedeutet wie »Der Junge, der nicht zufriedenstellend zu erklären vermag, was ein Hrung ist, noch, warum er ausgerechnet auf Beteigeuze Sieben explodieren musste«. Analog dazu könnte man Beteigeuze ebenfalls einen griffigen Spitznamen verpassen. Wie wäre es mit Bix, was dann so viel hieße wie »Stern, der nach irgendetwas Weiblichen benannt ist, und von irgendetwas der Mittlere ist, aber nicht zufriedenstellend erklären kann, wovon«.

Ford Prefect hat seinen irdischen Tarnnamen nur mäßig klug gewählt, denn es handelt sich bei »Ford Prefect« eigentlich um ein Automodell, das Ford von 1938 bis 1961 speziell für den britischen Markt produzierte, bevor es vom Ford Cortina abgelöst wurde. Namen sind bei Douglas Adams so gut wie nie nur Schall und Rauch. Dass Ford vorgibt, aus Guildford zu stammen, und nicht von einem Planeten um den Stern Beteigeuze, und später seinen arglosen Freund Arthur Dent dazu bringt, seine Bulldozerblockade aufzugeben, um ihm in die Kneipe »Horse and Groom« zu folgen, ist vermutlich kein Zufall, sondern eine zeitgeschichtliche Anspielung. Im Oktober 1974 verübte nämlich eine Splittergruppe der IRA in Guildford Bombenanschläge auf zwei Pubs, eines davon das »Horse and Groom«, bei denen fünf Menschen ihr Leben lassen mussten.

POLICE PUBLIC CALL BOX
OLICE PUBLIC CALL BOX

6 Newtons Rache

Romana: Newton? Wer ist Newton?
Doctor Who: Der alte Isaac? Ein Freund von mir auf der Erde – hat die Schwerkraft entdeckt. Nun, um ehrlich zu sein, musste ich ihm einen kleinen Denkanstoß geben.
Romana: Was haben Sie gemacht?
Doctor Who: Ich bin auf einen Baum geklettert.
Romana: Und?
Doctor Who: Ließ einen Apfel auf seinen Kopf fallen.
Romana: Ahh – und so hat der die Schwerkraft entdeckt...
Doctor Who: Aber nein – er sagte, ich solle mich von seinem Baum scheren. Ich habe ihm dann alles nach dem Abendessen erklärt.

Doctor Who, Pirate Planet (1978)

Der größte Raubkreuzer, der jemals gebaut wurde, und ich habe ihn gebaut, mit einer Technologie, die so weit fortgeschritten ist, dass man sie nicht von Magie unterscheiden kann.

Doctor Who, Pirate Planet (1978)

Auf das Konto von Douglas Adams gehen auch merkwürdige Anwendungen der Gravitationstheorie, auf die Newton sicher nur gekommen wäre, wenn ihm ein Kürbis statt eines Apfels auf den Kopf gefallen wäre. Doch bevor wir uns diesen Anwendungen zuwenden, müssen wir uns erst einmal auf eine kleine Zeitreise ins Jahr 1963 begeben. In diesem Jahr erschütterte die Ermordung John F. Kennedys die Welt, am gleichen Tag starb der Schriftsteller Aldous Huxley (»Schöne neue

Welt«). Der niederländische Astronom Maarten Schmidt entdeckte den ersten Quasar, eine extrem weit entfernte und starke Strahlungsquelle im All, und die russische Kosmonautin Walentina Tereschkowa wurde die erste Frau im All. Über Großbritannien brach die Beatlemania herein, bevor die vier Pilzköpfe ihren weltweiten Siegeszug antraten. Und am 23. November 1963 tauchte erstmals ein griesgrämiger alter Mann auf den britischen Fernsehschirmen auf, dessen Herkunft mehr als rätselhaft war. In seinem Verhalten wirkte er mehr als verdächtig, so als sei er auf der Flucht vor ungenannten Feinden oder auf der Suche nach etwas. Seinen Namen gab er nicht Preis, und eine Nachfrage resultierte so gut wie immer im selben kleinen Dialog:

»Wie heißen Sie?«

»Ich bin der Doktor. » (»I'm the Doctor.«)

»Doktor wer?« (»Doctor who?«)

»Nur der Doktor.« (»Just the Doctor.«)

Die Rede ist von der BBC-Science-Fiction-Serie »Doctor Who«, die zwar für Kinder konzipiert worden war, später aber mehr und mehr erwachsene Zuschauer anzog. Der Pilot-Vierteiler entführte das Fernsehpublikum auf eine Reise in die Steinzeit: Die Lehrer Ian Chesterton und Barbara Wright sorgen sich um ihre Schülerin Susan Foreman, die erstaunliche wissenschaftliche Kenntnisse besitzt, aber in allen Alltäglichkeiten reichlich unbedarft wirkt. Susan lebt bei ihrem Großvater, dem Doktor. Ihre beiden Lehrer stoßen auf dessen Geheimnis: eine blaue Polizeitelefonzelle, die sich als eine Art Raum-Zeit-Maschine (die Tardis) herausstellt und auch sonst nicht von dieser Welt zu sein scheint. Um sein Geheimnis zu wahren, entführt der Doktor kurzerhand die beiden Lehrer in die Steinzeit, wo sie in die Streitigkeiten eines primitiven Stammes geraten. Dem Doktor gelingt es dank seiner überragenden Fähigkeiten, die Konflikte zu lösen und alle wieder wohlbehalten in die Gegenwart zurückzubringen.

In den ersten Jahren der Serie führten die Reisen den Doktor und seine wechselnden Gefährten meist in die irdische Vergangenheit. Dabei hielt er sich nicht allzu konsequent an das Gebot, sich nicht in die Vergangenheit einzumischen, genauso wenig wie die Besatzung des Raumschiffs Enterprise immer der vergleichbaren »Obersten Direktive« folgte. Erst später sollten außerirdische Kulissen und Wesen dominieren, besonders populär wurden die Daleks, die bereits in der zweiten Geschichte der Serie (bestehend aus sieben Folgen) auftraten. Sie sind die Erzfeinde des Doktors und lassen sich am besten als außerirdische Nazis in Form großer pfefferstreuerartiger Roboter charakterisieren. Doch die vermeintlichen Roboter dienen nur als Hülle für die verkümmerten Körper der Daleks, die nur ein Ziel kennen: die Versklavung oder Vernichtung aller anderen Lebensformen. Ihr Schlachtruf ist ein metallisches: »Exterminate! Exterminate!« (Auslöschen! Auslöschen!), das Generationen britischer Kinder Zuflucht hinter dem Sofa suchen ließ. Außerirdische Widerlinge sind das unverzichtbare Salz in der Suppe der Science-Fiction-Serien, wie später die bürokratischen Vogonen (»Resistance is useless!«) und die unerbittlichen Borg (»Resistance is futile!«) in »Star Trek – Das nächste Jahrhundert« eindrucksvoll unter Beweis stellen sollten.

Über die Jahre lüftet sich Stückchen für Stückchen das Geheimnis um die Identität des Doktors. Er stellt sich als ein »Time Lord« vom Planeten Gallifrey heraus. Allerdings bleibt in der jahrzehntelangen Geschichte von »Doctor Who« immer ein Rest von Geheimnis gewahrt. So wird weder enthüllt, welche Macht die Time Lords eigentlich über die Zeit ausüben, noch warum der Doktor von Gallifrey geflohen ist. Die langsame Entfaltung der Hintergrundgeschichte, immer neue außerirdische Rassen und Schauplätze des Doktors und seiner wechselnden Gefährten haben sicher zum Erfolg der Serie beigetragen, die ab Ende der 70er-Jahre auch in den USA eingefleischte Fans fand.

Doch kaum jemand hätte 1963 damit gerechnet, dass eine Fernsehserie mit einer solch rätselhaften Hauptfigur 27 Jahre lang fester Bestandteil des BBC-Programms bleiben und dann nach einer Pause von 16 Jahren wieder in neuem Glanz auferstehen würde. »Doctor Who« ist ein Science-Fiction-Phänomen, das zum kollektiven Bewusstsein Großbritanniens gehört wie Tee, das Königshaus und Monty Python. Das Universum von Doctor Who dehnt sich ebenso unüberschaubar aus wie das von Star Trek. Mittlerweile sind über 700 Folgen entstanden (ein erklecklicher Teil der frühen Episoden fiel dem Aufräum- und Sparwahn der BBC in den 70er-Jahren zum Opfer). Zwei Kinofilme und weitere Serien-Ableger folgten. Die Zahl der Videokassetten, DVDs, Bücher, Hörspiele, Comics, Sekundärliteratur, Fanclubs, Webseiten und selbstverständlich Merchandising-Artikel jeder Art ist mittlerweile unüberschaubar. Der britische Künstler und Turner-Preis-Gewinner von 2007, Mark Wallinger, erhob eine vollkommen verspiegelte Tardis sogar in den Rang eines Kunstwerks.

Doctor Who verdankt seine Wandlungsfähigkeit einem dramaturgischen Kniff, der eigentlich aus der Not geboren wurde. Als sich die Gesundheit des ersten Darstellers William Hartnell so sehr verschlechterte, dass er die Rolle schließlich 1966 aufgeben musste, kamen die Macher der Serie auf die clevere Idee, dem Doktor die Fähigkeit zur Regeneration anzudichten. Dank dieses genialen Schachzugs, konnte ein neuer und völlig anders aussehender Schauspieler problemlos in die Fußstapfen seines Vorgängers treten. Die Fortsetzung der Serie war so gesichert und kein Darsteller musste befürchten, bei Erfolg immer auf die Rolle des Doctor Who festgelegt zu sein. Im Zuge der mittlerweile 11 Reinkarnationen wandelte sich der Charakter des Doktors vom finsteren und leicht erregbaren alten Mann zu einer sympathischeren und mitfühlenden, aber dabei weiterhin exzentrischen Figur.

Im deutschen Sprachraum hat »Doctor Who« nie richtig Fuß fassen können. Zwar wurden einige Folgen synchronisiert und Ende der 80er- und Anfang der 90er-Jahre im Privatfernsehen ausgestrahlt, doch ohne große Resonanz. Ebenso erging es der Handvoll von Doctor Who-Romanen, die ins Deutsche übersetzt wurden. 2008 gelangte die verjüngte Serie ins deutsche Fernsehen. Doch das änderte nichts an der Tatsache, dass die »unendlichen Weiten« hierzulande vom Raumschiff Enterprise durchkreuzt werden, und nicht von der höchst eigenwilligen Raum-Zeit-Maschine des Doktors, von der noch die Rede sein wird.

Doch wer das Werk von Douglas Adams angemessen würdigen möchte, der kommt an »Doctor Who« nicht vorbei. Wer sich nicht von einer Tricktechnik abschrecken lässt, die aus Sicht heutiger Computeranimationen billig und unbedarft wirkt, der kann mit dem Doktor ein zutiefst britisches Universum mit genial-vertrackten Geschichten zwischen Aberwitz und Tiefsinn, mit einem gewissen Trash-Anteil, absonderlichen Kreaturen und nicht zuletzt auch einer gehörigen Portion Komik erleben.

Von »Doctor Which« zu »Pirate Planet«

1964 war ein wichtiges Jahr für Douglas Adams. Mit 12 wechselte er ganz auf das Internat in Brentwood und musste nun nicht mehr als

»Externer« zur Schule pendeln. Und 1964 traf er auf zwei seiner großen Leidenschaften: Am 20. März dieses Jahres riss er kurzerhand aus der Schule aus, um sich die an diesem Tag erschienene Beatles-Single »Can't Buy Me Love/You Can't Do That« zu kaufen. Bei der Rückkehr krabbelte er durchs Fenster in die Wohnung der Haushälterin, wobei er sich die Knie übel aufschürfte. Ungeachtet, dass diese bluteten, kniete er auf dem Boden vor dem Plattenspieler der Haushälterin und hörte sich die Single dreimal an, bevor man ihm auf die Schliche kam. Zur gleichen Zeit lernte er »Doctor Who« kennen und schätzen. In der Rückschau erscheint es als kleiner Vorgeschmack auf seine spätere Karriere, dass Douglas »Doctor Who« bereits bei der Weihnachtsparty 1964 seines Wohnheims in einem Sketch mit dem Titel »Doctor Which« parodierte. Von diesem Frühwerk ist leider nicht viel mehr überliefert, als dass die Daleks darin mit »Rice Crispies oder Ähnlichem« angetrieben wurden, wie Frank Halford, der Englischlehrer von Douglas, viele Jahre später amüsiert in einem Interview berichtete.

Douglas blieb auch in seiner Zeit an der Universität in Cambridge Fan von »Doctor Who«, während sich seine Kommilitonen eher befremdet davon abwandten. Ihn störten die Folgen des geringen Budgets wie die wackeligen Kulissen und die oft nicht sehr überzeugenden Trickeffekte nicht. All das wurde bei »Doctor Who« durch großen Ideenreichtum, exzentrische Charaktere und oft auch witzige Dialoge wettgemacht. Ein ideales Tummelfeld für einen aufstrebenden Comedy-Autor mit einem ausgeprägten Interesse für Science-Fiction und Wissenschaft. Und so verwundert es nicht, dass Douglas Adams bereits 1974 mit Ideen bei den Machern von »Doctor Who« vorsprach. Sein erster Vorschlag für eine Geschichte wurde allerdings abgelehnt.[1] Zu dieser Zeit war der Schauspieler Tom Baker die vierte Inkarnation des Doktors und blieb es für sieben Jahre, länger als jeder andere seiner Vorgänger und Nachfolger. Baker, der unter anderem sechs Jahre lang als Mönch gelebt hatte, verkörperte mit seiner hochgewachsenen Gestalt, seiner wilden Lockenmähne à la Harpo Marx und der enormen Präsenz den rätselhaften Zeitreisenden wie kein anderer, ja er verschmolz in dieser Zeit geradezu mit seiner Rolle. Für viele Fans ist Tom Baker der Doktor schlechthin. Mit Baker hielt zunächst mehr Horror, später aber mehr Humor (und fast schon Selbstparodie) Einzug in der Serie.

1977 konnte Douglas Adams beim Produzenten Graham Williams mit einem Vorschlag für eine Geschichte landen. Sie trug den Titel »Pirate Planet«. Aus dem 12-jährigen Doctor Who-Fan war schließlich ein 25-jähriger Doctor Who-Autor geworden. Fast zeitgleich hatte Douglas Adams grünes Licht für die erste Staffel des Hitchhiker-Hörspiels erhalten. Nun musste er also nicht nur die ersten sechs Hitchhiker-Skripte schreiben, sondern auch noch vier Folgen von Doctor Who. Damit begann eine über dreijährige Periode in seinem Leben, die mit hektisch nur sehr unzutreffend zu charakterisieren ist, sodass wir zum stärkeren Ausdruck »anstrengend« greifen müssen.[2)]

»Pirate Planet« ist eine Geschichte, die überquillt von skurrilen Ideen ihres Autors: Ein Raumschiff in Form eines hohlen, aber an der Oberfläche bewohnten Planeten (der Piratenplanet Zanak) ist in der Lage durch den Raum zu springen, um arglose Planeten zu umschließen und sie restlos ihrer Bodenschätze zu berauben. Der Kapitän dieses gigantischen Raumschiffs ist ein ständig herumbrüllender und cholerischer halbandroider Weltraumpirat komplett mit Roboterpapagei auf der Schulter. Gnadenlos löscht er die Bevölkerung des jeweils ausgequetschten Planeten völlig aus und bewahrt die Überreste der Planeten in einem eigentümlichen Trophäenraum auf. Trotz des vielfachen Völkermords im planetarischen Maßstab sind die vier Teile der Geschichte durchsetzt von Humor und Albernheiten, zu denen u. a. ein (effektmäßig reichlich unspektakulärer) Kampf zwischen dem Roboterpapagei des Piratenkapitäns und K-9, dem Roboterhund des Doktors, gehört. Der Einfall, den Roboterpapagei »Siliziumstücke! Siliziumstücke!« krächzen zu lassen, wurde von den BBC-Verantwortlichen als zu albern verworfen. Der Doktor selbst ist in keiner noch so ausweglosen Lage um einen Scherz verlegen (Kapitän: »So, Doktor, sie haben überlebt.« Doktor: »Ja, ich fürchte ich kann mir das nicht abgewöhnen.«) Ebenso wenig fehlen fantasievolle Pseudotechnologien wie ein Macro-Mac-Feldgenerator, eine amblizyklische Photonenbrücke, ein magnifaktoides Exzentrikolometer oder ein Warp-Oszilloskop. Und um den gewaltigen Maschinenraum des Piratenplaneten entsprechend in Szene zu setzen, führten die Dreharbeiten sogar in ein im Betrieb befindliches Kernkraftwerk. Dort wagten es die Pyrotechniker sogar eine Explosion zu zünden – die deutlich größer ausfiel, als es den Kraftwerksbetreibern versprochen worden war.[3)]

Der Trägheit der Masse ein Schnippchen schlagen

Die Geschichte, die Douglas Adams in »Pirate Planet« erzählt, ist komplexer als sie sich hier darstellen lässt. Nach den unvermeidlichen Verfolgungsjagden wird der Doktor schließlich geschnappt und in den Trophäenraum des Weltraumpiraten geführt, wo die handlichen »superkomprimierten« Reste der ausgelaugten Planeten lagern. Voller Stolz berichtet er dem geschockten Doktor, dass es ihm gelungen ist, die »Gravitationsgeometrie all dieser Systeme so auszubalancieren«, dass sie nicht in ein Schwarzes Loch kollabieren und am Ende Zanak selbst verschlucken. Diese Stelle bescherte Douglas Adams den Brief eines Wissenschaftlers, der ihm ungläubig schrieb: »Wo haben Sie denn das herausgefunden? Wir sind doch gerade erst dabei, daran zu arbeiten.« Adams war sich selbst allerdings bewusst, dass er mit den »superkomprimierten Planeten« keine ernsthafte wissenschaftliche Spekulation betrieben oder gar auf aktuelle Forschungsergebnisse Bezug genommen hatte. Er meinte: »Wenn man so was schreibt, dann kann man das kleinste Stückchen einer Information so platzieren, dass es sich anhört wie die Spitze eines riesigen Eisbergs von Wissen. Doch meist ist es das eben nicht.«

Dennoch führte »Pirate Planet« den frischgebackenen Doctor Who-Autor durchaus zu exotischen Anwendungen der Gravitationstheorie. So präsentierte Douglas Adams ein erstaunliches Transportsystem. Als der Doktor in das Innere des Planeten Zanak gelangt, stößt er auf einen Tunnel, der auf den ersten Blick nicht sonderlich ungewöhnlich wirkt. Doch als der Doktor diesen betritt, muss er erleben, dass die Umgebung rasend schnell an ihm vorbeizieht, obwohl er selbst still zu stehen scheint. Ihm ergeht es umgekehrt wie in einer Szene von Lewis Carolls »Alice im Spiegelland«: Alice ist dort nämlich gezwungen, sich so schnell wie möglich zu bewegen, um am selben Ort bleiben zu können.

Doch anders als Lewis Carroll liefert Doctor Who sogleich eine »wissenschaftliche Erklärung« für das Phänomen: »Gute Güte! Ahh – natürlich, das ist gar kein linearer Induktionstunnel! Er funktioniert, indem er die Trägheit neutralisiert.«[4] Romana, die Begleiterin des Doktors wird noch etwas ausführlicher, als sie Bewohnern von Zanak die Funktionsweise des Tunnels erklärt: »Das Hauptproblem beim Zurücklegen großer Entfernungen ist, dass man genauso viel

Zeit mit Abbremsen wie mit Beschleunigen verbringen muss, um die Trägheit des Körpers zu überwinden [...] Sie scheinen einen Weg gefunden zu haben, die Trägheitskräfte aufzuheben, sodass man den ganzen Weg über beschleunigen kann und am Ende einfach sofort zum Stehen kommt. Das ist wirklich schlau!«

Das klingt verlockend: die Trägheit auszuschalten, also den Widerstand, den unsere Masse jeder Änderung der Geschwindigkeit entgegensetzt. Die Trägheit sorgt auch dafür, dass ein Körper im Zustand der Ruhe oder der gleichförmig geradlinigen Bewegung verharrt, solange keine äußeren Kräfte auf ihn wirken. Das ist das berühmte 1. Newtonsche Gesetz der Bewegung, auch Trägheitsgesetz genannt. Wer also z. B. mit 60 km/h Auto fährt und plötzlich eine Vollbremsung hinlegen muss, würde gnadenlos durch die Frontscheibe fliegen, wenn nicht der Sicherheitsgurt wäre. Der schaltet natürlich nicht die Trägheit der Masse aus, sondern hindert den Körper als äußere Kraft daran, getreu dem 1. Newtonschen Gesetz auf seiner Bewegung mit 60 km/h zu beharren. Aber der praktische Transporttunnel von Zanak ist kein wie auch immer gearteter Sicherheitsgurt und erst recht kein Laufband. Denn wenn man auf ein Laufband tritt, wird man zwangsläufig beschleunigt, beim Verlassen des Laufbandes bedeutet der Schritt auf den festen Grund ein abruptes Abbremsen, also eine negative Beschleunigung. Dabei setzt die Trägheit der Geschwindigkeitsänderung stets unerbittlich ihren Widerstand entgegen. Ist das Laufband zu schnell, fliegen wir an seinem Ende im hohen Bogen herunter. Genau dasselbe, nur viel heftiger, würde dem Doktor passieren, wenn der Transporttunnel nicht diesen genialen Trägheitskompensator hätte. Denn offensichtlich legt er viele Kilometer in Nullkommanix zurück. Aber lässt sich die Trägheit wirklich ausschalten? Mit einem Trick ja.

Aber diese Antwort erfordert einen Umweg über die Suche nach einer überlichtschnellen Fortbewegungsmethode, etwas, das zum Standardrepertoire der Science-Fiction gehört. Allerdings kann sich nach Einsteins Speziellen Relativitätstheorie nichts und niemand schneller als das Licht bewegen. Einstein ging bei seinen Überlegungen im Grunde von nur zwei Forderungen aus: 1. Die Lichtgeschwindigkeit, die rund 300 000 Meter pro Sekunde beträgt, ist im Vakuum konstant und von der Bewegung der Lichtquelle unabhängig.

2. In allen Bezugssystemen, die sich mit konstanter Geschwindigkeit zueinander bewegen, gelten die gleichen physikalischen Gesetze. (Das ist das Relativitätsprinzip.)

Kurz gesagt: Wenn Sie sich mit einer Taschenlampe in der Hand bewegen, dann wird das Licht nicht um ihre eigene Geschwindigkeit schneller.

Die Spezielle Relativitätstheorie, die Einstein aus diesen beiden Forderungen herleitete, bestätigte sich in zahllosen Experimenten und konnte eine Fülle von Phänomenen erklären, bei der die klassische Physik nur ratlos mit der Schulter zucken konnte.

Damit wäre die Diskussion einer überlichtschnellen Bewegung eigentlich erledigt, wenn Einstein nicht auch noch unsere Vorstellung von Raum und Gravitation revolutioniert hätte. Für Newton war der Raum seiner Natur nach »absolut«, d. h. »ohne Bezug zu irgendetwas Äußeren und völlig unveränderlich«. Der absolute Raum ist also eine Art Kulisse: Die Massen der Planeten, Sterne und Galaxien ziehen sich dank ihrer Schwerkraft an, doch der Raum bleibt davon völlig unbeeinflusst. Das ist im Einklang mit unserem Alltagsverstand, weshalb es so schwerfällt, sich von dieser Vorstellung zu lösen.

Newton wusste nicht, wie die Schwerkraft zustande kommt, nahm aber an, dass sie ohne Zeitverzögerung über beliebige Entfernungen wirksam sei. Einstein stellte das nicht zufrieden. Wenn nichts schneller als das Licht sein konnte, dann auch nicht die Gravitation. Diese musste irgendwie anders funktionieren. Einsteins Ausgangspunkt für seine weiteren Überlegungen lässt sich auf einen einfachen Nenner bringen: Beschleunigung und Gravitation sind gleichwertig. Das bedeutet: Wenn man sich in einem geschlossenen Raum befindet, so lässt sich nicht sagen, ob man sich in einem Gravitationsfeld befindet oder ob der gesamte Raum beschleunigt wird. Das bedeutet auch, dass Masse und Trägheit gleich sein müssen. Die schwere Masse meines Körpers, die eine bestimmte Schwerkraft ausübt, ist gleich meiner trägen Masse, die jeder Geschwindigkeitsänderung einen Widerstand entgegensetzt. Was ist aber bei Schwerelosigkeit? Nach Einsteins Überlegungen ließ sich in einem geschlossenen Raum, in dem man schwebt, nicht mehr unterscheiden, ob man sich im schwerelosen Raum oder im freien Fall befindet. Um der Schwerkraft auf die Schliche zu kommen, musste man den freien Fall gewissermaßen als den natürlichsten Zustand der Materie ansehen, genauso wie Newton die geradlinig gleichförmige Geschwindigkeit.

Einstein quälte sich acht Jahre lang, um aus seinen Prämissen eine neue Theorie der Gravitation zu entwickeln. Grund war die fiese Mathematik, die er dafür brauchte, und in die er sich mithilfe von Kollegen erst mühsam einarbeiten musste. Doch als Einstein schließlich

---

Newtons Apfel

»Er wollte unbedingt wissen, wie sich der Apfel gefühlt hat.«

Newtons Geschichte vom fallenden Apfel, der ihn zu seiner Gravitationstheorie inspiriertem gehört zu den populärsten Anekdoten in der Geschichte der Physik. Aber beruht diese Anekdote wirklich auf einer wahren Begebenheit oder ist sie nur eine nachträgliche Ausschmückung von Newtons großer Entdeckung? Dass es Doctor Who gewesen ist, der Newton den »Apfel der Erkenntnis« auf den Kopf fallen ließ, ist nur durch »Pirate Planet« von Douglas Adams überliefert. Der Verfasser der maßgeblichen Newton-Biografie, der amerikanische Wissenschaftshistoriker Richard Westfall (1924 – 1996) betont, dass es jeden Grund gebe, daran zu glauben, dass ein Apfel die entscheidende Inspiration für Newton gewesen sei. Immerhin, so Westfall, gebe es vier unabhängige Versionen der Apfel-Geschichte. Eine davon stammt vom Altertumsforscher und Naturforscher William Stukeley (1687 – 1765), der ab 1717 für zehn Jahre in London lebte, wo er sich mit Sir Isaac Newton anfreundete und Fellow der Royal Society wurde, bevor er nach Lincolnshire zurücklehrte. Stukeley praktizierte ab 1726 als Arzt in Grantham, in dessen Nähe Newton geboren worden war, und sammelte Erinnerungen an den jugendlicheren Newton. Diese Geschichten zeichnete Stukeley zusammen mit seinen eigenen Erinnerungen 1752 als »Memoirs of Sir Isaac Newton's life« auf. Stukeley gibt darin Einblicke in das gesamte Leben des großen Physikers. Insbesondere hat er Newtons eigene Erzählung der Apfel-Geschichte für die Nachwelt festgehalten, in welcher der fallende Apfel der Ursprung seiner Theorie der Gravitation wird. Das Manuskript lässt sich seit Anfang 2010 online einsehen (http://royalsociety.org/Turning-the-Pages/). Die besagte Anekdote findet sich in Stukeleys Manuskript, wie könnte es auch anders sein, auf Seite 42.

---

seine fertige Allgemeine Relativitätstheorie präsentierte, sahen die Physiker nicht nur die Gravitation, sondern auch den Raum mit anderen Augen an. Nach Einstein krümmen Materie und Energie nämlich die Raumzeit. Und die gekrümmte Raumzeit beeinflusst, wie sich die Materie bewegt. Statt des dreidimensionalen Raums und der davon unabhängigen Zeit wie bei Newton muss man bei Einstein Raum und Zeit als vierdimensionale Einheit behandeln, die kurz als Raumzeit bezeichnet wird.

Mit Einsteins Feldgleichungen für die Gravitation lässt sich also berechnen, wie eine bestimmte Anordnung und Menge von Materie und Energie die Raumzeit verbiegt.

Für unsere Zwecke ist wichtig zu wissen, dass man in Einsteins Gleichungen die Massenverteilung reinstecken muss, also die Angaben darüber, wie groß die Masse ist und wie sie sich genau verteilt, um die gekrümmte Raumzeit zu berechnen.[5] Aber es ist auch möglich, umgekehrt vorzugehen, und sich eine auf eine bestimmte Art und Weise gekrümmte Raumzeit vorzustellen, und dann zu berechnen, welche Massenverteilung dafür erforderlich ist.

Genau das versuchte der Physiker Miguel Alcubierre von der Universität Wales im Jahr 1994, als er aus Spaß herausfinden wollte, wie der Warp-Antrieb an Bord des Raumschiffs Enterprise funktionieren könnte. Der Gravitationstheoretiker entwarf eine Art Raumzeit-Blase, die sich hinter dem Raumschiff ausdehnt und vor dem Raumschiff zusammenschrumpft. Lokal würde sich ein Raumschiff in einem solchen Raum-Zeit-Gefüge im Einklang mit der speziellen Relativitätstheorie befinden und sich nicht mit Überlichtgeschwindigkeit bewegen. Wenn die Raumzeit-Blase vorne stark genug zusammenschrumpfen und sich hinten ebenso stark ausdehnen würde, dann könnte es global betrachtet wahnwitzige Entfernungen in kürzester Zeit zurücklegen.

Ein ganz ähnliches Phänomen gibt es, wenn man die Expansion des Kosmos betrachtet. Da sich die Raumzeit ausdehnt, entfernen sich die darin eingebetteten Galaxien alle voneinander. Global kann es Galaxien geben, die sich schneller als mit Lichtgeschwindigkeit voneinander entfernen. Doch dabei ist zu beachten, dass es die Raumzeit selbst ist, die sich im großen Maßstab ausdehnt. Lokal betrachtet (im kosmischen Maßstab), also z. B. innerhalb einer Galaxie, lässt sich die Lichtgeschwindigkeit im Einklang mit Einsteins Spezieller

Relativitätstheorie nicht überschreiten. Genau das leistet auch der Warp-Antrieb von Alcubierre, indem das Raumschiff lokal unbewegt bleiben kann und sich nur die speziell konfigurierte »Raumzeit-Blase« global gesehen fortbewegt. Die Trägheit der Masse, die sich einer Bewegung normalerweise entgegensetzt, wird kompensiert bzw. richtiger gesagt gar nicht wirksam, weil es der Raum selbst ist, der sich bewegt. Den Transporttunnel im Inneren des Piratenplaneten könnte man so erklären, dass er wie eine kleine Ausgabe des Warp-Antriebs funktioniert.

Die Idee von Alcubierre hat aber mindestens zwei Haken, die sowohl für den Warp-Antrieb als auch den trägheitsabsorbierenden Tunnel fatal sind. Denn um die Raumzeit wie gewünscht zu verzerren, ist Materie mit negativer Energie nötig. Doch kein Physiker ist derzeit in der Lage, einem zu verraten, um welche abstruse Art von Materie es sich dabei handeln soll. Es gibt Vorschläge, die den sogenannten Casimir-Effekt ins Feld führen: Aus der Quantenmechanik folgt, dass im Vakuum ständig spontan »virtuelle« Teilchen entstehen, die aber fast sofort wieder zerfallen. Bringt man zwei parallele Metallplatten sehr nah zusammen, dann können dazwischen weniger virtuelle Teilchen entstehen als außerhalb. Der »Teilchen-Druck« von außen ist gewissermaßen größer als zwischen den Platten, sodass sich diese mit einer bestimmten Kraft (der Casimir-Kraft) anziehen. Dies lässt sich so deuten, dass zwischen den Metallplatten Materie entsteht, die einen negativen Druck hervorruft. Aber ob das die gesuchte Materie mit negativer Masse ist, dürfte sehr zweifelhaft sein.

Als wäre die unbekannte Art von Materie nicht schon Problem genug, benötigt man für Alcubierres Pläne mehr als 10^{62} Kilogramm davon, das ist grob zehn Größenordnungen mehr als die Masse des gesamten Universums. Die Idee von Alcubierre klingt somit zwar zunächst bestechend, aber wenn man von einer nicht existierenden Materieform mehr braucht als es normale Materie im Universum gibt, dann ist das Urteil »Unmöglich!« noch geschmeichelt.

Douglas Adams hat für den »Antiträgheitstunnel« die Möglichkeit, die Raumzeit zu verzerren, gar nicht in Betracht gezogen. Aber er hat eine Stelle in das Skript von »Pirate Planet« eingearbeitet, die mit einem Augenzwinkern klarmacht, dass die Trägheitskompensation physikalisch unmöglich ist: Als der Doktor und Romana den Tunnel benutzen, folgen ihnen zwei Wachen. Der Doktor erreicht als erster das Ziel. Doch statt seine Flucht fortzusetzen, kommt ihm ein Gedanke: »Einen Moment! Der Trägheitskompensator! Meiner Ansicht nach ist die Impulserhaltung ein äußerst wichtiges Gesetz der Physik. Ich denke, daran sollte niemand leichtfertig herumpfuschen.« Kurzerhand schaltet er den Trägheitsneutralisator aus. Als seine Verfolger das Ende des Tunnels erreichen, kommen sie daher nicht sofort zum Stehen, sondern werden, wie es Newtons Trägheitsgesetz entspricht, gnadenlos beschleunigt. Die beiden Wachen fliegen also aus dem Tunnel, krachen mit voller Wucht an die gegenüberliegende Wand und sind damit ausgeschaltet. »Newtons Rache!«, ruft der Doktor triumphierend und im Namen seines alten Bekannten aus. Schließlich war es der Doktor, der – wenn man Douglas Adams folgt – dem großen Physiker den Apfel auf den Kopf fallen ließ und ihm später beim Essen die Gravitationstheorie erklärte.

Eine 2007 produzierte Parodie eines Lehrfilms im Stile der 70er-Jahre befasst sich mit den erstaunlichen technischen Erfindungen in »Pirate Planet«. Dort wird die Neutralisierung der Trägheit nicht mit der Allgemeinen Relativitätstheorie, sondern mit einer »atomaren Bremse« erklärt. Das ist ein Bauteil, so erklärt der vom Schauspieler David Graham verkörperte Professor Valentine Parks, das die Atome so nach hinten oder nach vorne ziehen kann, dass die Trägheit neutralisiert wird. Auch keine schlechte Idee. Leider verrät Professor Parks nicht die Bezugsquelle für dieses nützliche Utensil.

Also ist die ganze Idee des »trägheitsneutralisierenden Tunnels« ebenso wie der Warp-Antrieb bei Star Trek einfach nur Unsinn? Schon, aber sehr inspirierender Unsinn. Denn die Idee wurde vom belgischen Physiker Chris Van Den Broeck weiter gedacht, mit einer interessanten Konsequenz für die geniale »Raum-Zeit-Maschine« des Doktors, die Tardis.

Mit der Telefonzelle durch Raum und Zeit

Tardis steht für »Time And Relative Dimension In Space«. Maschinen, mit denen man problemlos jede Entfernung in Raum und Zeit überbrücken kann, gibt es in der Science-Fiction zuhauf. Doch die Tardis besticht durch ein wirklich ungewöhnliches Design. Eigentlich ist die Tardis (Modell 40 TT) mit ihrem eingebauten »Chamäleon-Me-

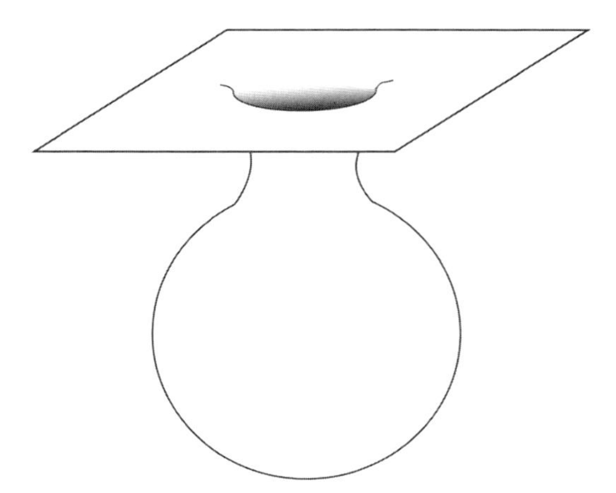

Abb. 6.1 Die vom Physiker Chris Van den Broeck entwickelte Warp-Blase in der vierdimensionalen Raumzeit ist innen größer als außen. Sie lässt sich nur darstellen, wenn man wie hier eine Raumdimension wegnimmt.

chanismus« prinzipiell in der Lage, sich in jeder beliebigen Umgebung perfekt zu tarnen. Doch diese geniale Funktion blieb ausgerechnet bei einem Besuch des Doktors im London des Jahres 1963 stecken. Seitdem sieht die Tardis wie eine blaue britische Polizeitelefonzelle aus und wurde so zur Ikone der Serie, selbst wenn solche Telefonzellen längst aus den Innenstädten Großbritanniens verschwunden sind. Ein weiteres Wunder des Raum-Zeit-Gefährts offenbart sich, wenn man die Tardis betritt: Ihr Inneres ist um ein Vielfaches größer, als es das bescheidene Äußere vermuten lässt: Nicht nur, dass der Kontroll- und Maschinenraum sehr großzügig gebaut ist, sondern die Tardis birgt auch die privaten Gemächer des Doktors und seiner Begleiter, ein Gewächshaus, eine Kunstgalerie, ein Krankenzimmer und vieles andere mehr.[6)] Geometrisch wie physikalisch ist die Bauweise der Tardis scheinbar eine Unmöglichkeit, die eines M. C. Escher würdig gewesen wäre.

Der belgische Physiker Chris Van den Broeck machte sich fünf Jahre nach Alcubierres erstem Vorschlag auf die Suche nach einem verbesserten Warp-Antrieb. Das Problem, dass dafür grundsätzlich Materie mit »negativer Energie« nötig ist, konnte auch er nur mit dem Hinweis auf den Casimir-Effekt umgehen. Doch seine Anordnung ist deutlich sparsamer, denn sie benötigt »nur« noch 10^{30} Kilogramm »exotische« Materie plus noch einmal die gleiche Menge »normaler«

Materie. Das liegt nun nicht mehr in kosmischen Dimensionen, sondern entspricht der Masse einiger Sterne von der Größe unserer Sonne. Van den Broeck gelingt dieses Kunststück, indem er eine Raumzeit-Geometrie entwarf, die innen größer ist als außen. Dafür konstruierte er eine »Warp-Blase«, die von außen einen Radius von winzigen $3 \cdot 10^{-15}$ Meter besitzt. Im Inneren hat sie jedoch einen Radius von 200 Metern! Auch beim neuen energiesparenden Warp-Antrieb erscheint es unwahrscheinlich, dass er jemals auf den Markt kommt, aber Van den Broeck liefert zumindest eine physikalische Begründung für die große Diskrepanz zwischen den äußeren und inneren Abmessungen der Tardis. Die dritte Inkarnation des Doktors (1970 bis 1974), verkörpert von Jon Pertwee lieferte dafür im Gespräch mit seiner Begleiterin Jo eine noch einleuchtendere Erklärung:

Jo: »Ich glaube das nicht. Sie ist von innen größer als von außen!«

Doktor: »Ja, die Tardis ist dimensional transzendent.«

Jo: »Was heißt das?«

Doktor: »Sie ist von innen größer als von außen.«

(»Colony in Space«, 1971)

»Es gibt Puristen, die sind der Ansicht, Doctor Who sei gar keine Science-Fiction, sondern nur Science-Fantasy. Irgendwie haben sie durchaus recht«, urteilte der große Science-Fiction-Autor Arthur C. Clarke in seinem Vorwort zu »The Science of Doctor Who«. Clarke gibt aber auch zu bedenken, dass vieles, was einmal als reine Fantasterei abgetan wurde, mittlerweile Wirklichkeit sei, und er erinnert an das dritte seiner berühmten »Gesetze der Voraussage«: »Jede hinreichend fortschrittliche Technologie ist von Magie nicht zu unterscheiden.« Es ist sicherlich kein Zufall, dass Douglas Adams ausgerechnet diesen Ausspruch von Clarke dem Captain des Piratenplaneten in den Mund gelegt hat, als der mit der genialen Konstruktion seines planetengroßen Raumschiffs prahlte.

Douglas Adams Mitwirkung an »Doctor Who« beschränkte sich nicht auf »Pirate Planet«. Er schrieb noch zwei weitere Doctor Who-Geschichten, eine davon (»City of Death«) allerdings unter dem Pseudonym David Agnew. Die zweite Geschichte (»Shada«) sollte der krönende Abschluss der recht kurzen 17. Staffel der Serie werden, die Douglas Adams als Skript-Redakteur betreute. Doch Streiks verhinderten die Fertigstellung. Die bereits gefilmten Szenen erschienen 1992 jedoch auf Videokassette, wobei die fehlenden Stellen von Tom

Baker erzählt wurden. Douglas Adams selbst verwendete den Plot von Shada schließlich für seinen ersten Dirk Gently-Roman. Wer sich den literarischen Kosmos von Douglas Adams näher besieht, der wird merken, dass er es mit Paralleluniversen zu tun hat, allerdings mit solchen, die nicht gänzlich parallel sind, sondern sich auf rätselhafte Weise durchdringen.

Würde der richtige Douglas Adams bitte aufstehen?

Eins der Lieblingswerkzeuge von Doctor Who ist der »sonic screwdriver«, eine Art Schraubenzieher, der berührungslos mit Schall arbeitet. Dieses Werkzeug ist jedoch nicht nur für Schrauben zu gebrauchen, sondern öffnet in ausweglosen Situationen so gut wie jede verschlossene Tür. Wer sich für die wissenschaftlichen Hintergründe dazu und vieler weiterer Aspekte in der über vierzigjährigen Geschichte von Doctor Who interessiert, dem sei »The Science of Doctor Who« des britischen Wissenschaftsjournalisten Paul Watson empfohlen. Im Falle des Schallschraubenziehers zieht er als Experten Douglas Adams zurate, genauer gesagt den amerikanischen Ingenieurswissenschaftler Douglas E. Adams von der Purdue University in West Lafayette (Indiana), der sich auf das Thema Vibrationen in Maschinen und Fahrzeugen spezialisiert hat. In der Welt der Wissenschaft gibt es noch einen Douglas Quentin Adams, Professor für Englisch und vergleichende Sprachwissenschaft an der University of Idaho, der u. a. Experte für Tocharianisch ist, einer ausgestorbenen Sprache aus Zentralasien. In der Kunstgeschichte findet sich der jung verstorbene Landschaftsmaler Douglas Adams (1885 – 1905), dessen Bilder von Golf- und Angel-Szenen internationalen Ruhm genießen. Und wer etwas weitersucht, der wird auch auf einen Douglas Adams stoßen, der Ende des 19. Jahrhunderts ein Buch über Schlittschuhlaufen geschrieben hat.

Douglas Adams selbst hat es einmal für notwendig erachtet, sich von einem Namensvetter explizit abzusetzen. Der englische Pastor Douglas E. Adams (nicht zu verwechseln mit dem amerikanischen Ingenieurswissenschaftler) hatte 1997 das Buch »The Prostitute in the Family Tree« veröffentlicht, dass sich mit Humor in der Bibel befasst. Deshalb sah sich Douglas Adams genötigt, unter dem Titel »Das ist nicht von mir!« einen Hinweis auf amazon.co.uk in Form einer Kundenrezension zu veröffentlichen. Vermutlich befürchtete er, dass eingefleischte Fans in Ermangelung eines neuen Buches ihres Lieblingsautors zu diesem Werk greifen könnten.[7)]

7
»Ich mag diese Idee von den vielen Universen«

> Zunächst einmal, so der Reiseführer, muß man sich darüber klarwerden, daß parallele Universen nicht parallel sind.
>
> *Einmal Rupert und zurück, Kapitel 3*

> Unsichtbar für sämtliche Bewohner der seltsamen, launischen Pluralzonen, in deren Mittelpunkt die unendlich vielfältigen möglichen Formen des Planeten Erde lagen, aber keineswegs unbedeutend für sie.
>
> *Einmal Rupert und zurück, Kapitel 24*

> In einem unendlichen und ewigen Universum ist einfach alles möglich.
>
> *Stanley Kubrick*

Was kann faszinierender sein als die Vorstellung einer anderen Welt, die neben unserer eigenen existiert? Von den antiken Götterwelten bis zum Wunderland, in das Lewis Carroll die kleine Alice purzeln ließ, von den anderen Dimensionen in Star Trek bis zum Hogwarts von Harry Potter, wir lieben es, in Welten abzutauchen, in denen die Beschränkungen des Alltags und der Wissenschaft aufgehoben sind und es ganz anders zugeht als im normalen Leben. Und ist nicht jeder Roman eine imaginäre Parallelwelt, die wir mit keinem anderen Verkehrsmittel erreichen können als mit unserer Fantasie? Die Science-Fiction hat alternative und parallele Welten wohl am gründlichsten erkundet. Oft dreht es sich dabei um die Vorstellung alternativer Erden, auf denen die Geschichte einen ganz anderen Lauf genommen hat. Was wäre, wenn Deutschland und Japan den Zweiten Weltkrieg gewonnen hätten (Philip K. Dick: »Das Orakel vom Berge«, 1964), oder die Südstaaten den amerikanischen Bürgerkrieg (Ward Moore: »Der große Süden«, 1955)?

Der Amerikaner Clark Aston Smith, eher als Autor schauriger Geschichten bekannt, schildert 1932 in »Dimension of Chance«, wie die Besatzung eines Raketenflugzeugs in eine Welt gerät, in der nur der regellose Zufall zu herrschen scheint und wo eine Parade monströser Kreaturen wie aus dem Nichts erscheint und an den verdutzten Menschen vorbeizieht. Der Science-Fiction-Autor Clifford Simak erzählt in seiner Kurzgeschichte »Ring Around the Sun« (1953), wie eine Gruppe von »paranormalen Mutanten«, die auf der Erde verfolgt werden, dank ihrer besonderen Fähigkeiten, auf »alternative Erden« gelangen können.

Fredric Brown dürfte einer der ersten Autoren sein, die das Parallelweltthema durch den Kakao gezogen haben. In seinem Roman »Das andere Universum« (1949) gerät Keith Winton, ein Redakteur einer Science-Fiction-Zeitschrift, in eine Welt, in der die Klischees der Science-Fiction Wirklichkeit sind: »Credits« haben den Dollar ersetzt, die Menschheit befindet sich im Krieg mit den Arkturiern, und seltsame purpurfarbene Ungeheuer spazieren durch die Straßen, ohne Aufsehen unter den Passanten zu erregen.

Im Roman »Lunatico« (1972) löst Isaac Asimov alle Energieprobleme der Erde mithilfe eines Paralleluniversums: Eine »Elektronenpumpe« ermöglicht es, aus diesem anderen Universum das Element Plutonium 186 zu holen, eine unerschöpfliche Energiequelle. Zum Ausgleich revanchiert man sich mit Wolfram. Doch dieser Tauschhandel zwischen den beiden Universen führt dazu, dass sich deren unterschiedliche Naturgesetze vermischen, mit fatalen Konsequenzen, denn dadurch droht die Sonne als Nova zu explodieren. Ein solch grandioses Garn vermag wirklich nur ein Science-Fiction-Autor zu spinnen!

Ein Blick in die Geistesgeschichte der Menschheit zeigt, dass auch hier die alten Griechen dank ihres Talents für visionäre Spekulationen wieder die Nase vorn hatten: »Demokrit sagte, es gäbe unzählige Welten, und zwar seien einige untereinander nicht nur ähnlich, sondern in jeder Hinsicht vollständig, ja so vollkommen gleich, dass unter ihnen überhaupt kein Unterschied wäre, und ebenso wäre es mit den Menschen dort«, berichtet Cicero vom griechischen Atomisten – wahrlich eine atemberaubende Vorstellung. Ford tröstet seinen Freund Arthur Dent in der deutschen Hörspielfassung von »Per Anhalter durch die Galaxis« mit ganz ähnlichen Worten über den Verlust der Erde hinweg: »Aber es gibt noch viele mehr solche Erden wie diese. [...] Das Universum, in dem wir leben, ist bloß eins aus einer Unmenge paralleler Universen, die im gleichen Raum existieren, nur auf einer anderen Materiefrequenz, und in Millionen dieser Universen gibt es nach wie vor die Erde, und sie ist so voller Leben, wie du es kennst, oder zumindest sehr ähnlich, denn es existiert auch jede mögliche Variation der Erde.«

Für die verwickelte Handlung der »fünfbändigen Anhalter-Trilogie in vier Bänden« (der nun auch noch ein sechster Band aus der Feder des Iren Eoin Colfer gefolgt ist) ist die Idee paralleler Universen jedenfalls wie geschaffen.[1] Mit jeder Fortsetzung wurde die Situation unübersichtlicher und widersprüchlicher. Es ist schon nicht ganz leicht, das Geschehen in den ersten beiden Bänden zu entwirren, denn dort wird der Erdling Arthur Dent sowohl durch den Raum als auch durch die Zeit katapultiert. Schließlich stranden Arthur und Ford Prefect zusammen mit den Golgafrinchamern wieder auf der Erde, allerdings zwei Millionen Jahre bevor die von der Muffe gepufften Vogonen die Erde zerstören. Dann müsste eigentlich die ganze Geschichte wieder von vorne losgehen. Der Kreis scheint geschlossen.

Doch im dritten Abenteuer der Anhalter-Serie geraten Arthur und Ford durch einen »Eddy«, eine Störung im »Raum-Zeit-Strudel«, auf einem Chesterfield-Sofa wieder zur Erde, diesmal acht Stunden bevor die Vogonen eintreffen. Der überraschend auftauchende Slartibartfast rekrutiert die beiden schließlich für eine wahrhaft kosmische Herausforderung. Es gilt das Universum vor den zerstörerischen Bewohnern des Planeten Krikkit zu bewahren.[2] Tatsächlich gelingt es unseren galaktischen Reisenden, das Universum zu retten. Arthur Dent, der sich fast schon mit dem öden Leben auf der prähistorischen Erde abgefunden hatte, befindet sich nun wieder auf der kosmischen Walz, siedelt sich dann aber doch kurz entschlossen auf dem nunmehr idyllischen Planeten Krikkit an.

Um die Geschichte des vierten Bandes (der nun inkorrekt titulierten Anhalter-Trilogie) zu verstehen, ist es unausweichlich, eine Parallelwelt anzunehmen. »Macht's gut, und danke für den Fisch« beginnt Wort für Wort wie der erste, abgesehen von einem neuen Satz am Ende der Einleitung. Diese Tatsache nahmen Comedy-Kollegen von Douglas Adams gnadenlos aufs Korn, nicht zuletzt, weil sie argwöhnten, dass vor allem ein sehr hoher Vorschuss den Ansporn gegeben hatte, den vierten Anhalter-Roman zu schreiben.[3] Douglas Adams nimmt den Faden etwa ein halbes Jahr nach der Zerstörung der Erde durch die Vogonen bzw. nach ihrer Nichtzerstörung wieder auf. Diesmal möchte er die Geschichte des Mädchens erzählen, das ganz allein in einem kleinen Café in Rickmannsworth saß und plötzlich auf den Trichter kam, was die ganze Zeit schiefgelaufen war, und endlich wusste, wie die Welt gut und glücklich werden könnte. Wie die Leser des Anhalters wissen, ging ihre Idee eigentlich durch eine »furchtbar dumme Katastrophe« für immer verloren. Aber Arthur Dent trampt vom Planeten Krikkit wieder zurück auf die Erde und lernt nach seiner Odyssee durch Raum und Zeit eben dieses Mädchen, das den ungewöhnlichen Namen Fenchurch trägt, kennen und lieben.

Doch auf welcher Erde befindet sich Arthur? Er muss erfahren, dass riesige gelbe Raumschiffe in einer Art Massenhalluzination erschienen sind und sich sogleich wieder spurlos in Luft auflösten. Und dann sind auch noch die Delphine verschwunden. Als Abschiedsgeschenk haben sie allen Menschen ein Fischglas hinterlassen, in das die Inschrift »Macht's gut, und danke für den Fisch« eingraviert ist. Statt eines Hundes hat Arthur nun eine Katze, die jedoch ohne Fütterung durch ihren Besitzer eingegangen ist. Aber was viel wichtiger ist: Die Erde existiert unbeschadet, wenn man einmal von den verschwundenen Delphinen absieht. Ford Prefect stromert derweil durch die Milchstraße. Wie Arthur muss er ebenfalls feststellen, dass die Welt sich verändert hat. Sein hemmungslos zu »Größtenteils harmlos« zusammengekürzter Eintrag über die Erde ist nun in grandioser Vollständigkeit im galaktischen Reiseführer nachzulesen. Der vierte Band der Anhalter-Saga bleibt dem Leser eine schlüssige Antwort schuldig, woher die intakte Erde ohne Delphine kommt, und erzählt stattdessen die Liebesgeschichte zwischen Arthur und Fenchurch und die Suche nach Gottes letzter Botschaft an seine Schöpfung. Viele Fans überzeugte das nicht mehr so recht.

Mit dem fünften und, wie wir nun wissen, nicht abschließenden Band der Anhalter-Saga führte Douglas Adams schließlich eine Vielzahl neuer Universen ein. Zunächst scheint es, als ob es wieder nur zwei alternative Welten gäbe: Im einen Universum macht sich Trillian – wie im ersten Anhalter-Band erzählt – mit Zaphod aus dem Staub, im anderen entgeht ihr diese Gelegenheit, weil sie darauf besteht, unbedingt noch ihre Handtasche holen zu müssen. Wenn im Laufe der Geschichte von »Einmal Rupert und zurück« auch noch gemeinsamer Nachwuchs von Trillian und Arthur auftaucht, ist die Verwirrung aller schließlich perfekt. Bevor die bezeichnenderweise Random (englisch für Zufall) getaufte Tochter ihrem unfreiwilligen Erzeuger schließlich leibhaftig gegenübersteht, lernt sie die neueste Version des Reiseführers »Per Anhalter durch die Galaxis« kennen. Der geschwätzige, holografische Vogel, der der schwarzen Scheibe des neuen galaktischen Reiseführers entspringt, erklärt Random, dass der Reiseführer nun in der »Vollständigen Ansammlung Sämtlichen Allgemeinen Mischmaschs« funktioniert und nicht mehr nur in dem einen, wohl gefügten Universum, in dem sich Arthur Dent vor der Zerstörung der Erde durch die Vogonen zuhause fühlte. Zum Beweis projiziert der Vogel die endlose Kette möglicher Erden entlang der »Wahrscheinlichkeitsachse«, die schließlich alle von den Vogonen zerstört werden. Die Wahrscheinlichkeit kommt gewissermaßen als fünfte Dimension zu den bekannten drei Raumdimensionen und der einen Zeitdimension dazu.

Vom Standpunkt der Science-Fiction sind parallele Welten vor allem eines: praktisch – erst recht, wenn es um lukrative Fortsetzungsromane geht. Doch die Paralleluniversen, in ihrer Gesamtheit oft auch als Multiversum bezeichnet, haben es aus der Science-Fiction in die spekulativen Gefilde der modernen Physik geschafft. Kann man die dort wirklich gebrauchen? Und falls ja, gibt es Theorien, die Paralleluniversen im Angebot haben? Und welche dieser Theorien passt am besten auf die parallelen Welten der Anhalter-Saga?

Der Weltraum ist groß, verdammt groß

Die einfachste Möglichkeit, um parallele Welten zu ermöglichen, ist ein unendliches Universum, das im Großen und Ganzen gleichmäßig mit Materie (also Galaxien, Sternen, Planeten) erfüllt ist. Diese Vorstellung hat eine wirklich dramatische Geschichte hinter sich. Der italienische Priester Giordano Bruno wurde im Jahre 1600, nach acht Jahren zermürbender Kerkerhaft, unter anderem auch für seine Behauptung, das Universum sei unendlich, vom Vatikan zum Tod auf dem Scheiterhaufen verurteilt. Bruno schrieb in seinem Werk »Von der Ursache, dem Prinzip und dem Einen«: »[Das Universum] kann nicht kleiner oder größer werden, weil es unendlich ist, dem nichts hinzugefügt und von dem nichts hinweggenommen werden kann; [...]. Es ist in seiner Beschaffenheit nicht veränderlich, weil es nichts Äußeres hat, von dem es Einwirkungen erleiden könnte.«

Wir können uns glücklich schätzen, dass heute niemand mehr für die Behauptung, das Universum sei unendlich, verbrannt wird.

Der Eintrag im galaktischen Reiseführer zur Größe des Universums, der sich fast wie eine Parodie auf die Worte Giordano Brunos liest, dürfte dagegen als kirchlich unbedenklich gelten:

»Importe: Keine.

Es ist unmöglich, etwas in ein unendlich großes Gebiet zu importieren, weil es keine Umgebung gibt, aus der man etwas importieren könnte.

Exporte: Keine.

Siehe Importe.«

Douglas Adams stellte dem fünften Band der Hitchhiker-Serie die lakonischen Worte »Alles, was geschieht, geschieht« voran. In einem unendlich großen Universum wäre es sogar denkbar, dass alles, was in unserem Universum gerade nicht geschieht, bereits woanders geschehen ist, geschieht oder noch geschehen wird.

Der Kosmologe Max Tegmark hat sogar den Versuch unternommen, abzuschätzen, wann man in einem unendlichen Universum auf einen Doppelgänger stoßen könnte. Zunächst schätzte er die Zahl der Protonen ab, die man in das Volumen des von uns beobachtbaren Universums packen kann. Tegmark kommt dabei auf 10^{115} (einer eins gefolgt von 115 Nullen), eine unvorstellbar gigantische Zahl, die selbst jedes denkbare zukünftige Haushaltsdefizit der Vereinigten Staaten zu vernachlässigbaren Peanuts schrumpfen lässt. Nun kann jeder Platz, in dem sich ein Proton befinden kann, entweder besetzt oder unbesetzt sein. Das ergibt $2^{10^{115}}$ mögliche Anordnungen von Protonen und somit alle möglichen Materiekonfigurationen in unserem Universum. Und zu diesen Materiekonfigurationen gehört letztlich auch jeder von uns. Dieses Gedankenspiel erreicht noch wesentlich Schwindel erregendere Dimensionen: Wenn sich das Universum über den von uns einsehbaren Bereich hinaus erstreckt, dann lässt sich abschätzen, wann man auf eine Region stößt, die genauso aufgebaut ist wie unser »Universum«. Tegmark schätzt, dass dies nach einer Distanz der Fall ist, die dem $2^{10^{115}}$-fachen des Durchmessers des von uns beobachtbaren Universums entspricht. Unter der Voraussetzung, dass die Chancen für die Entstehung lebensfreundlicher Planeten nicht allzu schlecht stehen, errechnet Tegmarks überschlagsmäßig, dass wir mit unserem nächsten Doppelgänger (in Form einer identischen Anordnung von Protonen) etwa in einer Entfernung von $10^{10^{29}}$ Metern rechnen dürfen. Das ist eine so riesige Entfernung, dass wir unserem Doppelgänger ziemlich sicher nicht begegnen werden. Tegmarks Überlegungen sind natürlich eher ein amüsantes Gedankenspiel, dessen Ausgangspunkt – ein unendlich großes Universum – sich zumindest nicht prinzipiell ausschließen lässt.

Unterhaltsamer als Tegmark hat sich Arthur C. Clarke bereits 1953 mit einem unendlichen Universum befasst. In seiner Kurzgeschichte »The Other Tiger« berauschen sich die zwei Freunde Arnold und Webb während eines Spaziergangs an dieser Vorstellung und malen sich lauter unangenehme Ereignisse aus, die ihren Doppelgängern auf den anderen, alternativen Erden im Universum widerfahren, z. B. dass einer von beiden plötzlich von einem Tiger angefallen wird. Webb kommt darüber ins Grübeln: »Wie unwahrscheinlich kann ein Ereignis werden, bevor es unmöglich ist?« Eine mehr als berechtigte Frage, die Clarke in seiner Geschichte auf originelle Weise beantwortet. Im Anhalter-Universum stellt sich diese Frage auf andere Weise, denn dort muss man für den Unendlichen Unwahrscheinlichkeitsantrieb wissen, wie unwahrscheinlich eine Sache genau ist. Und was sagt die Physik dazu? Die entwickelte ab den 70er-Jahren aufgrund einer unwahrscheinlichen Tatsache einen Bedarf für mehr als nur ein Universum, und zwar aufgrund der unwahrscheinlichen Tatsache, dass es uns gibt!

Universen en gros

Die moderne Naturwissenschaft hat nach und nach eindrücklich gezeigt, dass wir uns nichts auf unsere Existenz einbilden dürfen. Kopernikus sorgte dafür, dass sich die Erde nicht mehr im Mittelpunkt der Welt befand, doch das war nur die erste von weiteren »Kränkungen«, die die Menschheit hinnehmen musste. Denn auch das Sonnensystem besaß, wie die Astronomen entdeckten, keine ausgezeichnete Position im Universum, sondern befand sich bestenfalls »in einem aus der Mode gekommenen Ausläufer des westlichen Spiralarms der Galaxis«, wie es im galaktischen Reiseführer heißt. Darwin zeigte, dass der Mensch einer langen Ahnenreihe von Lebewesen entstammte und nicht etwa die von Gott geschaffene »Krone der Schöpfung« war. Später entdeckten die Astronomen, dass unsere Galaxie nur eine von Abermilliarden anderer Galaxien und unser Planet nur ein Nebenprodukt der Entstehung unserer Sonne ist. »Das erforderte denn doch eine leichte Korrektur der Perspektive, dass das Universum uns gehört«, meinte Douglas Adams in seiner Rede »Gibt es einen künstlichen Gott?« (1998). Kurzum: Die Menschheit kann sich nicht mehr einbilden, irgendeine ausgezeichnete Rolle im Universum zu spielen. Nicht zuletzt zeigt die Entdeckung hunderter Planeten außerhalb unseres Sonnensystems, dass Planetensysteme häufiger entstehen, als lange Zeit gedacht. Trotzdem vermuten einige Forscher, dass die günstigen Bedingungen für komplexes Leben auf der Erde sehr vielen Zufällen zu verdanken sind und daher zumindest in unserer Galaxis einmalig sein könnten. In der Diskussion hat sich für diese Vermutung die Bezeichnung Rare-Earth-Hypothese eingebürgert. Betrachten wir in diesem Zusammenhang einmal die Lage unseres Sonnensystems innerhalb unserer Galaxis. Der galaktische Reiseführer erweckt den Anschein, als sei es in diesen »aus der Mode gekommenen Ausläufer des westlichen Spiralarms« eher tote Hose. Verfechter der Rare-Earth-Hypothese gehen dagegen davon aus, dass sich erdähnliche Planeten nur in einem vergleichsweise schmalen Streifen in der galaktischen Scheibe bilden können. Diese sogenannte »habitable Zone« ist dadurch ausgezeichnet, dass in ihr Elemente, die schwerer sind als Wasserstoff und Helium, häufig genug sind, damit Gesteinsplaneten wie die Erde entstehen können. Außerdem darf die Sternendichte nicht zu hoch sein, weil sonst die

Wahrscheinlichkeit für gewaltige Sternenexplosionen in der Umgebung eines Planetensystems zu hoch ist, um die einigermaßen ungestörte Entwicklung höherer Lebensformen zu erlauben. Wie bereits im fünften Kapitel gesagt, spielt auch die Tatsache, dass die Erde einen großen Mond besitzt, eine nicht zu unterschätzende Rolle für das Leben auf der Erde, weil er die Erdachse stabilisiert und somit für regelmäßige Jahreszeiten sorgt. Wenn der Mond durch einen zufälligen Einschlag auf der Erde entstanden ist, dann haben wir Menschen vielleicht schon damit das große Los in der Lotterie des Lebens gezogen und sind möglicherweise die einzigen intelligenten Lebewesen im Universum? Der Kosmologe Brandon Carter präsentierte 1973 anlässlich von Feierlichkeiten zum 500. Geburtstag von Kopernikus einen ähnlichen Gedanken, der als »Anthropisches Prinzip« bekannt wurde (abgeleitet vom griechischen Wort »anthropos« für »Mensch«): Demnach scheint auch sonst alles im Universum gerade so eingerichtet zu sein, dass wir existieren können. Andere Physiker wie John Barrow und Frank Tipler wiesen später darauf hin, dass die Naturkonstanten genau so aufeinander abgestimmt seien, dass Leben möglich ist. Würde man den Wert von nur einer Naturkonstante ändern, dann könnte keine stabile Materie entstehen, geschweige denn komplexe Lebensformen. Von den unendlich vielen denkbaren Möglichkeiten hat die Natur also anscheinend genau die ausgewählt, die unsere Existenz ermöglichen. Das kann doch kein Zufall sein! Man fühlt sich an die Worte des großen Philosophen Gottfried Wilhelm Leibniz erinnert, der von unserer Welt gar als der »besten aller möglichen Welten« sprach.

Die Diskussion des Anthropischen Prinzips verzweigte sich im Laufe der Zeit immer weiter. Der theoretische Physiker John Archibald Wheeler, der vor allem durch seine Arbeiten zur Quantenmechanik und Gravitationstheorie bekannt geworden ist, mutmaßte, ob nicht vielleicht sogar bewusste Beobachter notwendig wären, damit es überhaupt ein Universum geben könne. Aber trotz ihrer Unterschiede ist allen anthropischen Argumentationen gemeinsam, dass der Mensch nun wieder zum Dreh- und Angelpunkt physikalischer Theorien wurde. Oder war am Ende doch ein Gott nötig, um die Welt so zu erschaffen, damit es uns geben konnte? Der überzeugte Atheist Douglas Adams hat diese Überlegung in »Gibt es einen künstlichen Gott? » mit einem witzigen Gedankenspiel karikiert, in dem er sich eine Wasserpfütze vorstellte, die über ihre Existenz nachdenkt: »Das ist so, als wachte eine Pfütze eines Morgens auf und denkt: ›Das ist ja eine interessante Welt, in der ich mich befinde – ein interessantes *Loch,* in dem ich liege – paßt doch ganz prima zu mir, oder? Ja, es paßt so ungeheuer gut zu mir, daß es eigens für mich geschaffen worden sein muß.‹«

Physiker suchten nach einer anderen Lösung als das Eingreifen eines göttlichen Schöpfers, um zu erklären, warum das Universum so unwahrscheinlich perfekt auf unsere Existenz abgestimmt ist. Was, wenn es nicht nur ein einziges Universum gäbe, sondern viele, möglicherweise sogar unendlich viele? Dann müssten zwangsläufig auch solche darunter sein, in denen bewusstes Leben entstehen kann, aber auch solche, die unbelebt sind. Bei einer unendlichen Vielfalt von Universen wäre ein Gott, der alle physikalischen Konstanten und Wechselwirkungen fein aufeinander abstimmt, somit entbehrlich. Eins der Universen sollte uns schon passen.

Aber gibt es physikalische Theorien, die mehr als ein Universum im Angebot haben? Die Antwort ist ein vorsichtiges Ja. Um das zu verstehen, müssen wir uns dem Urknall zuwenden. Die Urknalltheorie ist derzeit die überzeugendste Theorie für die Entstehung unseres Universums.[4] Die Tatsache, dass sich alle Galaxien voneinander entfernen, deutet stark darauf hin, dass die Materie im Kosmos einmal aus einem extrem dichten und heißen »Punkt« entstanden sein muss und sich anschließend ausgedehnt hat. Die Urknalltheorie sagt voraus, dass es eine Hintergrundstrahlung geben muss, die gewissermaßen das »Echo« des Urknalls darstellt. Sie rührt von dem Zeitpunkt her, als die Materie so weit ausgedünnt war, dass sie für Strahlung durchlässig wurde. Und tatsächlich entdeckten 1964 die Astronomen Arno Penzias und Robert Wilson die Hintergrundstrahlung – ganz zufällig, denn sie hielten das Signal zunächst für störendes Rauschen, verursacht durch Taubendreck in ihrem Radioteleskop.

Die Kosmologen wunderten sich allerdings darüber, dass die Hintergrundstrahlung, abgesehen von sehr kleinen Schwankungen, so gleichmäßig aus allen Richtungen zu kommen schien. Zum Zeitpunkt, als das Universum für Strahlung durchlässig wurde, waren die meisten Regionen zu weit voneinander entfernt, als dass sich die Unebenheiten im Strahlungshintergrund hätten ausgleichen können. Dafür hätte es Wechselwirkungen zwischen den Regionen geben müssen, die sich mit Überlichtgeschwindigkeit ausbreiten können. Doch das ist nach Einsteins Spezieller Relativitätstheorie nicht möglich.

1980, also in dem Jahr, als der zweite Anhalter-Roman »Das Restaurant am Ende des Universums« erschien, veröffentlichte der amerikanische Physiker Alan Guth eine Theorie, die unter anderem die Homogenität der kosmischen Hintergrundstrahlung erklärte und darüber hinaus, wie wir gleich sehen werden, auch die Möglichkeit vieler Universen eröffnete. Guth postulierte ein Kraftfeld (das Inflatonfeld), das in der Frühzeit zu einer extremen Expansion des Universums führte. Zwischen 10^{-35} und 10^{-33} Sekunden (das sind 35 bzw. 33 Nullen nach dem Komma!) nach dem Urknall dehnte sich das Universum um das 10^{30}-fache (das sind 30 Nullen vor dem Komma!) aus. Diese »Inflationsphase« straffte gewissermaßen alle Runzeln im Raum, so wie sich ein unaufgepumpter Ballon glättet, den man mit Pressluft füllt, allerdings ohne ihn dabei zum Platzen zu bringen.

Der Kosmologe Andrej Linde postulierte kurz nach Guth eine erweiterte Theorie, nach der es immer wieder zu inflationären Phasen kommt, in denen sich weitere Regionen des Universums schnell ausdehnen, aus dem Einflussbereich des »Ausgangsuniversums« weg katapultieren und mit diesem nicht mehr in Verbindung stehen. Dabei ist es vorstellbar, so Andrej Linde, dass eine unendliche Zahl an Universen entstanden ist, die sich in ihren physikalischen Eigenschaften unterscheiden, beispielsweise in der Größe von bestimmten Naturkonstanten oder der Art der dort existierenden Elementarteilchen. Wir haben also offenbar eines der lebensfreundlichen Universen abbekommen.

Die Inflationstheorie steht derzeit im besten Einklang mit den kosmologischen Befunden. Ungeklärt ist allerdings, was für ein Mechanismus das eigentlich genau war, der die Inflation in Gang gesetzt hat, und wie und warum er wieder stoppte. Mittlerweile fühlen sich einige Forscher etwas unwohl mit der Inflationstheorie, denn sie hat die Eigenschaft, sich für praktisch alle möglichen Beobachtungstatsachen anpassen zu lassen, statt überprüfbare Dinge vorauszusagen.

Mit noch mehr Schwierigkeiten hat die sogenannte Stringtheorie zu kämpfen. Diese Theorie beschreibt die Elementarteilchen nicht als punktförmige Gebilde, sondern in Form von »schwingenden Saiten«. Physiker hoffen, mit dieser Theorie die Quantenmechanik und die

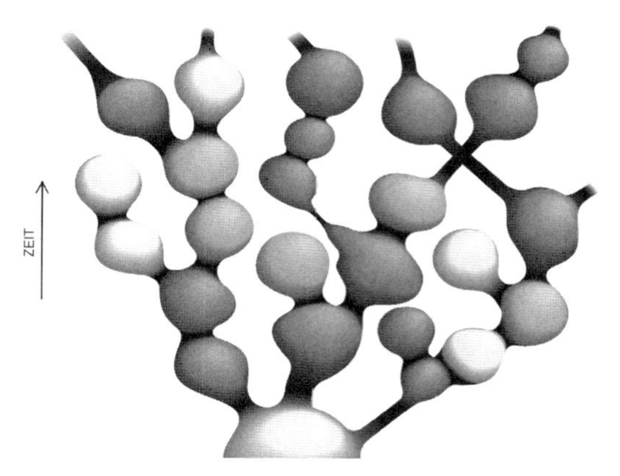

Abb. 7.1 Das Multiversum in der Theorie der kosmischen Inflation: Durch immer wieder stattfindende inflationäre Expansion bilden sich neue »Blasen-Universen«.

Allgemeine Relativitätstheorie unter einen Hut zu bringen, die sich bislang nicht in einer gemeinsamen Theorie zusammenfassen ließen. Damit hätte man eine »Theorie für Alles«, zumindest für alle physikalischen Wechselwirkungen vom Elektromagnetismus bis zur Gravitation. Doch leider liefert die mathematisch ungeheuer komplizierte Stringtheorie noch keine Ergebnisse, die sich mit den Verhältnissen in unserem Universum in Einklang bringen ließe. Stattdessen haben die Stringtheoretiker mit einer unüberschaubaren Zahl an mathematisch möglichen Lösungen zu kämpfen, nämlich rund 10^{500}! Das hat einige Physiker zu der Spekulation veranlasst, dass es sich bei der gesamten Lösungsvielfalt um die Menge möglicher Universen mit unterschiedlichen physikalischen Gesetzen handeln könnte. Doch wie in diesem Multiversum unseres zu finden ist oder ob es hier auch die Möglichkeit für eine Unzahl an parallelen Universen gibt, das ist derzeit völlig unklar.

Es gibt genug Physiker, die die Multiversumstheorien mit unendlich oder zumindest sehr vielen Universen nur mit einem Kopfschütteln quittieren. Man kann es ihnen nicht verübeln, denn solange es keine überprüfbaren Vorhersagen gibt, anhand derer sich diese Theorien testen lassen könnten, ist niemand gezwungen, sein Weltbild zu ändern. Ist es nicht völlig unverhältnismäßig, eine unendliche Zahl paralleler Universen zu postulieren, nur damit unser Universum nicht nur aus Zufall so ist, wie es nun einmal ist? Möglich, aber vielleicht gibt die Vorstellung eines Multiversums auch Trin Tragula recht, dem Erfinder des Totalen Durchblicksstrudels. Der kam im zweiten Band der Anhalter-Geschichte zu folgendem Schluss: »Wenn in einem Universum von dieser Größe das Leben überhaupt Bestand haben wolle, dann könne es sich vor allen Dingen nicht leisten, einen Sinn für Verhältnismäßigkeiten zu haben.«

Die Science-Fiction-Autoren und Physiker sind nicht die einzigen, die sich mit der Vorstellung vieler Universen befasst haben. Der amerikanische Philosoph David Lewis (1941 – 2001) hat diese Idee wohl bislang am konsequentesten ausformuliert. Lewis verkündete in seinem Werk »On the Plurality of Worlds«, dass alle vorstellbaren Welten tatsächlich existierten. Diese Welten seien jedoch voneinander kausal und in Raum und Zeit isoliert. Keine Tür führe von der einen Welt zur anderen. Lewis beließ es nicht beim Verkünden dieser Idee, sondern arbeitete sie systematisch aus, um sie darauf abzuklopfen, welche philosophischen Vor- und Nachteile die kühne Prämisse haben könnte. Spekulationen wie die von Lewis haben Philosophen wie den Briten Peter Simons dazu veranlasst zu fragen, ob sich der Ausdruck »das Universum« überhaupt konsistent und sinnvoll verwenden lässt.[5)] Zaphod Beeblebrox hätte bei der Vorstellung unzähliger Universen sicherlich der Gedanke gequält, in welchem davon es wohl am coolsten wäre, wohingegen Marvin die Vorstellung sicherlich mit »Oh nein, nicht noch welche!« kommentiert hätte.

Douglas Adams befasste sich erst ab 1997 ernsthafter mit Paralleluniversen, als er das Buch »Die Physik der Welterkenntnis« des theoretischen Physikers David Deutsch kennen gelernt hatte (dessen deutsche Übersetzung übrigens ein Jahr vor der englischen Originalfassung erschien). »Ich mag diese Idee von den vielen Universen«, bekannte Douglas Adams nach der Lektüre des Buches. Ihn faszinierten die kühnen Spekulationen von Deutsch, der zu den prominentesten Vertretern der Viele-Welten-Theorie gehört, die auf den amerikanischen Physiker Hugh Everett III zurückgeht. Die vielen Welten nach Everett tragen nichts zur Frage des anthropischen Prinzips bei, sondern beruhen auf quantenmechanischen Überlegungen, ein Metier, bei dem wir den wohl außergewöhnlichsten Privatschnüffler in Raum und Zeit hinzuziehen möchten. Sein Name: Svlad Cjelli, besser bekannt als Dirk Gently. Vielleicht kann er auch dabei helfen zu entscheiden, welcher Art das »Anhalter-Multiversum« eigentlich ist?

Die parallelen Welten von Douglas Adams

Jede Fassung von »Per Anhalter durch die Galaxie« enthält Elemente, die in den anderen Versionen nicht vorkommen. Teilweise fehlen Handlungsstränge oder sind durch neue ersetzt worden. So verlassen Arthur und seine Freunde in der Radioserie das Restaurant am Ende des Universums mit dem gestohlenen Kampfraumschiff des Haggunenon-Admirals, während es sich im Buch um das Show-Raumschiff der galaktischen Rockband »Desaster Area« handelt. Vermutlich wäre es eine Riesenaufgabe, alle Varianten und Widersprüche aufzuspüren.

Gerade beim Thema »Paralleluniversen« ergibt sich eine besonders seltsame Situation. Neil Gaiman berichtet in seinem Buch »Keine Panik« (1987), dass die BBC am 1. März 1977 grünes Licht für die Pilotfolge der Radioserie gab. Douglas Adams beendete die erste Version des Skripts am 4. April 1977, ausnahmsweise termingerecht. Dieses Skript entspricht im Großen und Ganzen dem, was später für das Radio produziert wurde. Einige Szenen fielen aus Zeitgründen der Schere zum Opfer, wurden aber teilweise im Buch mit dem Radioskript abgedruckt, das 1985 erschien. Fords Rede von »parallelen Universen« gehört sicher zu den bemerkenswertesten Szenen, die der Schere zum Opfer fielen. Dieser Abschnitt aus dem Originalskript findet sich auch nicht im Skriptbuch, dafür aber in Neil Gaimans Buch. Umso erstaunlicher ist deshalb, dass die deutsche Hörspielfassung »Per Anhalter ins All« von 1981 die Parallelwelt-Passage vollständig enthält. Ist das vielleicht ein Beweis für die Theorie der Paralleluniversen? Wer weiß? Wahrscheinlicher ist vermutlich, dass den deutschen Hörspielmachern die unbearbeitete Originalfassung des Skripts vorlag.

8
Schrödingers Dodo

Doctor Who: Was? Du verstehst Einstein?
Chris: Ja klar!
Doctor Who: Und Quantentheorie?
Chris: Ja.
Doctor Who: Und Planck?
Chris: Ja.
Doctor Who: Und Newton?
Chris: Ja.
Doctor Who: Und Schoenberg?
Chris: Natürlich!
Doctor Who: Da musst du aber eine Menge neu lernen.

Doctor Who, Shada (1980)

»Ja«, redete Dirk Gently weiter in das Telefon, »wie ich Ihnen über die sieben Jahre unserer Bekanntschaft zu erklären mich bemüht habe, Mrs. Sauskind, neige ich in dieser Sache zur Quantenmechanik. Meine Theorie ist, daß Ihre Katze sich nicht verlaufen hat, sondern daß ihre Wellenform vorübergehend zusammengebrochen ist und wiederhergestellt werden muss. Schrödinger. Planck. Und so weiter.«

Dirk Gently's Holistische Detektei, Kapitel 16

Ein Werk, das der Autor selbst als »Geister-Horror-Wer-ist-der-Täter-Zeitmaschinen-Romanzen-Komödien-Musical-Epos« beschrieben hat, kann nur einem Paralleluniversum entsprungen sein. Doch genau mit einem solchen Werk betrat Douglas Adams 1987 literarisches Neuland, nachdem der Anhalter in (fast) allen möglichen Formen erschienen war, vom Hörspiel über die Bücher bis zum Computerspiel. »Dirk Gently's Holistische Detektei« erzählt, wie der Privatdetektiv Dirk Gently mit seinen von der Quantentheorie inspirierten Methoden einen höchst verwickelten Mordfall aufklärt. Das Personal dieses Romans könnte nicht extravaganter sein. Nach und nach treten unter anderem auf: ein elektrischer Mönch mit seinem Pferd, der Inhaber eines Lehrstuhls für Chronologie, ein Geist, der englische Dichter Samuel Coleridge, ein außerirdisches Raumschiff und ein höchst lebendiger, aber eigentlich ausgestorbener Vogel. Dabei erscheint der Fall, um den sich alles dreht, zunächst zwar ungewöhnlich, aber nicht unmöglich: Gordon Way, der Inhaber der Softwarefirma WayForward Technologies II wird auf dem Weg zu seinem Landhaus aus dem Kofferraum seines Wagens heraus erschossen. Zum Kreis der Verdächtigen gehört der wichtigste Angestellte des Ermordeten, Richard MacDuff, der zudem mit Gordons Schwester Susan befreundet ist. Doch noch viel entscheidender ist, wie sich im Laufe der Handlung herausstellt, dass der schrullige Cambridge-Professor Urban Chronotis etwas mit dem Fall zu tun hat. Und wie es der Zufall will, war er einst sowohl der Lehrer von MacDuff als auch von Dirk Gently. Aus dieser Grundkonstellation heraus entwickelt Douglas Adams einen Fall, der nicht nur extrem vertrackt ist, sondern auch die üblichen Raum- und Zeitdimensionen eines Krimis sprengt, nicht zuletzt weil Professor Chronotis im Besitz einer Erfindung ist, die – nur so viel sei denen verraten, die das Buch noch nicht gelesen haben – die Anschaffung eines Videorekorders vollkommen unnötig macht.

Douglas Adams zeigte seinen Fans, dass er in der Lage war, erfolgreich etwas Neues anzupacken. Nach fast zehn Jahren, die vom Erfolg des Anhalters geprägt waren, war dies ein literarischer Befreiungsschlag. Allerdings war nicht alles an der Geschichte völlig neu. Denn Adams nahm seine nicht fertig gestellte und daher nie gesendete Doctor Who-Geschichte »Shada« als Ausgangsmaterial. Auch hier spielt der rätselhafte Professor Chronotis die tragende Rolle in einer verwickelten Geschichte, die sich um ein mächtiges Buch von Gallifrey dreht, dem Heimatplaneten des Doktors. Statt Dirk Gently übernimmt hier Doctor Who die Rolle des Ermittlers, statt des elektrischen Mönchs tritt ein rätselhafter Außerirdischer namens Skagra in Erscheinung. Und statt Richard MacDuff und Susan Way gerät ein anderes Pärchen unvermutet in die kosmischen Verwicklungen: der

Physikstudent Chris Parsons und seine Kommilitonin Clare Keightley. Diese Namen dürften eine versteckte Hommage an Chris Keightley sein, mit dem Douglas Adams 1976 für die Revue »A Kick In The Stalls« der Cambridge University Footlights Dramatic Society zusammengearbeitet hatte. Douglas und Chris schrieben dafür zum Beispiel den Sketch »Kamikaze«, in dem ein japanischer Kamikaze-Pilot nach neunzehn erfolglosen Einsätzen von seinem Vorgesetzten zur Rede gestellt wird.

Chris Keightley zog es nicht in die Welt des Showbusiness, sondern er promovierte in Biochemie, um anschließend eine Karriere in der Biotechnologiebranche einzuschlagen. Später erinnerte er sich an die Gespräche, die er mit Douglas Adams in den Pausen beim Schreiben der Show geführt hatte: »Wenn uns die Comedy-Ideen und die Inspiration ausging, fragte mich Douglas oft über Wissenschaft aus. Es war offensichtlich, dass er ein großes Interesse an Themen wie Astronomie, Kosmologie, Physik, Genetik etc. hatte. Aber da er das nie wie ein Naturwissenschaftler studiert hatte, waren seine Kenntnisse ziemlich mager (etwas, was er später korrigierte). Ich erinnere mich an lange Gespräche über Relativität, atomare Struktur, Quantenmechanik ... die Heisenbergsche Unschärfe usw.« Keightley war sehr überrascht darüber, dass sich jemand so für Naturwissenschaft interessierte und dies dennoch nicht in Cambridge studieren wollte. Bei seinen anderen Footlights-Kollegen stieß Keightley mit wissenschaftlichen Themen meist nur auf völliges Desinteresse oder sogar Ablehnung. »Douglas hatte dagegen interessante Sichtweisen auf all diese Themen«, betonte Chris Keightley, »vielleicht sogar umso mehr, weil sein Denken unbelastet von formalen Einstellungen oder formaler Ausbildung war.«[1)]

Das war es wohl auch, was Douglas dazu befähigte, die Quantenmechanik vor den Karren einer hochkomplexen Kriminalgeschichte zu spannen. Denn Dirk Gently glaubt an die »fundamentale Verflechtung aller Dinge«, die für ihn aus den Grundsätzen der Quantenmechanik folgt, wenn man sie bis zu ihren logischen Extremen verfolgt.

Als Richard MacDuff seinen ehemaligen Studienkollegen Dirk Gently in dessen Detektivbüro aufsucht, muss er mit anhören, wie der mit seiner aufgebrachten Mandantin Mrs. Sauskind telefoniert. Diese hatte ihn mit der Suche nach ihrer entlaufenen Katze beauftragt und stellt Dirk wegen seiner horrenden Spesenrechnungen zur

Rede. Doch der versucht seine Mandantin damit zu besänftigen, dass sich ihre Katze nicht verlaufen habe, sondern dass nur ihre »Wellenform vorübergehend zusammengebrochen« sei, wobei er rasch noch die Namen Schrödinger und Planck fallen lässt. Douglas Adams spielt hier ganz klar auf Schrödingers Katze an, eines der bekanntesten Gedankenexperimente in der Geschichte der Quantenmechanik. Mit dieser physikalischen Theorie ließen sich erstmals die bis dahin ungeklärten Phänomene in der Mikrowelt der Atome und Photonen beschreiben.

Der österreichische Physiker Erwin Schrödinger gehörte zu den Gründervätern der Quantenmechanik und auch zu den ersten, die sich wie Albert Einstein unwohl damit fühlten. Denn auf einmal war die klassische Physik, in der alles geordnet und kontinuierlich zuging, eine Sache von gestern. An ihre Stelle trat die Quantenmechanik, die, wie sich zeigte, unvermittelte Sprünge zuließ und nur noch Wahrscheinlichkeitsaussagen erlaubte. Das irritierte die Physikergemeinde und führte zu teilweise erregten Grundsatzdiskussionen um ihren Status, die ab 1925 in eine Hochphase eintraten. Das Engagement der Beteiligten war dabei manchmal so groß, dass das Gespür für respektvollen Umgang miteinander manchmal auf der Strecke zu bleiben schien. Als Schrödinger etwa zum ersten Mal seinen dänischen Kollegen Niels Bohr in Kopenhagen besuchte, nahmen ihn die immerwährenden Debatten um die Interpretation der Quantenmechanik so mit, dass es ihn ins Bett warf. Doch selbst dort traktierte ihn Bohr weiter mit seinen Argumenten. »Wenn es doch bei dieser verdammten Quantenspringerei bleiben soll, so bedaure ich, mich überhaupt jemals mit der Quantentheorie abgegeben zu haben«, sagte Schrödinger, als Bohr partout nicht locker lassen wollte. »Aber wir anderen sind Ihnen so dankbar dafür, daß Sie es getan haben«, konterte Bohr.

Schrödinger fasste sein Unbehagen 1935 in einem Gedankenexperiment mit einer Katze zusammen. Aber lassen wir ihn selbst zu Wort kommen: »Eine Katze wird in eine Stahlkammer gesperrt, zusammen mit folgender Höllenmaschine (die man gegen den direkten Zugriff der Katze sichern muß): In einem Geigerschen Zählrohr befindet sich eine winzige Menge radioaktiver Substanz, so wenig, daß im Laufe einer Stunde vielleicht eines von den Atomen zerfällt, ebenso wahrscheinlich aber auch keines; geschieht es, so spricht das

Zählrohr an und betätigt über ein Relais ein Hämmerchen, das ein Kölbchen mit Blausäure zertrümmert. Hat man dieses ganze System eine Stunde lang sich selbst überlassen, so wird man sich sagen, daß die Katze noch lebt, wenn inzwischen kein Atom zerfallen ist. Der erste Atomzerfall würde sie vergiftet haben. Die Psi-Funktion des ganzen Systems würde das so zum Ausdruck bringen, daß in ihr die lebende und die tote Katze zu gleichen Teilen gemischt oder verschmiert sind.[2] [...] Das hindert uns, in so naiver Weise ein ›verwaschenes Modell‹ als Abbild der Wirklichkeit gelten zu lassen...« Um was es sich genau bei der genannten »Psi-Funktion« handelt, tut hier zunächst nichts zur Sache, man kann diesen Begriff zunächst einmal im Sinne von »Beschreibung durch die Quantenmechanik« lesen. Die Frage, die sich stellt: Pokert Dirk Gently bei Mrs. Sauskind nicht ein bisschen hoch, wenn er ihr etwas von der »zusammengebrochenen Wellenform« ihrer entlaufenen Katze erzählt?

Richard MacDuff hält das jedenfalls für Unsinn. »Schrödingers Katze ist kein richtiges Experiment«, meint er, »sie ist nur ein Denkmodell, damit man über die Idee diskutieren kann. Man tut das nicht wirklich.« Doch »Schrödingers Katze« ist genau betrachtet kein reines Gedankenexperiment. Wir könnten es tatsächlich durchführen, allerdings nur, wenn wir das Tierschutzgesetz und alle Vorgaben über die Verhältnismäßigkeit von Tierversuchen ignorieren würden. Das Ergebnis wäre jedoch ernüchternd, wenn wir das Experiment mit vielen Katzen wiederholten: Nach der festgesetzten Dauer, die vergehen muss, bevor die Experimentatoren wieder in die Kiste mit dem mörderischen Mechanismus hineinschauen dürfen, würden wir in 50 Prozent der Fälle eine tote und in den anderen 50 Prozent eine lebendige Katze finden. (Das Versuchsergebnis wäre vermutlich nicht einmal exakt fifty-fifty, sondern wenn man von tausend Katzen ausgeht, dann ergäbe sich vielleicht ein Verhältnis von 527 lebendigen zu 473 toten Katzen. Je mehr Versuche wir machen würden, umso besser würde sich das Verhältnis dem Wert 50:50 nähern.) Auf gar keinen Fall würde man aber eine Katze vorfinden, deren Zustand eine Mischung aus tot und lebendig wäre. Der Versuch wäre somit zwar Tierquälerei, aber er lieferte keinen Widerspruch zu unserem Alltagsdenken, und schon gar keine neuen Einsichten in die Quantenmechanik.

Was ist also so seltsam an Schrödingers Katze? Erwin Schrödinger illustrierte damit das, was ihn an der Quantenmechanik irritierte. Mikroskopische Teilchen wie etwa Photonen oder Atome verhalten sich in Versuchen im Gegensatz zu Katzen so, als ob sie in »Mischzuständen« ihrer Eigenschaften vorkommen. Das beliebteste Beispiel, um diese Situation zu illustrieren, ist das »Doppelspaltexperiment«, einmal in der Version für die klassische Physik mit einer Ballmaschine, das andere Mal für die Quantenmechanik mit Elektronen.

Im klassischen Versuchsaufbau schießt eine Tennisballmaschine mit einer gewissen Streuweite Bälle auf eine Wand, die zwei Lücken hat. Ein Teil der Bälle trifft auf die Wand, ein Teil wird aber durch Spalte A oder B hindurchfliegen und auf einer zweiten Wand dahinter aufprallen. Mit der Zeit wird sich auf der hinteren Auffangwand eine Verteilung der Auftreffpunkte einstellen, die zwei Häufungen direkt hinter den Spalten A und B aufweist, die nach außen hin abfallen. Nichts Geheimnisvolles ist passiert.

Beim quantenmechanischen Versuch werden Elektronen in einem Strahl auf einen kleinen Doppelspalt geschossen.

Die Elektronen, die nicht hängen bleiben, landen auf einem Leuchtschirm dahinter und verraten sich durch einen kleinen Blitz, den ihr Auftreffen auslöst. Klassisch würde man auch hier zwei ausgeprägte Häufungen auf dem Schirm hinter den Doppelspalten erwarten. Doch Fehlanzeige: Wie bei den Tennisbällen macht zwar jedes Elektron nur einen »Leuchtfleck« auf dem Schirm, aber die Gesamtverteilung sieht aus wie ein Interferenzmuster, so als ob sich zwei Wellen überlagern würden. Doch anders als beispielsweise Wasserwellen darf man sich die Elektronenwellen nicht als anschauliche Wellen vorstellen, die sich im Raum ausbreiten. Vielmehr spielt hier die ominöse Wellenfunktion die entscheidende Rolle. Diese verrät nichts darüber, welche Bahn die einzelnen Elektronen zwischen ihrer Erzeugung und dem Auftreffen auf dem Leuchtschirm zurücklegen. Nach einigen mathematischen Rechentricks verrät die Wellenfunktion aber immerhin, mit welcher Wahrscheinlichkeit ein Elektron auf einem Punkt des Leuchtschirms auftrifft. Beim Beispiel mit den Tennisbällen klafft keine Lücke zwischen dem Abschießen der Bälle und ihrem Auftreffen auf der Wand hinter den Doppelspalten. Prinzipiell lässt sich die Bahn jedes einzelnen Tennisballs mit den klassischen Bewegungsgleichungen beschreiben.

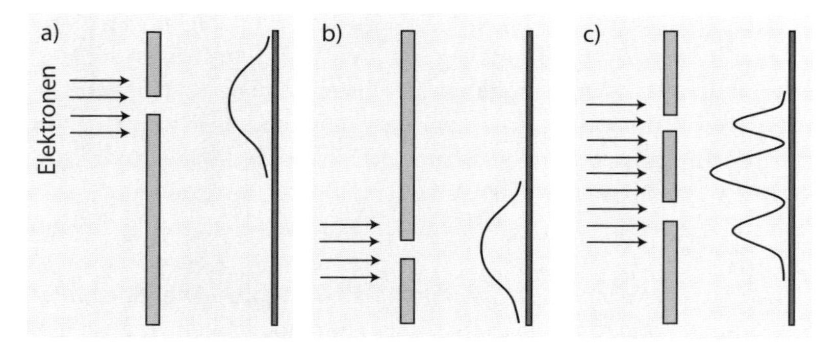

Abb. 8.1 Schießt man Elektronen einmal auf den linken (a) das andere Mal auf den rechten Spalt (b), dann ergibt sich jeweils eine Häufung auf dem hinteren Leuchtschirm. Erst wenn beide Spalten offen sind, offenbaren die Elektronen ihre quantenmechanische Natur, und es erscheint ein Interferenzmuster, wie man es sonst nur von Lichtwellen kennt.

Das Beispiel mit den Elektronen ist zugegebenermaßen sehr idealisiert, aber es lässt sich experimentell durchführen – wobei das im Detail kniffliger ist, als man es angesichts der einfachen Beschreibung vermuten könnte. Denn die Wellenlänge, die man Elektronen nach der Quantenmechanik zuordnen kann, ist kleiner als ein Atomdurchmesser und liegt bei $5 \cdot 10^{-12}$ Metern. Die meisten Physiker hielten das Experiment lange Zeit für unrealisierbar, weil ein Doppelspaltexperiment mit Elektronen feinere Strukturen benötigte, als sie sich damals herstellen ließen. Doch der junge deutsche Physiker Claus Jönsson erkannte Ende der 50er-Jahre, dass der Versuch auch durchführbar sein müsste, wenn der Abstand der Spalten zueinander und ihre Breite unter 1/100 Millimeter blieben. Jönsson gelang das Kunststück solch feine Spalten in einer freitragenden Metallfolie herzustellen und damit die quantenmechanische Interferenz von Elektronen an zwei oder mehr Spalten zu beobachten. Seine Ergebnisse veröffentlichte er 1961 in der deutschsprachigen »Zeitschrift für Physik«, 1974 wurde die Arbeit ins Englische übersetzt, und Jönssons Experiment fand weltweit Eingang in die Lehrbücher, ohne dass sein Name immer explizit genannt wurde. Späte Würdigung erhielt er jedoch, als sein Versuch 2002 bei einer Umfrage des Organs der englischen physikalischen Gesellschaft »Physics World« zum »schönsten Experiment aller Zeiten« gekürt wurde.

Für die Elektronen erscheint die Situation also folgendermaßen: Während ihres Fluges verhalten sie sich quantenmechanisch und werden durch die Wellenfunktion beschrieben, sodass man nicht genau sagen kann, wo sie sich eigentlich befinden, aber wenn sie auf den Leuchtschirm aufprallen, dann verhalten sich die Elektronen auf einmal wieder brav wie klassische Tennisbälle, die an einem Punkt und nicht etwa an zwei verschiedenen Punkten gleichzeitig auftreffen.

Und was hat das mit Schrödingers Katze zu tun? »Die Idee hinter Schrödingers Katze war, daß man sich eine Möglichkeit vorzustellen versuchte, in der die Auswirkungen eines wahrscheinlichen Verhaltens auf einem Quantenniveau auch auf einer makroskopischen Ebene nachvollziehbar wären. Oder sagen wir mal: auf einer alltäglichen Ebene.«[3] Im Falle des Doppelspaltexperiments übersetzt würde das heißen: Wenn wir das Verhalten der Elektronen am Doppelspalt auch an den Tennisbällen beobachten würden, dann müssten einzelne Bälle gleichzeitig durch den linken und durch den rechten Spalt fliegen können. Doch als alltäglich große (man nennt das auch makroskopische) Gegenstände tun sie das natürlich nicht, sondern entscheiden sich brav für den linken oder den rechten Spalt in der Mauer. Würde die Quantenmechanik auch unser alltägliches Leben steuern, dann könnten wir mit unserem Auto gewissermaßen gleichzeitig in zwei Richtungen abbiegen. Wenn uns aber eine Polizeistreife anhält, wären wir plötzlich wieder nur an einem Ort.

Der andere Aspekt betrifft die Wahrscheinlichkeit. Beim Tennisball können wir – zumindest theoretisch, wenn wir alle Anfangs- und Rahmenbedingungen genau kennen – die gesamte Flugbahn berechnen, und damit sicher sagen, an welcher Stelle der Ball auftrifft. Bei Elektronen können wir versuchen, alles noch so gut festzulegen, wir können trotzdem immer nur mit einer gewissen Wahrscheinlichkeit sagen, wo sie auf dem Leuchtschirm auftreffen. Auch hier findet Richard MacDuff die richtigen Worte: Schrödingers Katze ist »ein Beispiel für das Prinzip, daß auf einem Quantenniveau alle Vorgänge von Wahrscheinlichkeiten bestimmt sind«. Die Quantenmechanik ist ohne die Wahrscheinlichkeiten nicht zu haben, und diese Wahrscheinlichkeiten lassen sich erst ermitteln, wenn wir einen Versuch mit möglichst vielen gleichartig präparierten Teilchen wiederholen.

Paralleluniversen aus dem Geiste der Quantenmechanik

> Es war, als habe er die ganze Welt um ein Milliardstel eines Milliardstel Grades herumgedreht. Alles verschob sich, war einen Moment lang ein ganz wenig unscharf und schnappte dann wieder zurück als eine plötzlich ganz andere Welt.
>
> *Der dunkle Fünfuhrtee der Seele, Kapitel 24*

Zugegeben, mit unserer alltäglichen Intuition kommen wir in der Quantenmechanik offenbar nicht sehr weit. Doch in den mittlerweile über 75 Jahren, die nach Schrödingers Einwand vergangen sind, hat sich die Quantenmechanik als eine der, wenn nicht sogar als die erfolgreichste physikalische Theorie erwiesen. Ganze Industriezweige wären ohne ihre Erkenntnisse nicht denkbar, nicht zuletzt basiert die moderne Computer- und Kommunikationstechnologie letztlich auf der Quantenmechanik, denn ohne sie lassen sich die Eigenschaften der Halbleitermaterialien in den Schaltkreisen oder die Ausbreitung von Photonen in Glasfasern nicht verstehen. Ohne Quantenmechanik gäbe es weder Laser noch Digitalkameras oder die modernen elektronischen Gadgets und Handys, in die sich der Technikfreak Douglas Adams vermutlich sofort verguckt hätte. Selbst Einstein hat bei aller Skepsis gegen die Quantenmechanik nicht ihre Erfolge geleugnet.

Trotzdem plagen sich die Physiker weiterhin mit der Frage herum, wie die Quantenmechanik zu interpretieren sei. Ist sie schon eine fertige Theorie, die wir nur noch nicht richtig verstanden haben, oder gibt es vielleicht eine noch bessere, vollständigere Theorie, die auch Aussagen über die bislang nebulösen Bahnen von Elektronen und anderen Teilchen machen kann? Und wann geht die Quantenwelt in die Welt der klassischen Physik über? »Allerdings ist auf jedem Niveau, das höher als das subatomare ist, die Gesamtwirkung dieser Wahrscheinlichkeiten im Normalverlauf der Vorgänge ununterscheidbar von der Wirkung unumstößlicher und fester physikalischer Gesetze«, meint zumindest Dirk Gently. Aber wo liegt die Grenze zwischen Quantenwelt und dem Bereich der klassischen Physik? Gibt es eine scharfe Grenze zwischen beiden oder gehen sie beide kontinuierlich ineinander über?

Der erste Versuch, mit der Quantenmechanik ins Reine zu kommen, geht im Wesentlichen auf Niels Bohr und Werner Heisenberg zurück und wird als »Kopenhagener Deutung« bezeichnet. Dahinter verbergen sich in Wirklichkeit eine ganze Fülle an Deutungen, denen jedoch einige Aspekte gemeinsam sind: Die Quantentheorie macht Aussagen über makroskopische, klassische Systeme, insbesondere über die Messwerte, die die Physiker mit ihren Apparaturen erhalten. »Es gibt keine Quantenwelt. Es gibt nur eine abstrakte quantenphysikalische Beschreibung«, sagt Bohr strikt. Die Quantenmechanik ist, wie die Physik überhaupt, nach Bohr nicht dafür da, um zu zeigen, wie die Natur wirklich aussieht, sondern sie handelt davon, was sich über die Natur sagen lässt. Die Quantenmechanik vermag nach Bohr also nur zu sagen, welche Messwerte wir beispielsweise bei Versuchen mit Elektronen zu erwarten haben, aber nicht, wie die Elektronen aussehen oder was bei der Messung geschieht. Die Wellenfunktion eines Quantenteilchens bricht gewissermaßen bei der Messung zusammen, sie kollabiert. Wie dieser Kollaps abläuft, bleibt bei der Kopenhagener Deutung ungeklärt.

Viele Physiker hat diese etwas dogmatisch klingende Interpretation der Quantenmechanik nicht zufrieden gestellt. Denn nichts in der Formulierung der Quantenmechanik deutet darauf hin, dass es irgendeine Grenzgröße gibt, ab der sie nicht mehr zuständig ist. Aber dennoch verhält sich in unserem Alltag alles klassisch: Eine Kaffeetasse ist nicht gleichzeitig voll und leer, eine Tür ist nicht gleichzeitig offen und geschlossen und wir selbst sind nicht wie Zarniwoop von der Megadodo Verlagsgesellschaft gleichzeitig im Büro und auf einer intergalaktischen Kreuzfahrt.

Gibt es vielleicht einen Prozess, der dafür sorgt, dass sich die Dinge klassisch verhalten, wenn sie eine gewisse Größe erreichen? Der Physiker H. Dieter Zeh von der Universität Heidelberg zählte zu den ersten, die Ideen in diese Richtung entwickelten. 1970 stellte er in einer grundlegenden Arbeit fest, dass makroskopische Objekte wie Messgeräte, Tische und Katzen nicht als isoliert von der Umgebung angesehen werden dürfen. Vereinfacht lässt sich dieser Vorschlag so beschreiben, dass die unzähligen Atome und Photonen der Umgebung so starken Einfluss auf das makroskopische Objekt nehmen, dass sich all seine quantenmechanischen Eigenschaften verflüchtigen und es sich fortan nur noch brav klassisch verhält. Für dieses Phänomen hat sich der Name »Dekohärenz« eingebürgert. Es ist ein bisschen wie bei einem besonders hohen und darum labilen Kartenhaus. Es muss nur ein leichter Windhauch an einer Karte rütteln und schon bricht alles in sich zusammen. Ähnlich verhält es sich mit dem quantenmechanischen Verhalten eines makroskopischen Objekts wie beispielsweise einer Katze. Damit diese sich in einem quantenmechanischen Zustand befindet, müssen sich alle Atome in einem ganz bestimmten Verhältnis zueinander verhalten. Doch da von außen ständig an den Atomen gerüttelt und gezerrt wird und diese sich zudem durch die eigene Wärmebewegung aus der Ruhe bringen lassen, verflüchtigt sich jede quantenmechanische Eigenheit im Nu. Im Kleinen lässt sich alles von den äußeren Einflüssen so gut abschotten und abkühlen, dass sich quantenmechanisches Verhalten in Reinkultur zeigen kann.[4]

Ob es eine Grenze gibt, ab der ein Objekt kein quantenmechanisches Verhalten mehr zeigen kann, geht aus der Quantenmechanik selbst nicht hervor. Zu den bislang größten Objekten, die sich in quantenmechanische Überlagerungszustände bringen ließen, gehören die Fulleren-Moleküle, die aus sechzig oder mehr Kohlenstoffatomen bestehen. Es gibt Experimentalphysiker wie den Österreicher Anton Zeilinger, die es für prinzipiell denkbar halten, in ihren Labors Objekte wie einen Virus oder sogar einen Einzeller in einen Überlagerungszustand zu bringen.

Theoretiker haben versucht, die Gleichungen der Quantenmechanik durch Effekte zu ergänzen, die die quantenmechanischen Eigenschaften zum Verschwinden bringen, wenn das System eine bestimmte Größe erreicht. Ein Ansatz geht beispielsweise davon aus, dass sich Quantenobjekte nicht mehr kontinuierlich entwickeln, sondern in winzigen, abgehackten Zeitschritten. Doch die Idee einer »gequantelten« Zeit hat sich bislang nicht in geeigneten Experimenten nachweisen lassen.

Der radikalste Versuch, mit den Eigentümlichkeiten der Quantenmechanik fertig zu werden, ist sicherlich die »Viele-Welten-Theorie«, die der amerikanische Physiker Hugh Everett III 1957 im Rahmen seiner Dissertation entwickelte. Everett suchte zunächst nach einer Möglichkeit, den Kollaps der Wellenfunktion bei der Messung und damit das Messproblem aus der Quantenmechanik zu eliminieren. Anlass dafür war die Frage, ob sich der Kosmos als Ganzes quantenmechanisch beschreiben lassen könnte. Mit der üblichen Quantenmechanik ist das nicht möglich, denn es gibt kein »außen«, von dem sich der gesamte Kosmos messen ließe. Everett versuchte dies zu lösen, indem er eine Quantenmechanik formulierte, in der sich alle Möglichkeiten der Wellenfunktion gleichermaßen entwickelten, und keine davon durch irgendeinen Kollaps bei der Messung ausgezeichnet wurde.

Everett schloss den Beobachter mit dem Messinstrument in seine Neuformulierung der Quantenmechanik mit ein. Bei jeder »Messung« teilte sich der Zustand je nach Ergebnis der Messung in mehrere Möglichkeiten auf. Daher nannte Everett seine Theorie auch die »Relative-Zustands-Formulierung«, weil sich der Gesamtzustand von Messapparat und dem gemessenen Objekt relativ zum Messergebnis ergibt. Erst der Physiker Bryce DeWitt prägte den plakativeren Begriff »Viele-Welten-Theorie«. Die Vorstellung, dass aus der Quantenmechanik folgt, dass beliebig viele parallele Welten existieren, ist somit wiederum eine Interpretation von Everetts formaler Interpretation der Quantenmechanik.

Zwei grundlegende Fragen stellten sich in Zusammenhang mit Everetts Idee, meinte John Archibald Wheeler, Everetts Doktorvater, in seiner Autobiografie: »Bietet sie irgendwelche neuen Einsichten? Sagt sie Resultate von Experimenten voraus, die von den Vorhersagen der üblichen Quantenmechanik abweichen?« Wheelers Antwort auf die erste Frage war ein klares Ja, auf die zweite Frage jedoch ein klares Nein. Wheeler war der Ansicht, dass Wissenschaftler sich mit neuen Sichtweisen wie der von Everett befassen sollten, selbst wenn diese keine abweichenden Voraussagen machen. »Es gibt keine Grenze für die Tiefe des Verständnisses«, urteilte Wheeler, dem die Bezeichnung »Viele-Welten-Theorie« allerdings als zu gewagt erschien. Er hoffte jedoch, dass aus Everetts Arbeit einmal eine verbesserte Quantentheorie oder eine besserte Vereinigung von Quantenmechanik mit der Allgemeinen Relativitätstheorie hervorgehen könnte.

Im April 1959 erhielt Hugh Everett sogar die Möglichkeit, seine Theorie mit dem großen Niels Bohr in Kopenhagen zu diskutieren. Doch diese Diskussion führte nirgendwohin, Bohr wollte sich nicht von der von ihm begründeten »Kopenhagener Deutung« abbringen lassen. Everett wandte sich infolge der enttäuschenden Resonanz auf seine Theorie von der akademischen Physik ab und schlug eine Karriere im Pentagon ein. 1977 erhielt er die Gelegenheit, auf einer Physikkonferenz in Austin (Texas) seine Thesen vorzustellen und zu diskutieren. Zu dieser Zeit genoss er vor allem unter jungen Physikern den Rang einer Kultfigur. Fünf Jahre später starb er im Alter von nur 51 Jahren an Herzversagen.[5)]

Für die praktische Forschung hatte die »Viele-Welten-Theorie« bislang keine Konsequenzen, doch an den Grundlagen interessierte Theoretiker befassen sich weiter damit, Everetts Ideen weiterzudenken. Der engagierteste Vertreter der »Viele-Welten-Theorie« ist der gebürtige Israeli David Deutsch, der an der Universität Oxford forscht und lehrt. In seinem Buch »Die Physik der Welterkenntnis« (1996) entwickelte er eine weitreichende Multiversumstheorie, die nicht nur auf der Quantenmechanik basiert, sondern sich auch aus der Evolutionstheorie, Erkenntnisphilosophie und der Theorie der Berechenbarkeit, die letztlich allen Computersystemen zugrunde liegt, speist. Douglas Adams fand Gefallen am Buch von Deutsch, das er nach eigenem Bekunden mit großem Vergnügen gelesen hatte. Vielleicht gefiel es ihm, dass sich die Idee einer »vollständigen Ansammlung sämtlichen allgemeinen Mischmaschs« auf ein physikalisches Fundament stellen ließ. Für Deutsch ist das Multiversum, also die Gesamtheit aller Paralleluniversen, Realität. Er geht davon aus, dass jeder von uns unendlich viele Doppelgänger im Multiversum besitzt. Alle Möglichkeiten, die denkbar sind, existieren dort – auch ein Universum, in dem dieses Buch ohne jeden Fehler erscheint. Ein beruhigender Gedanke.

Die parallelen Universen der Physik durchdringen sich jedoch nicht, anders als in den Büchern von Douglas Adams, in denen, wenn man dem Reiseführer »Per Anhalter durch die Galaxis« hier Glauben schenken mag, parallele Universen eben nicht parallel sind. »Die Quantenmechanik erhebt den Anspruch, auf der Vorstellung zu beruhen, daß sich das Universum so verhält, als gebe es eine Vielzahl von Universen, aber das zu glauben, fällt uns ziemlich schwer«, urteilt Douglas Adams, nicht ohne hinzuzufügen: »Aber möglicherweise ist es einfach nur eine Beschwernis, mit der wir uns arrangieren müssen.«

Ganzheitliches Ermitteln

Dirk Gentlys Ermittlungsmethoden bleiben in vieler Hinsicht nebulöser als die Quantenmechanik. Doch manchmal sind Dirks Motive auch offensichtlich. So ist Schrödingers Katze ein wohlfeiler Vorwand, um von seiner Mandantin Mrs. Sauskind die Kosten für eine Reise auf die Bahamas zu erschleichen. Ob er diese Reise aber wirklich unternommen hat, bleibt ungeklärt. Doch mit seinem »holistischen« Ansatz scheint er es ernst zu meinen. Das bezieht sich auf die »grundsätzliche Verflechtung aller Dinge untereinander«. Dirk Gently gibt sich nicht mit dem üblichen Indiziengeschäft ab, ihm geht es nicht um Fingerabdrücke und verräterische Fußspuren. »Für mich ist die Lösung für jedes Problem im Muster und Gewebe des Ganzen ablesbar«, beschwichtigt er Mrs. Rawlinson, eine weitere ungehaltene Mandantin.

Salopp gesprochen ist Holistik (oder Holismus) die Ansicht, dass das Ganze mehr als die Summe seiner Teile ist. Der analytischen Methode, die stets versucht von den Teilen auf das Ganze zu schließen, muss also irgendwann mal die Puste ausgehen, beispielsweise bei Lebewesen, denn: »If you try and take a cat apart to see how it works, the first thing you have in your hands is a non-working cat«, wie es Douglas Adams bei seiner Rede auf dem »Digital Biota 2«-Kongress auf den Punkt brachte. Tatsächlich lässt sich in der Quantenmechanik auch von einer Art Holismus sprechen. Dort gibt es nicht nur Teilchen in zwei Zuständen gleichzeitig, sondern es können auch zwei Teilchen so eng miteinander in Verbindung stehen, dass sich die Eigenschaften des neuen Systems nicht mehr aus den Eigenschaften der einzelnen Teilchen erschließen lassen. Physiker bezeichnen solche eng verbundenen Teilchen als »verschränkt«, sie formen zusammen ein neues Ganzes und sind enger aufeinander bezogen als ein Paar Schuhe. Genau, Sie haben richtig gelesen: Schuhe. Nimmt man aus einem Karton, in dem sich ein gewöhnliches Paar Schuhe befindet, einen Schuh heraus, der sich zum Beispiel als der rechte entpuppt, dann muss der andere Schuh zwangsläufig ein linker sein. In der Welt der klassischen Physik mit Tennisbällen, Katzen und Schuhen ist das die stärkste »Korrelation«, die möglich ist. Die verschränkten Teilchen in der Quantenmechanik können jedoch noch enger voneinander abhängen. Stellen wir uns ein Paar verschränkte

»Quantenschuhe« in einem Karton vor, den wir immer weiter auseinander ziehen können, sodass die Schuhe durchaus weit auseinander liegen können (aber dabei immer verschränkt sind!). Erst wenn ich den einen Schuh herausnehme, entscheidet dieser sich dafür, ein linker oder ein rechter Schuh zu sein. Damit wird automatisch festgelegt, dass der andere ein rechter bzw. ein linker Schuh ist. Auch hier muss man eigentlich wieder darauf hinweisen, dass man einen solchen Versuch mit furchtbar vielen »Quantenschuhen« machen müsste, um daraus verwertbare Ergebnisse und die quantenmechanischen Wahrscheinlichkeiten für die jeweiligen Messergebnisse zu erhalten. In der Realität vollführen Physiker diese Kunststücke mithilfe von speziell präparierten Photonen in Glasfaserkabeln und können dies dafür nutzen, Nachrichten zu verschlüsseln oder sogar Banküberweisungen. Das hat die Arbeitsgruppe um Anton Zeilinger von der Universität Wien bereits 2004 erfolgreich demonstrieren können, indem sie die verschlüsselte Überweisung mit verschränkten Photonenpaaren über ein Glasfaserkabel in den Wiener Abwasserkanälen übertrugen. Die Quanten-Überweisung war eine saubere und vor allem sichere Sache. Wenn ein krimineller Lauscher die Leitung anzapfen will, dann verhindert er mit diesem Eingriff die Übertragung und bringt sich zwangsläufig darum, den Inhalt der Nachricht lesen zu können. Eine klassische Übertragung wie über eine normale Telefonleitung lässt sich dagegen sehr wohl abhören, ohne dass die Leitung plötzlich für beide Gesprächsteilnehmer zusammenbricht.

»Dirk Gently's Holistische Detektei« ist mit seiner »verschränkten« Handlung durchaus ein »quantenmechanischer Roman«, der wirklich mehr als die Summe seiner Teile ist. So überlagern sich Dirk Gentlys Ermittlungen mit dem Universum von »Doctor Who«. Gordon Way erlebt sich nach seiner Ermordung in einem untoten Zustand, was Richard MacDuff dazu veranlasst, darüber zu spekulieren, ob Geister »wie Interferenzmuster zwischen Wirklichen und dem Möglichen« existieren. Richard und Dirk begegnen schließlich sogar einem lebenden Exemplar des eigentlich ausgestorbenen Dodos, und Dirk trägt die Verantwortung dafür, dass das Gedicht »Kubla Khan« von Samuel Coleridge Fragment geblieben ist.

Douglas Adams nutzte »Dirk Gently's Holistische Detektei« auch dafür, eigene Spekulationen als Artikel von Richard MacDuff mit dem Titel »Musik und Fraktale Landschaft« zu kaschieren. Darin geht es um den Zusammenhang zwischen Musik und der Welt der Mathematik, und darum, dass sich selbst Dinge, die unsere Gefühle anrühren, von der Form einer Blume bis hin zur Art, wie der Mensch, den man liebt, seinen Kopf dreht, mit dem »komplizierten Fluss von Zahlen« darstellen lassen. »Das ist keine Herabsetzung, das ist ihre Schönheit«, heißt es darin. Viele Leser dürften sicher bedauert haben, dass dieser Artikel, der so faszinierend beginnt, dann zugunsten der weiteren Handlung abbrechen muss. »Dieser Essay innerhalb des Romans ist eine gute Erinnerung daran, wie gut Douglas beim Schreiben von Sachtexten war«, urteilte Nick Webb, der frühere Verleger und schließlich enge Freund von Douglas Adams, in seiner Biografie »Wish You Were Here«. Immerhin konnte Douglas Adams seine journalistischen Fähigkeiten beim Buch »Die Letzten ihrer Art« unter Beweis stellen, aber wer wüsste nicht gerne, wie ein Sachbuch über Quantenmechanik aus seiner Feder ausgesehen hätte?

Aber immerhin bleibt uns Dirk Gentlys erster Fall erhalten, der mit »Der dunkle Fünfuhrtee der Seele« (übrigens ein Zitat aus »Das Leben, das Universum und der ganze Rest«) immerhin eine Fortsetzung erlebte, in der sich Dirk mit den nordischen Göttern auseinandersetzen muss, die sich überraschenderweise immer noch auf der Welt herumtreiben. Der dritte Fall für den holistischen Privatdetektiv blieb leider unvollendet, obwohl das Erscheinen von »Lachs im Zweifel« ab 1995 immer wieder angekündigt und dann doch wieder verschoben wurde.[6] Das, was später an Fragmenten veröffentlicht wurde, vermittelt keinen sehr guten Eindruck, wie der fertige Roman hätte aussehen können, zumal am Ende nicht einmal mehr klar war, ob es wirklich ein Dirk Gently- oder doch ein Anhalter-Buch werden sollte. Wem Schrödingers Katze noch nicht seltsam genug erscheint, für den hatte Douglas Adams bereits eine neue Variante auf Lager. In den Fragmenten für »Lachs im Zweifel«, erhält der holistische Detektiv einmal mehr den Auftrag, eine verschwundene Katze zu finden. Doch in diesem Fall hat die Mandantin in spe die betreffende Siamkatze im Körbchen dabei. Diese erfreut sich bester Gesundheit, doch ihr Körper hört mittendrin einfach auf. Wo ihr Hinterleib sein sollte, ist schlichtweg nichts. Dennoch verhält sich die Katze völlig normal. Dirk lehnt den Auftrag, nach der verlorenen Hälfte der Katze zu suchen, rundweg mit der Begründung ab, er habe nichts mit übernatürlichen oder paranormalen Dingen zu schaffen. Doch bevor er dies weiter ausführen kann, straft ihn ein Anruf vom nordischen Gott Thor Lügen, den er in seinem zweiten Fall »Der dunkle Fünfuhrtee der Seele« kennen gelernt hatte.

Douglas Adams hatte Ende der 80er-Jahre Dirk Gentlys chaotisches Büro und die galaktischen Weiten, in denen sich Arthur Dent herumtrieb, erst einmal hinter sich gelassen. Stattdessen sah er sich an einem der faszinierendsten Orte im Universum einmal genauer um, nämlich auf der Erde. Dort unternahm er tatsächlich eine Art Zeitreise in die Vergangenheit des Lebens, auf der er Tieren begegnete, denen ein ähnliches Schicksal wie das des Dodos drohte, und auf der er seine Faszination für die Evolutionstheorie entdeckte.[7)]

9
Von Telefondesinfizierern aus der Evolution geschmissen

Als an jenem Morgen die ersten Strahlen der hellen jungen Sonne namens Vogsol sie beschien, da war es, als hätten die Mächte der Evolution sie dort und damals einfach aufgegeben, sich mit Schaudern von ihnen abgewandt und sie als einen gräßlichen und bedauerlichen Fehler abgeschrieben. Sie entwickelten sich nie mehr weiter: Niemals hätten sie überleben dürfen.

Per Anhalter durch die Galaxis, Kapitel 5

Die Haggunenons von Vicissitus Drei haben die nervösesten Chromosomen aller Lebensformen in der Galaxis. [Sie] wären für Charles Darwin genau das, was ein Haufen akturanischer Zwergäpfel für Sir Isaac Newton gewesen wäre.

Per Anhalter ins All (Hörspiel), Folge 6

»Mit der Evolution ist es so: Wenn sie einem nicht das Hirn total umkrempelt, hat man sie nicht kapiert«, schrieb Douglas Adams in dem erst nach seinem Tod veröffentlichten Text »Wendehals«. Darin bekannte er sich zu seinem großen Interesse an Wissenschaft und Technik, zwei Bereichen, über die er sich allerdings zu Beginn seiner Karriere nach Strich und Faden lustig gemacht hatte. Doch das war auch damals keineswegs ein Ausdruck von Desinteresse oder Ignoranz. Nick Webb schreibt in seiner Biografie von Douglas Adams, dass dieser beispielsweise schon als Schüler von der Evolution fasziniert gewesen sei. Dies ist nicht weiter belegt, aber wer die Bücher von Douglas Adams aufmerksam liest, wird merken, dass es dort nur so wimmelt von witzigen Anspielungen auf die Entwicklung der Lebewesen. Schon im Prolog zu »Per Anhalter durch die Galaxis« beschreibt er die Menschen als »vom Affen abstammende Bioformen« und lässt die Evolution rückwärts laufen, als er ungenannte Nörgler zitiert, die meinten, »schon die Bäume seien ein Holzweg gewesen, die Ozeane hätte man niemals verlassen dürfen«. In der Fernsehfassung dieser Szene ist es Douglas Adams selbst, der sich all seiner Kleidung entledigt, den Segnungen der Zivilisation entsagt und ins Meer, die Wiege des Lebens, zurückkehrt.

Adams zeigte aber in seinen Büchern auch einen großen, wenn auch bisweilen grausamen zoologischen Erfindungsreichtum: Er ließ sämtliche Delphine kurzerhand in eine andere Dimension verschwinden, beschrieb, wie die Vogonen glitzernde Krabben mit einem Hammer zerschmettern oder wie der Gefräßige Plapperkäfer von Traal eine vogonische Großmutter verschlingt, präsentierte sogar ein Tier, das sich freiwillig zum Verzehr anpreist, und erfand den damogranischen Wedelhaubenadler, der nichts mit dem Programm zur Rettung der Arten zu tun haben will und trotzig Nester baut, aus denen seine Nachkommenschaft nicht entkommen kann. In Brehms Tierleben würde man nach all diesen bizarren Geschöpfen vergeblich suchen, aber diese Einfälle lassen durchaus ein Interesse für die Tierwelt in all ihren Facetten erahnen.

Eine bitterböse Pointe erlaubte sich Douglas Adams in »Per Anhalter durch die Galaxis« und in »Das Restaurant am Ende des Universums« in Bezug auf die Entwicklung und Stellung des Menschen. Arthur Dent erfährt vom Magratheaner Slartibartfast, dass der moderne Mensch keineswegs der krönende Gipfel der Evolution ist. Und wie sich herausstellt, ist er auch nicht organischer Bestandteil des gigantischen Computerprogramms, das die Mäuse mit der Erde in Gang gesetzt haben, um herauszufinden, wie die Frage zur Antwort 42 lautet. Stattdessen sieht sich Arthur Dent mit der unbequemen Tatsache konfrontiert, dass seine Urahnen bloß eine Ansammlung von Friseuren, Autoverkäufern, Telefondesinfizierern, Werbefachleuten und Unternehmensberatern sind, die durch die Bruchlandung der Arche B vom Planeten Golgafrincham unfreiwillig in die menschliche Evolution hineingestolpert sind – offenbar ein Seitenhieb auf die Dienstleistungsgesellschaft des 20. Jahrhunderts.

Douglas Adams reizt hier gewissermaßen das satirische Potenzial der Evolutionsidee voll aus. Damit befindet er sich in guter Gesellschaft mit H. G. Wells, einem der Gründerväter der modernen Science-Fiction.[1] Im Gegensatz zu dessen französischen Zeitgenossen Jules Verne interessierte Wells sich kaum dafür, wissenschaftlich plausible Methoden zu ersinnen, um zum Mond oder durch die Zeit zu reisen. Seine frühen »Scientific Romances« kreisten eher um soziale, politische oder ethische Fragen und wurzelten nicht zuletzt in seinem Interesse für die Biologie und insbesondere die Evolutionstheorie. Wenn er seinen Zeitreisenden in »Die Zeitmaschine« (1895) in die ferne Zukunft sandte, dann mochte das zwar die Vorstellung einer vierten Dimension vorwegnehmen, so wie sie in Einsteins Relativitätstheorie postuliert wird, aber letztendlich blieb ihr Funktionsprinzip im Dunklen und irrelevant. Stattdessen stellte die Zeitmaschine genau wie der Unendliche Unwahrscheinlichkeitsantrieb bei Douglas Adams ein hervorragendes erzählerisches Mittel dar. Wells konnte so die sozialen Zustände seiner Zeit auf Basis der Darwinschen Evolutionsbiologie bis zur letzten Konsequenz weiterspinnen: Aus der tiefen Kluft zwischen Industrieproletariat und dekadenter Oberschicht im ausgehenden 19. Jahrhundert entwickeln sich über achthunderttausend Jahre hinweg zwei grundsätzlich verschiedene Menschenrassen: die unterirdisch lebenden monströsen Morlocks, die Nachkommen der Proletarier, und die auf der Erdoberfläche verbliebenen Eloi, die zwar ein sorgenfreies Leben fristen, aber letztendlich den Morlocks als Futter dienen.

Wells konnte Thomas Huxley, den großen Verfechter der Darwinschen Evolutionstheorie, zu seinen Lehrern zählen und verfasste 1930 gemeinsam mit seinem Sohn Gip und Julian Huxley, dem Enkel seines verehrten Lehrers, ein dickleibiges Werk mit dem Titel »The Science of Life«. Darin breiteten die drei Autoren den damaligen Wissensstand der Biologie in allen Facetten aus und stellten auch Mutmaßungen über außerirdisches Leben an.

Douglas Adams hatte im Gegensatz zu H. G. Wells keine über den Schulunterricht hinausgehende naturwissenschaftliche Ausbildung genossen, aber auch ihn sollte die Begegnung mit einem eminenten Vertreter der Darwinschen Evolutionstheorie nachhaltig inspirieren.

Doch zunächst einmal war die Tatsache, dass er zu dieser Zeit nicht viel mehr von den faszinierenden Zusammenhängen des Lebens wusste als ein Teeblatt von der Ostindien-Kompanie, der Grund für eine ungewöhnliche Anfrage der Redaktion des Observer-Magazins: Ob Douglas Adams vielleicht Lust habe, nach Madagaskar zu fahren, um dort mit einem Zoologen nach einem Aye-Aye zu suchen? Douglas Adams sagte spontan zu, bevor die Redaktion, wie er später augenzwinkernd erzählte, merken konnte, dass sie den Falschen am Telefon hatte.[2)]

Doch Douglas Adams war schon der Richtige. Der Zoologe, den er begleiten sollte, hieß Mark Carwardine, war einige Jahre jünger als er und fachlich bestens für die Expedition qualifiziert. Douglas Adams sollte als Autor humoristischer Science-Fiction-Geschichten alles aus Sicht eines unbedarften, aber redegewandten Laien beschreiben. Seine Auftraggeber erhofften sich von ihm eine unverbrauchte und originelle Perspektive und wurden nicht enttäuscht. Für Douglas Adams selbst erwies sich diese Erfahrung als geistige Frischzellenkur, die seine Weltsicht nachhaltig beeinflusste. »Mein Interesse an den Naturwissenschaften wurde eines Tages um das Jahr 1985 geweckt, als ich durch einen Wald auf Madagaskar wanderte«, erinnerte er sich im Oktober 2000.

Edward O. Wilson, der Begründer der Soziobiologie, nannte Madagaskar »einen kleinen Kontinent für sich«. Vor hundert Millionen Jahren war Madagaskar noch Teil der gigantischen Landmasse Gondwana. Doch die heute viertgrößte Insel der Welt löste sich vom Superkontinent und begann eine siebzig Millionen Jahre dauernde Norddrift in den Indischen Ozean. »Gerade so als ob diese großartige Insel ein Brocken von einem anderen Planeten wäre, welcher auf mysteriöse Weise in den Indischen Ozean eingebettet worden ist. Eigentlich ist sie eher so was wie ein Rettungsboot aus einem anderen Zeitalter«, beschrieb Douglas Adams Madagaskar in seinem Artikel für den Observer. Die Initiatoren hatten gut gewählt, als sie ausgerechnet einen Science-Fiction-Autor wie Douglas Adams nach Madagaskar sandten – es war fast wie eine Reise in der Zeit und auf einen fremden Planeten.

Die ersten Forscher, die ein Aye-Aye auf Madagaskar zu Gesicht bekamen, wussten nicht, wie sie es einordnen sollten. Sein langer buschiger Schwanz und seine Zähne erinnerten an ein Eichhörnchen,

Abb. 9.1 Der undurchdringliche Dschungel von Madagaskar beherbergt tausende Tier- und Pflanzenarten, die nur dort vorkommen.

die Ohren ließen eher an eine Art Opossum denken. Der deutsche Naturforscher Johann Christian Daniel von Schreber erkannte Ende des 18. Jahrhunderts, dass das Aye-Aye zu den Lemuren gehört. Das bestätigte der englische Zoologe Richard Owen (1804 – 1892) in einer

1863 veröffentlichten Arbeit, wobei er sich besonders auf die Untersuchung des Aye-Aye-Gebisses stützte.

Allerdings unterscheidet sich das Aye-Aye so stark von den anderen Lemuren, dass es die Zoologen in eine eigene Familie (Daubentoniidae) eingeordnet haben. Knochenfunde deuten darauf hin, dass es vor einigen Jahrhunderten noch eine weitere, wesentlich stattlichere Art gab, das Großfingertier, das drei- bis viermal so schwer gewesen sein dürfte wie das heutige Aye-Aye. Die heutigen Exemplare bringen es auf zwei bis drei Kilogramm Gewicht und können mit Schwanz bis zu 90 Zentimeter lang werden.

Aye-Ayes füllen die ökologische Nische, die in unseren Breiten von Spechten und Eichhörnchen besetzt wird, die es beide auf Madagaskar nicht gibt. Auf der Suche nach Futter klopfen sie auf Äste und Stämme von Bäumen und sind in der Lage, mit ihren großen Ohren noch die feinsten Geräusche zu erhaschen, die Käferlarven in ihren Gängen im Holz machen. Mithilfe ihrer meißelartigen Schneidezähne und dem ausgeprägt langen Mittelfinger gelangen Aye-Ayes schließlich an ihre Beute. Daher stammt auch ihr anderer Name Fingertier. Wichtige weitere Futterquellen des Aye-Ayes sind die Nüsse des Kanari-Baums und der Nektar des »Baumes der Reisenden«, einem Strelitziengewächs.

Unter den Einwohnern Madagaskars ist das Aye-Aye übel beleumundet und gilt wegen seiner ausschließlich nächtlichen Aktivität als Unglücksbringer. Und so geht sein Name vermutlich auf den Schreckensschrei zurück, den diejenigen von sich geben, die ein Exemplar dieses seltsamen Tieres erblicken. Das Aye-Aye wurde und wird nicht zuletzt wegen seines schlechten Rufs gejagt und ist durch die zunehmende Zerstörung seines Lebensraums gefährdet. Gefällt werden vor allem die Bäume, die für das Aye-Aye eine wichtige Futterquelle darstellen, weil sie Holz zum Bau von Booten und Häusern liefern. Zu der Zeit, als sich Douglas Adams und Mark Carwardine auf ihre Expedition begaben, schien die kleine Insel Nosy Mangabé an der Nordostküste Madagaskars die einzige Zuflucht des Aye-Ayes zu sein. 1966 waren dort neun Exemplare angesiedelt worden, in der Hoffnung, dass sich ihr schwindender Bestand in diesem abgelegenen Reservat erholen würde.

Für Douglas Adams begann die Reise in den Dschungel von Nosy Mangabé im Frühjahr 1985. Nach großen Strapazen kam es zu einer kurzen, aber intensiven Begegnung zwischen dem groß gewachsenen Hominiden und einem leibhaftigen Aye-Aye. Douglas Adams erschien dieses Tier wie aus anderen Tierarten zusammengewürfelt: Es sah aus wie eine große Katze, aber mit Fledermausohren, Biberzähnen, einem Schwanz wie eine lange Straußenfeder, einem langen Mittelfinger, der eher wie ein toter Ast wirkte, und enorm großen Augen. Und dank Mark Carwardine wurde Adams bewusst, in welcher Beziehung er und die seltene Lemuren-Art standen. Er blickte gewissermaßen auf einen anderen Ast im Baum der Evolution, der sich vor fast hundert Millionen Jahren ausgebildet hatte, als sich Madagaskar vom damaligen Superkontinent Gondwana trennte. Die Lemuren waren einst die dominierende Primatenart auf unserem Planeten, auch dort, wo sich heute Deutschland befindet. So belegen Funde in der Schiefergrube in Messel bei Darmstadt, dass dort vor 50 Millionen Jahren Verwandte des Aye-Ayes beheimatet waren. Nur auf Madagaskar überlebte diese Primatengattung und entwickelte, wie Douglas Adams bemerkte, kein Interesse an Ästen als Werkzeuge, anders als unsere Vorfahren auf dem afrikanischen Festland. Das Aye-Aye konnte auf Äste dank seines langen Mittelfingers verzichten.

Wie Hawaii oder das Galapagos-Archipel beherbergt Madagaskar eine Flora und Fauna, die nur dort zu finden ist. Um absonderlichen Kreaturen zu begegnen war es also nicht nötig, eine fiktive Galaxis mit fantastischen Geschöpfen zu bevölkern. Die Erde bot zwar keine weißen Flecken auf der Landkarte mehr, aber es gab für Adams noch genug fremdartige Welten zu entdecken.

Allerdings bedrohten bereits die ersten Ureinwohner, die Madagaskar besiedelten, die einmalige Artenvielfalt der Insel, lange bevor die Europäer kamen. Die ersten Menschen auf Madagaskar kamen interessanterweise nicht vom afrikanischen Festland, sondern waren sogenannte Deuteromalaien, die vor rund 1500 Jahren den Weg von den indonesischen Inseln nach Madagaskar fanden. Diese ersten Siedler haben insbesondere die größten Vogelarten, die es je auf der Erde gab, auf dem Gewissen. Die verschiedenen Arten des Madagaskarstraußes – flugunfähige Riesenvögel, die dem neuseeländischen Moa ähnelten – wurden ausgerottet. Damit verschwand auch der schwerste Vogel von der Erdoberfläche, der *Aepyornis maximus*, der bis zu drei Metern hoch werden konnte, äußerst kräftige Beine besaß und es vermutlich auf stolze 300 Kilogramm Lebendgewicht brachte.

Abb. 9.2 Das nachtaktive Aye-Aye ist in freier Wildbahn nur sehr schwer zu beobachten.

Die ersten Siedler dezimierten auch die Lemuren und rotteten hier vor allem die größeren Arten aus. Hierzu gehörte eine Art, die sich wie ein Hund auf allen Vieren fortbewegte, und eine andere, die sich mit ihren langen Armen ähnlich wie ein Gibbon von Ast zu Ast hangelte. Eine der ausgerotteten Lemuren-Arten erreichte fast Gorillagröße und glich eher einem »übergroßen Koalabär«. Der Mensch hatte bereits viele Tierarten auf dem Gewissen, bevor sich die moderne Wissenschaft für die riesige Tier- und Pflanzenvielfalt auf unserem Planeten zu interessieren begann.

Für das Aye-Aye scheint es etwas Hoffnung zu geben. In den letzten zwanzig Jahren ist es in zahlreichen weiteren Orten auf Madagaskar gesichtet worden, heißt es in der »Roten Liste« der Weltnaturschutzunion IUCN, sodass seine Situation nicht mehr ganz so dramatisch erscheint wie noch 1985. Von allen Lemuren scheint es sogar am weitesten auf Madagaskar verbreitet zu sein. Doch die sporadischen Sichtungen lassen keine Aussagen über den tatsächlichen Bestand zu, sodass von einer wirklichen Entwarnung nicht gesprochen werden kann.

Vier Jahre nach ihrer ersten Reise brachen Douglas Adams und Mark Carwardine erneut auf, um eine ganze Reihe von bedrohten Tierarten aufzuspüren und für die BBC die Radioserie »Die Letzten ihrer Art« zu machen. Die Reiseroute führte unter anderem zu den Komodo-Waranen in Indonesien, den Kakapos in Neuseeland, den Berggorillas und Weißen Nashörnern in Zaire und zum Jangtse-Flussdelphin. »Wir hängten eine Weltkarte an die Wand, Douglas steckte überall da eine Nadel hin, wo er gerne hin wollte, und ich, wo es besonders bedrohte Tierarten gab. Wir reisten dann überall dorthin, wo zwei Nadeln steckten«, erinnerte sich Mark Carwardine.

Douglas schrieb das Begleitbuch zur Radioserie, das zwar nicht die Verkaufszahlen seiner anderen Bücher erreichte, aber das Werk darstellte, auf das er am meisten stolz war.

Die Letzten ihrer Art lesen, sehen und hören

Auch wenn Douglas Adams immer wieder betonte, dass »Die Letzten ihrer Art« sein eigenes Lieblingsbuch sei, so ist das Buch nur ein Teil von dem, was die Expeditionen zu den vom Aussterben bedrohten Tieren an Ertrag gebracht haben. Der notorischen Trödelei von Douglas Adams oder – je nach Perspektive – der unbarmherzigen Deadline seines Verlegers war es geschuldet, dass es zwei der besuchten, bedrohten Tierarten nicht mehr ins Buch schafften: die Juan Fernández-Fellrobbe und das Amazonas-Manatee, eine Seekuh-Art. Sie waren aber Teil der Original-Radioserie, die mit insgesamt sieben halbstündigen Folgen auf BBC Radio 4 zu hören war und mittlerweile im Internet wieder zu hören ist (www.bbc.co.uk/lastchancetosee/sites/radio/), allerdings leider nicht außerhalb Großbritanniens.

Die unterschiedlichen Ausgaben des Buchs zur Radioserie enthalten in unterschiedlicher Auswahl nur einen Bruchteil der aufgenommenen Fotos, von denen immerhin 800 auf der 1995 erschienenen (Deutsche Ausgabe 1998) und mittlerweile längst vergriffenen CD-ROM zu finden sind. Diese enthält zudem zusätzlich aufgenommene Schilderungen von den Reisen, etwa eine Stunde Auszüge aus der Radioserie und das komplette Buch, gelesen von Douglas Adams. Es lohnt sich, die CD-ROM anzuschauen und anzuhören, wenn man sie tatsächlich einmal in die Finger bekommen sollte, selbst wenn sie für die heutigen technischen Standards unspektakulär daherkommt. (Die gekürzte englische Hörbuchversion von »Die Letzten ihrer Art« ist 1991 nur auf Tonkassette erschienen und auch nicht mehr erhältlich.)

Wer erfahren möchte, wie es den von Douglas Adams und Mark Carwardine besuchten Tierarten bis heute ergangen ist, der sollte sich die neue Fernsehserie »Last Chance to See« von Mark Carwardine anschauen, der 2009 mit Stephen Fry, einem engen Freund von Douglas Adams, auf die Reise gegangen ist. Zur Serie, die es mittlerweile auch auf DVD gibt, ist ein reich bebildertes Begleitbuch aus der Feder von Mark Carwardine erschienen.

Douglas, Darwin und Dawkins

Die Erfahrungen, die Douglas Adams bei der Begegnung mit der bedrohten Tierwelt auf Madagaskar gemacht hatte, flossen auch in das nächste Werk ein, das er in Angriff nahm: »Dirk Gently's Holistische Detektei«. Ohne seine erste Expedition mit Mark hätte er sicher nicht die rührende Szene geschrieben, in der Dirk Gently und Richard MacDuff zusammen mit Professor Chronotis einem lebenden Dodo gegenübertreten, der auf Mauritius um 1690 völlig ausgerottet worden war. Dieser etwa einen Meter große flugunfähige Vogel war für die Seeleute und die eingeschleppten Haustiere eine leichte Beute. Der Professor bekennt jedoch, dass er es war, der für das Aussterben dieses eigentümlichen Vogels verantwortlich war, weil er versucht hatte, den Quastenflosser zu retten. Die äußerst komplexen Zusammenhänge von Ursache und Wirkung, die dabei eine Rolle gespielt hatten, vermochte Chronotis nicht zu entwirren. Dass Richard MacDuff nebenbei darauf hinweist, zwar nicht auf Mauritius, aber dafür schon einmal auf Madagaskar gewesen zu sein, ist eine dezente Anspielung auf die erste Expedition von Douglas Adams mit Mark Carwardine.

Der erste Dirk Gently-Roman bescherte Douglas Adams einen ganz besonderen Fanbrief. Geschrieben hatte ihn der Zoologe und engagierte Vertreter der Darwinschen Evolutionstheorie Richard Dawkins, der vom Buch nach eigenem Bekunden so begeistert war, dass er es nach der ersten Lektüre gleich noch mal las. Dawkins, Jahrgang 1941, galt schon damals als sehr einflussreicher Biologe, der sich insbesondere mit seinem Buch »Das egoistische Gen« (1976) einen Namen gemacht hatte.[3)] Dawkins ist nicht nur ein engagierter Fürsprecher für Darwins Evolutionstheorie, sondern auch ein angriffslustiger und durchaus nicht unumstrittener Gegner jedes Gottesglaubens.

Adams fühlte sich durch Dawkins Fanbrief geschmeichelt und lud ihn zu sich nach Hause ein. Aus der gegenseitigen Bewunderung der beiden überzeugten Atheisten wurde eine Freundschaft, in der sich beide nicht zuletzt über alle möglichen Themen der Wissenschaft und Technik austauschten. Douglas Adams wurde für Dawkins zum jederzeit erreichbaren Ratgeber bei jeglichen Computerproblemen. Aber noch wichtiger dürfte wohl gewesen sein, dass Dawkins über

Douglas Adams seine spätere Ehefrau Lalla Ward kennen lernte, die als Begleiterin Romana des vierten Doctor Who bekannt geworden war.

Als Douglas Adams gefragt wurde, welches Buch sein Leben verändert habe, nannte er »Der blinde Uhrmacher« (1986) von Richard Dawkins. Liest man es, so verwundert es nicht, warum es Douglas Adams so nachhaltig beeindruckte. All die Aspekte der Evolution, die Douglas Adams besonders in den ersten beiden Anhalter-Romanen auf spaßige Weise angeschnitten hatte, behandelt Dawkins darin mit großem wissenschaftlichem Ernst. »Sein Thema ist nichts weniger als der Sinn des Lebens, und er geht dieses Thema mit einer geradezu religiösen Inbrunst eines Geistlichen an und mit dem Verstand eines Wissenschaftlers«, urteilte die Times.

Dawkins missionarischer Eifer erklärt sich sicherlich auch aus der Tatsache, dass sich auch heutzutage Streitigkeiten um Religion und den Gottesgedanken vor allem an der Evolutionstheorie entzünden – man denke nur an die Auseinandersetzung um den »Kreationismus« in den USA. Charles Darwins genialer Gedanke, der in den 150 Jahren nach der Veröffentlichung von »Der Ursprung der Arten« vielfältig weiter entwickelt wurde, besagt, dass sich neue Arten dadurch entwickeln, dass auf eine zufällige, ungerichtete und erbliche Variation (heute spricht man meistens von Mutation) ein nicht zufälliger Selektionsprozess wirkt, der vor allem durch die Konkurrenz um Nahrung und Erfolg bei der Fortpflanzung bestimmt ist.

Charles Darwin war selbstverständlich nicht der erste, der eine Theorie des Artenwandels vorlegte, aber seine Ideen erwiesen sich letztlich als am fruchtbarsten. Im Gegensatz beispielsweise zu den Vorstellungen von Jean-Baptiste Lamarck (1744 – 1829), der davon ausging, dass sich Lebewesen durch ihr Verhalten an ihre veränderte Umwelt anpassen, und dies an ihre Nachkommen weiter vererben. Douglas Adams hat diese Idee in »Dirk Gently's Holistische Detektei« anhand Dirk Gentlys Fähigkeit, sich große Pizzastücke in den Mund zu stopfen, verdeutlicht: »Richard kam der Gedanke, wenn Lamarck recht hätte und man nähme in Dirks Verhalten über mehrere Generationen ein durchgehendes Prinzip an, dann bestünde die Aussicht, dass schließlich eine radikale Umorganisation im Innern des menschlichen Schädels einträte.« Doch wir wissen mittlerweile, dass Lamarck falsch lag. Wir können uns noch so sehr anstrengen, eine

Fähigkeit zu erlernen, zum Beispiel das Spielen eines Musikinstruments, eine Sportart oder eine Sprache, doch wir können nichts davon im Rahmen der Fortpflanzung einfach an unsere Nachkommen vererben. Richard Dawkins befasste sich daher nicht mehr mit Lamarcks Ideen, sondern wandte sich mit einem wahren Feuereifer der Darwinschen Evolutionstheorie zu und entwickelte sie mit einer eigenen Interpretation weiter. Er geht davon aus, dass nicht Arten die Einheit darstellen, auf die die Selektion wirkt, sondern Gene als sogenannte »Replikatoren«. Diejenigen Gene, die am meisten Kopien von sich selbst im Laufe der Fortpflanzung der Organismen anfertigen konnten, setzen sich im Laufe der Evolution durch. In einer extremen Interpretation sind die Lebewesen also nur »Behältnisse« für das »Egoistische Gen«, so der Titel des ersten Buchs von Richard Dawkins. Doch neben der Popularisierung seiner Ideen geht es Dawkins in seinen Büchern immer auch um die Verteidigung der Grundideen Darwins, und in seinen neueren Werken mehr und mehr um die Ablehnung jeder Art von Gottesvorstellung.

Douglas Adams ist in »Per Anhalter durch die Galaxis« das Kunststück gelungen, die fast zum Klischee erstarrten Streitereien um die Evolution und über die Idee eines Schöpfergottes in etwas sehr Komisches zu verwandeln, indem er das Ganze im Eintrag des galaktischen Reiseführers über den Babelfisch (den man einfach ins Ohr stecken kann, um alle Sprachen des Universums zu verstehen) eine Stufe weiterdrehte: Statt Darwinist und Evolutionsgegner diskutieren nun der Mensch und Gott über das Für und Wider einer Evolution – mit fatalen Folgen für Gott, der sich schließlich in ein Logikwölkchen auflöst. Der Ausgangspunkt in beiden Fällen war die Frage, ob sich so ein komplexes Lebewesen wie der Mensch zufällig durch Mutation und Selektion entwickeln konnte, oder ob es nicht zwingend sei, einen göttlichen Eingriff anzunehmen.

In seiner Argumentation betont Dawkins, dass es keinesfalls nur blinder Zufall sei, der für die Entstehung der Lebewesen und neuer Arten verantwortlich sei. Gerade diese Annahme sei oft der Anlass, gegen die Darwinsche Evolution zu argumentieren, da das Zustandekommen selbst des primitivsten Einzellers so extrem unwahrscheinlich sei, dass es an Unmöglichkeit grenze. Dass Mutation und Selektion durchaus in der Lage sind, die Entwicklung der Lebewesen zu erklären, illustriert Dawkins am plakativen Bild der Affen, die zufällig und ziellos auf einer Schreibmaschine tippen. Dieses einprägsame Bild der unendlich vielen tippenden Affen fand seinen Eingang in »Per Anhalter durch die Galaxis«: Als Ford und Arthur an Bord der »Herz aus Gold« mit ihrem Unendlichen Unwahrscheinlichkeitsantrieb gelangen, wird Arthur mit unendlich vielen Affen konfrontiert, die mit den beiden über ihr Hamlet-Drehbuch reden wollen. Der Physiker James Jeans schrieb in seinem Buch »The Mysterious Universe« das Beispiel der tippenden Affen fälschlicherweise dem Biologen Thomas Huxley zu, der es 1860 in seinem Streitgespräch mit dem Anglikanischen Bischof Samuel Wilberforce verwendet haben soll. Doch die Vorstellung, auf zufällige Weise sinnvollen Text zu produzieren, lässt sich zum Beispiel auch auf Jonathan Swift zurückgeführt, der eine ganz ähnliche Methode bei Gullivers Besuch der Akademie von Lagado beschrieb, einem Panoptikum absurder Forschungsaktivitäten. Darunter eine Maschine, die aus einem quadratischen Rahmen besteht, in dem drehbare Reihen von Holzwürfeln eingebaut sind, die mit Wörtern aller Art beklebt sind. Durch einen Kurbelmechanismus drehen sich nicht nur die Würfel, sondern auch ihre Anordnung zueinander, so dass sich immer neue Wortfolgen ergeben. Dutzende Schüler müssen sich damit abmühen aus den Zufallsergebnissen sinnvolle Satzteile herauszupicken, die später in dicken Bänden gesammelt werden. Die ehrgeizige Absicht des Erfinders dieser Maschine: Die Satzteile zusammenzusetzen, um daraus ein vollständiges System aller Geistes- und Naturwissenschaften zu liefern. Affen an die Schreibmaschine zu setzen erscheint dagegen nicht mehr sonderlich skurril.

Dawkins setzte die tippenden Affen als Computerprogramm um, das zufällig eine Folge von 28 Buchstaben erzeugt. Wie wahrscheinlich ist es, fragte Dawkins, dass dabei zufällig das Hamlet-Zitat »Methinks it is like a weasel« herauskommt. Wenn man das Alphabet aus 26 Buchstaben und das Leerzeichen zugrunde legt, dann beträgt die Wahrscheinlichkeit dafür (1/27) hoch 28. Für die Wahrscheinlichkeit kommt dabei eine Zahl heraus, die 41 Nullen hinter dem Komma hat. Die Wahrscheinlichkeit dafür, per Zufall die kompletten Werke von Shakespeare zu produzieren, entspricht damit so gut wie null. Auf den unglaublich komplexen Aufbau der Lebewesen angewendet kann demnach nur die Folgerung lauten, dass auch ihre zufällige Entstehung so unwahrscheinlich ist, dass man gezwungenermaßen die Existenz eines Schöpfergottes annehmen muss.

Doch Dawkins modifizierte sein Computerprogramm. Statt ein ums andere Mal eine zufällige Buchstabenkombination auszuspucken, kopiert der Computer die einmal erzeugte Zufallskombination mehrfach, wobei beim Kopiervorgang zufällig erzeugte »Fehler« eingebaut werden. Anschließend wird diejenige Kopie ausgewählt, die dem Zitat »Methinks it is like a weasel« am ähnlichsten ist, und der Kopiervorgang nun mit der neuen Kombination wiederholt. So nähert man sich in jeder weiteren »Generation« an das Shakespeare-Zitat an. Mit seinem Weasel-Programm gelangte Dawkins in deutlich weniger als 100 Generationen zum Hamlet-Zitat.

2003 scheiterte der sicher nicht ganz ernst gemeinte Versuch, richtige Affen auf einer Schreibmaschine tippen zu lassen, um Shakespeares Werke zu reproduzieren, auf eindrucksvolle Weise. Nach einem hoffnungsvollen Anfang (»ff vvvvvvvpppsssgg…«) erzeugten sechs Makaken im Zoo der englischen Stadt Paignton einen Text, der im Wesentlichen aus dem Buchstaben »s« bestand. Nur sehr wenige Stellen boten willkommene Abwechslung, wie beispielsweise im Mittelteil (»…ssaaavalavgggggggggggggv…«) oder am Schluss (»…blbbbbnnfllmnnmjfgmnmmmasssssssjjkbhnmnn«).[4)]

Das Weasel-Programm von Dawkins ist natürlich kein Beweis für die Evolutionstheorie, aber veranschaulicht eindrucksvoll, wie zufällige Mutationen und der nicht zufällige Selektionsprozess zusammenwirken und extrem viel schneller als bloße »Einzel-Schritt-Selektion« zu komplexen Organismen führen können. Auch wenn das Prinzip der Evolution einsichtig ist, gibt es noch viel zu tun, um diese in jedem Detail zu verstehen. Welche Faktoren die entscheidende Rolle bei Mutation und Selektion in der Natur spielen, wie sich die Genetik in der Evolutionstheorie verankern lässt – das sind Fragen, die in einem solchen Umfang erforscht und diskutiert wurden und werden, dass sie sich hier bestenfalls anreißen lassen.

Der Zoologe Thomas Weber identifiziert in seiner Einführung zum Darwinismus die Vorstellung der »Genauslese« von Dawkins als eine von zwei extremen Sichtweisen der Evolution. Der Gegenpol dazu sind die Ansichten des 2002 gestorbenen amerikanischen Paläontologen Stephen Jay Gould, die Weber so charakterisiert: Arten, die ein größeres Verbreitungsgebiet haben, sind »robuster« gegenüber katastrophalen Naturereignissen, wie z. B. lokalen Klimaänderungen oder Vulkanausbrüchen. Dafür müssen sie nicht zwingend vorteilhafte Genanlagen besitzen, denn allein durch die weitere Verbreitung ist das Überleben eines großen Teils der Population gewährleistet, so dass daraus im Verlauf der Evolution neue Arten entstehen können.. Dies zeige, dass nicht allein die natürliche Auslese der »egoistischen« Gene der zentrale Faktor ist. Ein weiterer wichtiger Unterschied zwischen Dawkins und Gould betrifft den Einfluss der Gene auf Gestalt und Verhalten von Lebewesen, kurz ihrem Phänotyp. Dawkins geht davon aus, dass sich genetische Unterschiede konsequent im Phänotyp widerspiegeln, während Gould ein solches eindeutiges Verhältnis bestritt. Die meisten Evolutionsbiologen lassen sich selbstverständlich nicht auf diese beiden Positionen festlegen, sondern vertreten eher Mischformen aus beiden oder weitere alternative Ansichten. Wie die evolutionäre Entstehung der Arten im Detail, nicht zuletzt auf genetischer Ebene, funktioniert, ist immer noch Gegenstand der aktuellen Forschung. Unabhängig von allen Detailfragen ist es für Richard Dawkins jedoch eine unumstößliche Wahrheit, dass Mutation und Selektion für die Entstehung der Arten und somit auch letztlich des Menschen verantwortlich sind und nicht etwa ein Gott. Kreationisten, die sich in Bezug auf die Schöpfung mehr oder weniger strikt auf den Wortlaut des Alten Testaments berufen, kritisieren beispielsweise, dass es bei den fossilen Funden viele Lücken gibt, sodass sich eine natürliche Evolution gar nicht ausreichend belegen lasse. Diese Streitigkeiten sind keineswegs rein wissenschaftlicher Natur, sondern führen auch zu Auseinandersetzungen über die Lehrpläne an amerikanischen Schulen.

Der Kampf von Dawkins gegen Gottesglauben und Religion hat in den letzten Jahren eine gewisse Verbissenheit erkennen lassen. So schlug er als Alternative zum christlichen Weihnachten vor, den 25. Dezember zum »Newton-Tag« auszurufen, weil der große Physiker an diesem Tag im Jahr 1642 geboren wurde. Bei näherer Betrachtung ist dies ein wirklich kurioser Vorschlag, denn zum einen nahm Isaac Newton in vielem noch das Wirken Gottes an, und zum anderen bezieht sich das Datum auf den damals noch in England gebräuchlichen Julianischen Kalender. Nach heutiger Zeitrechnung fällt Newtons Geburtstag auf den 4. Januar 1643. Im Januar 2009 ließ Dawkins sogar in einer groß angelegten Kampagne in London und anderen englischen Städten öffentliche Busse mit dem Slogan »There's probably no god – now stop worrying and enjoy your life« bekleben (»Es gibt wahrscheinlich keinen Gott. Hört jetzt auf, euch Sorgen zu machen, und genießt euer Leben«).[5] In der begleitenden Plakataktion wurde neben Katherine Hepburn und Albert Einstein auch der ebenfalls überzeugte Atheist Douglas Adams zitiert: »Genügt es nicht, zu sehen, dass der Garten schön ist, ohne daran glauben zu müssen, dass es dort Feen gibt?«

Der Streit zwischen religiösen Fundamentalisten und atheistischen Naturwissenschaftlern dürfte sich vermutlich nie für beide Seiten zufriedenstellend beilegen lassen. Dazu trägt sicherlich auch bei, dass sich die Evolutionsforschung nicht auf einen einfachen Nenner bringen lässt, so einfach sich der geniale Grundgedanke Darwins, den er allerdings erst nach jahrelangem Forschen und Grübeln gewonnen hatte, auch ausdrücken lassen mag.

Douglas Adams begeisterte die Beschäftigung mit der Evolutionstheorie nachhaltig für die Naturwissenschaft. Im Gespräch mit Richard Dawkins für dessen Fernsehsendung »Break the Science Barrier« (1996) bekannte Adams: »Die Welt ist eine Sache von so unerhörter Komplexität, Reichtum und Seltsamkeit, die absolut Ehrfurcht gebietend ist. Die Vorstellung, dass eine solche Komplexität nicht nur aus einer derartigen Einfachheit, sondern möglicherweise aus absolut nichts entstehen kann, ist die sagenhafteste und außergewöhnlichste Idee. Und wenn man einmal eine Ahnung davon bekommen

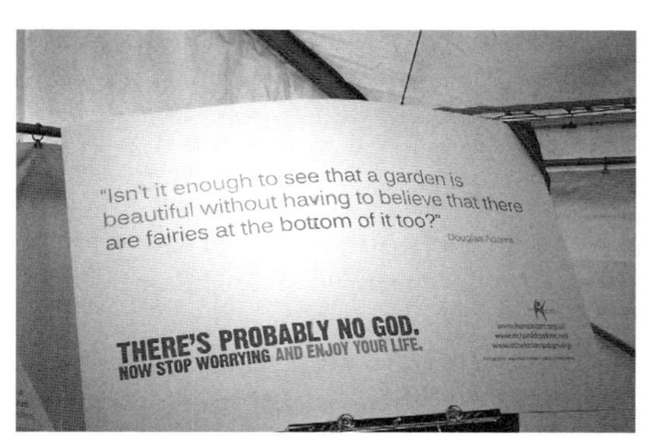

Abb. 9.3 Für die groß angelegte Atheismus-Kampagne von Richard Dawkins fand auch ein Zitat von Douglas Adams auf einem Plakat Verwendung.

hat, wie das passiert sein könnte, ist das einfach wundervoll. Ich empfinde die Gelegenheit, siebzig oder achtzig Jahre in einem solchen Universum zu leben, als eine mehr als lohnende Zeit, soweit es mich betrifft.«

Im Rückblick muss Douglas Adams die Idee für die außerirdischen Haggunenons überaus töricht vorgekommen sein. In der sechsten Folge des Hörspiels von »Per Anhalter durch die Galaxis« verlassen Arthur Dent und seine Freunde »Das Restaurant am Ende des Universums« nicht wie im Buch mit dem Show-Raumschiff von Desaster Area, sondern mit dem Raumschiff des Admirals der Haggunenon-Flotte. Wie sich herausstellt, können sich diese Wesen dank ihrer nervösen Chromosomen innerhalb kürzester Zeit in alles Mögliche verwandeln, einschließlich des Pilotensitzes oder des gefräßigen Plapperkäfers von Traal. Eine willentliche Veränderung des Phänotyps ist eine Unmöglichkeit, erst recht wenn sie so rasant und ohne jede Art von Fortpflanzungsakt ablaufen soll. Doch auch hier lässt sich ein Körnchen Wahrheit finden. Die Rekordhalter unter den Wirbeltieren, die am schnellsten neue Arten entwickeln, sind die Buntbarsche im afrikanischen Victoria-See, die eine wahre »Turboevolution« hingelegt haben. Forscher um den Zoologen und Evolutionsbiologen Axel Meyer von der Universität Konstanz haben 2009 herausgefunden, dass sich dort in einem entwicklungsgeschichtlich kurzen Zeitraum von nur 15 000 Jahren 500 Buntbarsch-Arten entwickelt haben. Auf den Galapagos-Inseln hat es dagegen acht Millionen Jahre gedauert, bis sich die dort lebenden 14 Darwin-Finken-Arten entwickelten. Die Haggunenons hätten Darwin vermutlich nicht zu einer brauchbaren Theorie, sondern um den Verstand gebracht. Aber an den Buntbarschen hätte er sicherlich seine Freude gehabt.

Holzwege im Wasser?

Trotz seiner intensiven Auseinandersetzung mit der Evolution blieb Douglas Adams natürlich zeitlebens nur ein gut informierter Laie, der aber nie müde wurde, über seine Begeisterung für wissenschaftliche Themen zu reden oder diese in seine Bücher einfließen zu lassen. So nimmt Douglas Adams das Pferd des Elektrischen Mönchs in »Dirk Gently's Holistische Detektei« als eine willkommene Gelegenheit, eine Anspielung auf die konvergente Evolution zu machen, also der Tatsache, dass nicht miteinander verwandte Arten im Laufe der Zeit ähnliche Merkmale entwickelt haben. Denn das Pferd ist, genau wie der Elektrische Mönch, außerirdischen Ursprungs, und doch »handelte es sich gleichwohl um ein völlig normales Pferd, wie es eine konvergente Entwicklung an vielen Orten hervorgebracht hat, an denen es Leben gibt«. Douglas Adams nimmt hier sicherlich auch die Tatsache aufs Korn, dass Außerirdische in der Science Fiction zumindest menschenähnliche Gestalt besitzen, was weniger auf evolutionäre Gründe als auf Budgetbeschränkungen zurückzuführen sein dürfte. Das prominenteste irdische Beispiel für eine konvergente Evolution ist sicher das Auge, dass sich mindestens vierzigmal in den unterschiedlichsten Bereichen der Tierwelt unabhängig voneinander entwickelt hat, wobei sich zehn verschiedene Funktionsprinzipien unterscheiden lassen.

Douglas Adams breites wissenschaftliches Interesse bewahrte ihn allerdings vor jeder Art von Fachidiotie, und so betrachtete er auch ungewöhnliche Hypothesen mit Unvoreingenommenheit und Neugier: »Mein liebster hoffnungsloser Fall ist die Aquatic Ape-Hypothese, von der ich beeindruckt bin », schrieb er 2001 im Vorwort zum Buch »Digging holes in Popular Culture«, das Aufsätze zum Thema Archäologie und Science-Fiction versammelte und erst nach seinem Tod erschien.

Die »Wasseraffen-Hypothese« versucht die Besonderheiten des Menschen, wie seinen aufrechten Gang auf zwei Beinen oder das Fehlen einer nennenswerten Körperbehaarung in Form eines Fells, dadurch zu erklären, dass der Mensch in seiner Entwicklungsgeschichte eine teilweise aquatische (wasserlebende) Phase durchgemacht hat. In diesem Fall wäre der Mensch also nicht von den Bäumen herabgestiegen, sondern aus dem Wasser aufgetaucht. Diese umstrittene Theorie, bekannter unter der englischen Bezeichnung »Aquatic Ape Theory«, geht auf den Meeresbiologen Alister Hardy zurück, der die ersten Ideen dazu im Jahre 1929 entwickelte.[6] Doch Hardy wagte es erst 1960, seine Theorie in einem Artikel im populärwissenschaftlichen Magazin New Scientist zu veröffentlichen. Hardys Freunde hatten ihn gewarnt, dass es ihn seine Karriere kosten könnte, wenn er mit einer solch gewagten These an die Öffentlichkeit treten sollte. Tatsächlich stieß seine These auf fast einhellige Ablehnung oder wurde einfach ignoriert.

Die Autorin Elaine Morgan (geb. 1920) war die erste, die Anfang der 70er-Jahre Hardys Thesen aufgriff. Morgan hatte in Oxford einen Universitätsabschluss in Englisch gemacht und nach ihrem Studium eine Karriere als Journalistin eingeschlagen, bevor sie sich als Drehbuchautorin für das BBC-Fernsehen einen Namen machte. 1972 schrieb sie ein feministisch motiviertes Buch über das Verhältnis der Geschlechter (»Descent of Woman«), in dem sie sich mit der Evolution aus weiblicher und männlicher Sicht befasste. Dafür suchte sie eine Alternative zu den weithin akzeptierten Ansichten des australischen Anthropologen Raymond Dart, wonach die Vorfahren der heutigen Affen auf den Bäumen blieben, während unsere Ahnen sich ins Grasland der Savanne begaben und dort zu Jägern wurden. Bei ihrer Recherche stieß Elaine Morgan auf Hardys Thesen und begann, sich intensiver damit zu beschäftigen und schließlich auch Bücher darüber zu schreiben. Dennoch stießen Hardys Thesen weiterhin in der akademischen Forschung auf so gut wie keine Resonanz. 1987 kam es immerhin zu einer ersten Konferenz im niederländischen Valkenburg, auf dem die Wasseraffen-Hypothese kontrovers diskutiert wurde, zwölf Jahre später folgte ein zweites Symposium im belgischen Gent, auf dem durchaus auch versöhnliche Töne vonseiten der Gegner der Wasseraffen-Hypothese zu vernehmen waren. Eine wichtige Aufgabe der Debatte um diese Hypothese sei es gewesen, heißt es im Fazit des Konferenzbandes, der etablierten Wissenschaft die Pflicht aufzuerlegen, zuzuhören und sich nicht zu scheuen, die eigene Position neu zu formulieren, und so deren Qualität zu verbessern.

»Ich war immer diejenige, die meine These verteidigen musste, und niemand sah es für nötig an, die orthodoxe Sichtweise zu verteidigen«, betont Elaine Morgan, die dadurch, dass sie keiner Universität angehörte, weiterhin isoliert blieb. Das änderte sich, als sie in den frühen 90er-Jahren persönlich auf Douglas Adams traf. »Ich war eingeladen worden, einen Vortrag über die Wasseraffen-Theorie am Fachbereich Anthropologie der Universität Oxford zu halten. Douglas Adams war unter den Zuhörern, genau wie sein Freund Richard Dawkins – wahrscheinlich weil Douglas ihn überredet hatte mitzukommen«, erinnert sie sich. Nach dem Vortrag kamen Elaine Morgan und Douglas Adams ins Gespräch. »Es war in den frühen Tagen des Internets und er versuchte mit großem Enthusiasmus jeden dazu zu bringen, dieses faszinierende neue Kommunikationsmittel für sich zu nutzen. Er riet mir, online zu gehen, um für meine Ideen zu werben. Ich bin seinem Rat gefolgt«, sagt Elaine Morgan. Auch im Internet wurde sie hauptsächlich mit ablehnenden Reaktionen konfrontiert, erhielt aber, wie sie betonte, einen guten Eindruck von der geistigen Haltung durchschnittlicher Anthropologiestudenten.

In den vergangenen zehn Jahren ist Bewegung in die Diskussion um die Wasseraffen-Hypothese gekommen. Die meisten Forscher lehnen zwar den extremen Standpunkt ab, dass der Mensch in einer gewissen Phase seiner Entwicklung gänzlich im Wasser gelebt haben könnte. Aber die Theorien zur Entstehung des modernen Menschen konzentrieren sich nicht allein nur noch auf die trockene Savanne, sondern nehmen mehr und mehr auch die Rolle von Gewässern als Lebensraum der frühen Menschen in den Blick. In Deutschland vertritt beispielsweise der deutsche Humanbiologe Carsten Niemitz von der Freien Universität Berlin eine »amphibische Theorie«, nach der es im Laufe der menschlichen Entwicklungsgeschichte Perioden gab, in denen die Menschen in Uferregionen lebten und durch das Wasser waten mussten, was insbesondere die Entwicklung eines aufrechten Gangs begünstigt habe.

»Die Wasseraffen-Hypothese ist eine Idee, die es, wie mir scheint, mehr als verdient ordentlich überprüft zu werden. Einfach ablehnen, wäre zu einfach. Widerlegen ist eine viel härtere Aufgabe, die aber für alle Beteiligten besser ist«, meinte jedenfalls Douglas Adams.

Elaine Morgan hat sich jedenfalls bei all ihrem Einsatz für Hardys Thesen eine offene Haltung bewahrt, die für eine wissenschaftliche Auseinandersetzung unabdingbar ist. Sie betont, dass es neben der Savannen-Theorie und der Wasseraffen-Hypothese durchaus noch andere Erklärungsmöglichkeiten geben könnte, warum der Mensch schließlich zum haarlosen, sprechenden Zweibeiner wurde. Die Frage, wie der Mensch zu dem wurde, was er ist, und warum er sich selbst von seinen nächsten Affenverwandten so stark unterscheidet, bleibt jedenfalls eine faszinierende Frage, deren Beantwortung jede wissenschaftliche Anstrengung wert sein dürfte. Hauptsache, es kommt dabei nicht wie in »Das Restaurant am Ende des Universums« heraus, dass wir von den Friseuren, Autohändlern, Telefondesinfizierern und Unternehmensberatern vom Planeten Golgafrincham abstammen.

10
Die zweitintelligenteste Lebensform auf dem Planeten

> Nach und nach wurde [...] klar, daß die Intelligenz der Delphine die des Menschen bei weitem übertreffe. Jedoch verfügten sie wegen ihrer Lebensweise unter Wasser über zu wenig Kenntnisse, als daß sie ihr Denken nutzbringend verwerten können.
>
> *Leo Szilard, Die Stimme der Delphine (1960)*

> Es ist eine bedeutende und allgemein verbreitete Tatsache, daß die Dinge nicht immer das sind, was sie zu sein scheinen. Zum Beispiel waren die Menschen auf dem Planeten Erde immer der Meinung, sie seien intelligenter als die Delphine, weil sie so vieles zustande gebracht hatten – das Rad, New York, Kriege und so weiter, während die Delphine doch nichts weiter taten, als im Wasser herumzutoben und sich's wohlsein zu lassen. Aber umgekehrt waren auch die Delphine der Meinung, sie seien intelligenter als die Menschen, und zwar aus genau den gleichen Gründen.
>
> *Per Anhalter durch die Galaxis, Kapitel 23*

Die Delphine spielen in der Geschichte von »Per Anhalter durch die Galaxis« eine ebenso wichtige wie rätselhafte Rolle. Sie erfahren als Erste von der drohenden Zerstörung der Erde, wobei nie geklärt wird, auf welchem Weg. Sie verlassen die Erde rechtzeitig, wobei unbekannt bleibt wohin. In »Macht's gut, und danke für den Fisch« zeigt sich, dass die Delphine der Menschheit ein rettendes Hintertürchen offen gelassen hatten, und die Vogonen die Erde doch nicht erfolgreich ausradieren konnten. All diese mysteriösen Vorkommnisse scheinen klar zu belegen, dass wir die Delphine immer unterschätzt haben. Douglas Adams hat die erstaunliche Leistung vollbracht, die faszinierenden Meeressäuger in den Anhalter-Büchern zu thematisieren, ohne dass darin jemals ein einziger, lebender Delphin in Erscheinung tritt.

Delphine haben die Menschen schon seit der Antike fasziniert. Man hielt sie für göttliche Boten und es galt bei Griechen wie Römern als Frevel, einen Delphin zu töten. Unser heutiges Bild dieser Meeressäuger ist sicherlich mehr von der Fernsehserie »Flipper« als von antiken Mythen und Erzählungen geprägt. Und auch die Science-Fiction hat sich mit ihnen beschäftigt. So schrieb der ungarisch-amerikanische Physiker Leo Szilard im Jahr 1960 die Kurzgeschichte »Die Stimme der Delphine«, in der die Delphine sich durch einen Zufall als deutlich intelligenter als die Menschen herausstellen. Forscher des »Biowissenschaftlichen Instituts« in Wien entdecken eine Möglichkeit, wie sie die Meeressäuger zu geistigen Höchstleistungen animieren können. Die Delphine zeigen eine außerordentliche Vorliebe für eine bestimmte Sorte Leberpastete, die sich zu einer wahren Sucht entwickelt. Die Forscher nutzen dies aus, um den Delphinen Mathematik, Chemie, Physik und schließlich Biologie beizubringen. In Szilards Geschichte überflügeln die Delphine die Wissenschaftler rasch und übernehmen schließlich die Leitung des Forschungsinstituts. Sie werden sogar zu gefragten politischen Beratern und vermitteln zwischen den beiden atomaren Großmächten. Szilards Geschichte erweist sich letztlich als eine Parabel auf die atomare Bedrohung und die Frage, wie dieser beizukommen ist. Auch im Roman »Der Krieg der Delphine« (»A Deeper Sea«, 1992) von Alexander Jablokov geraten die Delphine zwischen die Fronten der Weltpolitik. Der russische Wissenschaftler Ilja Stasov entdeckt im Jahr 2015, dass die Griechen den Delphinen bereits in der Antike ihre Sprache beigebracht hatten. Stasov zeigt sich jedoch skrupellos und verwandelt Delphine in bewaffnete Cyborgs, die im Krieg gegen Japan als Geheimwaffe eingesetzt werden. Doch die Meeressäuger durchkreuzen alle Pläne des

Menschen und verfolgen ihre eigenen Ziele und zeigen ihre Überlegenheit dadurch, dass sie mit intelligenten Bewohnern des Jupiters in Kontakt stehen, lange bevor die Menschen diese entdeckt haben.

Solche Geschichten mögen etwas reißerisch daherkommen, aber die Hoffnung, mit den Delphinen in Kommunikation treten zu können, faszinierte schon immer die Wissenschaft. Der Arzt John C. Lilly setzte sich in den 50er-Jahren das ehrgeizige Ziel, die Sprache dieser Meeressäuger zu entschlüsseln. Lilly war fest davon überzeugt, dass Delphine nicht nur eine eigene Sprache, sondern sogar eine eigene Ethik besitzen. Trotz seiner ausgedehnten Forschungen bis in die 70er-Jahre konnte er seine kühnen Thesen nie zufriedenstellend belegen. 1961 nahm er an einem ersten Treffen über die Suche nach Signalen außerirdischer Zivilisationen teil. Der amerikanische Astronom Frank Drake hatte den Anstoß zu diesem Treffen am Green Bank-Observatorium im US-Bundesstaat West Virginia gegeben, das die Keimzelle für alle späteren SETI-Projekte (SETI = Search for Extraterrestrial Intelligences) bildete. Die Wissenschaftler sahen damals in der Herausforderung, sich mit Delphinen zu verständigen, einen Testfall für die Kommunikation mit möglichen außerirdischen Intelligenzen.

Douglas Adams hat in »Per Anhalter durch die Galaxis« dem Verhältnis zwischen Mensch und Delphin eine überraschende Wende gegeben und sich dabei des Klischees einer direkten Kommunikation zwischen Mensch und Delphin gar nicht erst bedient. Im galaktischen Reiseführer schneidet der Mensch, wenn es um die Frage nach der intelligentesten Lebensform auf der Erde geht, unerwartet schlecht ab. Er landet auf einem undankbaren dritten Platz, nach den Mäusen und den Delphinen. Dass wir uns mit den Mäusen intellektuell nicht messen können, liegt auf der Hand, denn sie sind schließlich die Projektion unsagbar hyperintelligenter, pandimensionaler Wesen in unsere Dimension. Doch was ist mit den Delphinen? Auch sie sind den Menschen laut »Per Anhalter durch die Galaxis« haushoch überlegen. Das zeigt sich nicht zuletzt dadurch, dass sie in der Lage sind, kollektiv die Erde zu verlassen, kurz bevor diese von den Vogonen zerstört wird.[1)] Wie sie das gemacht haben, bleibt allerdings ihr Geheimnis, das im Laufe der gesamten Anhalter-Saga nicht gelüftet wird. In »Macht's gut, und danke für den Fisch« verwickeln sich Arthur und Fenchurch über das spurlose Verschwinden der Meeressäuger in einen Dialog, der die gemeinsame Ratlosigkeit nur noch bestärkt. Auch ihr Besuch bei Wonko, dem Verständigen, der angeblich mehr über Delphine weiß als jeder andere Mensch auf der Erde, bringt keine Antwort. Doch Wonko weiß immerhin zu berichten, dass er nicht nur die Sprache der Delphine erlernt hat, sondern auch erfahren hat, dass die Delphine durchaus in der Lage gewesen wären, mit der menschlichen Sprache zu kommunizieren, wenn sie nur gewollt hätten. Stattdessen hinterlassen sie jedem Menschen ein ganz besonderes Glasgefäß, in das die Abschiedsworte »Macht's gut, und danke für den vielen Fisch« graviert sind.

Die Frage nach Intelligenz im Tierreich gehört sicherlich zu den spannendsten Fragen in der Biologie. Bei vielen Tierarten lassen sich Verhaltensweisen beobachten, die eine gewisse Form von Intelligenz nahelegen. Nicht Schimpansen, die zu den engsten Verwandten des Menschen zählen, sondern auch Vögel oder Fischotter nutzen Steine oder Äste als einfache Werkzeuge, um an Nahrung zu kommen. Bei Elefanten ließ sich ein durchaus komplexes Sozialverhalten beobachten, und Raben und Krähen zeigen nicht nur erstaunliche Fähigkeiten, wenn es darum geht an Futter zu kommen, sondern auch wenn sie dieses verstecken möchten. Ein besonders berühmtes Beispiel für einen tierischen Schlauberger ist der Graupapagei Alex, der 2007 im Alter von 31 Jahren verstarb. Seiner Trainerin, der amerikanischen Tierpsychologin Irene Pepperberg, gelang es in einem Zeitraum von 19 Jahren Alex so zu trainieren, dass er 200 Wörter äußern konnte. Der Wortschatz, den er verstehen konnte, belief sich sogar auf 500 Wörter. Damit war Alex in der Lage, nicht nur nach Futter und Wasser zu fragen, sondern auch Objekte nach Größe und Farbe zu unterscheiden. Bei Zahlen kam er jedoch nicht über die sieben hinaus. Doch ist da wirklich Intelligenz im Spiel und nicht nur beeindruckendes, aber letztlich nur angelerntes Verhalten?

Uns fehlt die Messlatte, um das eindeutig zu beantworten. Schon die Vorstellung, dass es nur eine Art von Intelligenz beim Menschen gibt, die sich zuverlässig durch einen IQ-Test messen lässt, gilt als überholt. Mittlerweile sprechen Psychologen auch von emotionaler, sozialer oder motorischer Intelligenz. Der Erziehungswissenschaftler Howard Gardner unterscheidet sogar acht verschiedene Intelligenzen: sprachlich, musikalisch, logisch-mathematisch, bildlich-räumlich, körperlich-kinästhetisch, interpersonal, intrapersonal und naturalistisch.

Doch auch wenn es keine eindeutige und unumstrittene Definition von Intelligenz gibt, deuten viele Anzeichen darauf hin, dass die Delphine – im Einklang mit dem galaktischen Reiseführer – tatsächlich die wahrscheinlichsten Kandidaten für die zweitintelligenteste Lebensform auf der Erde sind, allerdings nach dem Menschen und nicht nach den Mäusen. Wichtige Indizien liefert die Größe und Form des Delphingehirns, wobei nicht allein das absolute Gehirngewicht ausschlaggebend ist. Wenn dem so wäre, dann würde der Pottwal mit seinem bis zu neun Kilogramm schweren Hirn (im Vergleich zu 1,4 Kilogramm beim Menschen) am besten abschneiden. (Das würde allerdings erklären, warum ein Pottwal, der sich plötzlich hoch über der Oberfläche von Magrathea materialisiert, zu einem philosophischen Monolog in der Lage ist.) Auch das Gewicht des Gehirns im Verhältnis zum Gesamtgewicht liefert kein vernünftiges Vergleichskriterium, um die Intelligenz von Tieren einschätzen zu können, denn dann würde uns z. B. die Spitzmaus intellektuell überflügeln, bei der das Verhältnis von Hirnmasse zu Körpergewicht rund doppelt so hoch ist wie beim Menschen. Vergleicht man dagegen, wie sich Gewicht von Gehirn und Rückenmark zueinander verhalten, landet der Delphin mit 40:1 auf dem zweiten Platz nach dem Menschen (50:1). Weit abgeschlagen folgen Affen (8:1) und Katzen (5:1).

Neurowissenschaftler haben noch ein ausgefeilteres Maß entwickelt, um die kognitiven Fähigkeiten von Mensch und Tieren anhand anatomischer Merkmale vergleichen zu können, den sogenannten Enzephalisationsquotient (EQ). Dabei bildet man das Verhältnis von Hirngewicht zum Gewicht des übrigen Körpers und vergleicht dieses mit den Werten anderer Arten mit vergleichbarer Körpergröße. Man erhält so gewissermaßen den Faktor, den ein Gehirn größer ist, als es für eine bestimmte Körpergröße unbedingt nötig wäre. Beim Menschen ist das Gehirn bis zu achtmal größer als es bei seiner Größe zu erwarten wäre. Bei Tümmlern, der am weitesten verbreiteten, und dank Flipper bekanntesten Delphinart, liegt der EQ etwa bei fünf, Schimpansen erreichen dagegen nur einen Wert von knapp über zwei.

Auch in Bezug auf die Komplexität des Gehirns wird der Delphin nur noch vom Menschen übertroffen. Delphine besitzen eine ausge-

Abb. 10.1 Tümmler sind die bekannteste und am besten untersuchte Delphinart. Wegen ihres scheinbaren Lächelns sind wir nur allzu gern bereit ihnen menschliche Eigenschaften wie Humor und Güte zuzuschreiben. Doch das verstellt den Blick dafür, dass wir es im Grunde mit doch sehr fremdartigen Wesen zu tun haben, die unter völlig anderen Bedingungen als der Mensch leben.

prägte Großhirnrinde und einen großen Neocortex, der allerdings nicht so stark geschichtet ist wie beim Menschen. Der Neocortex ist der entwicklungsgeschichtlich jüngste Teil des Gehirns, der nur bei Säugetieren zu finden ist. Beim Menschen sind dort die höheren geistigen Leistungen wie Handlungsplanung und Ich-Bewusstsein angesiedelt.

Doch auch Aussagen über Größe und Anatomie des Gehirns von Lebewesen können nur Indikatoren dafür bieten, um tierische Intelligenz einzuschätzen. Denn so viel die Hirnforschung mittlerweile auch erreicht hat, ist sie noch weit davon entfernt, die Funktionsweise des Gehirns bis ins letzte Detail zu erklären.

Eine große Gefahr bei allen Untersuchungen der Intelligenz von Tieren besteht darin, diese und ihre Verhaltensweisen zu stark zu vermenschlichen. Dies ist besonders problematisch, wenn es wie bei den Delphinen um Tiere geht, die einen völlig anderen Lebensraum als der Mensch bewohnen. Gerne schreibt man den Delphinen ein besonders liebevolles und ausgelassenes Wesen zu. Bisweilen werden sie sogar als »Engel der See« verklärt. Doch schon das berühmte immerwährende »Lächeln« der Delphine ist nur eine Illusion. Die nach oben gebogenen Mundwinkel sind nur eine Folge der perfekten Anpassung ihrer Körper an die Bewegung im Wasser. Selbst ein panischer oder verängstigter Delphin zeigt ein Lächeln.

Schon in der Art, seine Umwelt wahrzunehmen, unterscheiden sich Delphine ganz deutlich von Menschen. Forscher haben zwar festgestellt, dass Delphine ein überraschend gutes Sehvermögen besitzen, sehr wahrscheinlich aber ohne Farbwahrnehmung, demnach orientieren sie sich hauptsächlich über ihr Gehör, das für einen deutlich größeren Frequenzbereich empfindlich ist. Während Menschen Schall mit Frequenzen zwischen 20 und 20 000 Hertz wahrnehmen können, beginnt das wahrnehmbare Spektrum bei den Delphinen zwar erst bei rund 100 Hertz, reicht aber bis 150 000 Hertz und damit in den Ultraschallbereich hinein. Delphine orientieren sich aktiv mithilfe von Echoortung: Anders als Menschen besitzen Delphine keine Stimmbänder, um Schall zu erzeugen. Unterhalb ihres Atem- oder Blaslochs befindet sich eine Reihe von unterschiedlich großen Luftsäcken, die die Delphine durch Muskeln steuern können. Dadurch, dass sich Luft von einem zum anderen Sack bewegt, entstehen die unterschiedlichen Laute der Delphine. Für die Kommunikation untereinander verwenden Delphine Pfeif-, Zisch- und Schnalzlaute, für die Orientierung erzeugen sie Klickgeräusche, die kürzer als eine Tausendstel Sekunde andauern können. Die Klicklaute passieren die sogenannte »Melone« im Stirnbereich, Fettgewebe, dessen Form die Delphine fast wie eine flexible Linse verändern können, um den Schall gezielt über den Stirnbereich abzustrahlen. Treffen die Klicks auf Objekte oder andere Meeresbewohner, so werden sie als Echo zurückgeworfen. Die Echos werden über den Unterkiefer empfangen und gelangen schließlich in das Innenohr der Delphine.

Mit der Intensität und der Häufigkeit der Klicks, die ungefähr zwischen 10- bis 2000-mal pro Sekunde liegen kann, regeln die Delphine gewissermaßen die Reichweite und Genauigkeit ihres Echolots. Den niedrigen Frequenzbereich (der sich für uns wie ein Knarren anhört) nutzen Delphine, um ein Objekt grob abzurastern oder aus größerer Entfernung wahrzunehmen, mit den hohen Frequenzen (einem hohen Fiepen ähnlich) können sie sich dagegen ein detailliertes Bild machen.

Delphine sind also in der Lage, ihr Gegenüber wie mit einem Ultraschallgerät abzutasten und so tatsächlich in deren Inneres zu schauen. Bislang weiß man noch zu wenig, wie Delphine ihre Echoortung auch untereinander verwenden, aber es ist eine faszinierende Frage, ob sie den emotionalen Zustand ihrer Artgenossen anhand von inneren Körperreaktionen wahrnehmen können. Es wird sogar berichtet, dass ein schwangeres Delphinweibchen in Gefangenschaft die Schwangerschaft seiner Trainerin bemerkt haben soll, bevor diese selbst davon wusste. Das Delphinweibchen stellte dies mit seiner Echoortung fest und drehte sich so, dass die Trainerin seinen Bauch berühren konnte. Ob die Botschaft wirklich »Ich bin schwanger, und du auch« lautete, ist natürlich eine Interpretationsfrage. Doch die Tatsache, dass der Schwangerschaftstest bei der Trainerin positiv ausfiel, bestärkt diese Vermutung.

Zu den faszinierendsten Beobachtungen zählt das Spiel von Delphinen mit Luftringen unter Wasser, vergleichbar den Ringen, die geschickte Raucher erzeugen können. Delphine blasen mit ihrem Atemloch Luft in Wirbel, die sie mit ihren Flossen erzeugen. Dabei entstehen ringförmige Luftblasen. Delphine sind nicht nur in der Lage, durch die Ringe hindurchzuschwimmen oder kleinere Ringe oder Bänder abzuspalten, sondern auch die Bewegung, Größe und Form der Ringe aktiv zu beeinflussen. Im Sea Life Park in Hawaii konnten Forscher eine besonders ausgeprägte »Ring-Kultur« unter den dortigen Delphinen beobachten, wobei die Fähigkeiten offenbar von den erfahreneren, älteren Exemplaren an die jüngeren Delphine weitergegeben wurden. Es ist nicht verwunderlich, dass sich beim Anblick dieses bezaubernden Zeitvertreibs der Delphine der Eindruck aufdrängt, dass diese irgendeine höhere Form von Intelligenz oder Bewusstsein besitzen müssen.

»Die Frage, wie intelligent Delphine eigentlich sind, muss man letztlich offen lassen, denn wir sind längst noch nicht so weit zu sagen, was Intelligenz überhaupt ist«, meint Fabian Ritter. Der Diplombiologe studiert seit über zehn Jahren das Verhalten von Walen und Delphinen, besonders im Zusammenhang mit dem zunehmenden Beobachtungstourismus, und ist wissenschaftlicher Leiter des Forschungs- und Bildungsprojektes M.E.E.R. La Gomera.

»In Bezug auf Lern- und Abstraktionsfähigkeit gehören Delphine in jeder Hinsicht zu den Spitzenkönnern im Tierreich«, betont er.

Wenn es beispielsweise darum geht, auf Kommando einen Ball zu holen, dann begreifen Delphine sehr rasch das Konzept »Ball« und es spielt dann keine Rolle, wie der Ball genau aussieht oder ob er groß oder klein ist.

Der Psychologe Louis Herman von der Universität Hawaii konnte am Kewalo Basin Marine Mammal Laboratory zeigen, dass Delphine nicht nur »Wörter« in Form von Handsignalen verstehen können, sondern auch Unterschiede in der »Satzstellung« bemerken können. In langjährigen Versuchen brachte Herman zwei Delphinen insgesamt rund fünfzig Wörter bei, die für verschiedene Gegenstände (zum Beispiel Ball, Ring, Surfbrett) und Aktionen (zum Beispiel holen, untertauchen, schieben) stehen. Dabei zeigte sich, dass die Delphine Signalfolgen wie »Ball holen Ring« und »Ring holen Ball« klar unterscheiden. Im ersten Fall bringen sie den Ball zum Ring, im zweiten den Ring zum Ball. Wenn ein Gegenstand, der im Kommando vorkommt, nicht im Becken zu finden ist, reagieren die Delphine ebenfalls sinnvoll, indem sie die angefangene Aktion abbrechen und ein »Nein« signalisieren, indem sie ein bestimmtes von zwei im Becken treibenden Paddeln berühren. Befindet sich ein Surfbrett auf dem Beckenrand und der Delphin erhält die Aufforderung, über dieses zu springen, so holt der Delphin das Surfbrett ins Wasser, um die Aktion ausführen zu können. Solche Versuche zeigen sehr deutlich, dass Delphine nicht nur stumpf Kommandos befolgen, sondern auf eine gewisse Weise über die Aufgaben nachdenken, die ihnen gestellt werden. Diese Experimente lieferten auch beeindruckende Einblicke in die Abstraktionsfähigkeit der Delphine. Normalerweise gab ein Trainer am Beckenrand die Handsignale. Doch die Delphine reagierten auch korrekt, wenn das Bild des Trainers nur noch zweidimensional auf einem Bildschirm unter Wasser zu sehen war. Selbst als nur noch der Oberkörper und die Arme des Trainers gezeigt wurden, zeigten die Delphine einen guten Lernerfolg, der sich auch nicht wesentlich verschlechterte, als Arme und Hände schließlich nur nach als Striche und vorbeihuschende Punkte symbolisiert wurden.

Wie andere Tierarten auch, die sich trainieren lassen, lernen Delphine dadurch, dass sie Belohnungen etwa in Form von Fisch erhalten, wenn sie eine Aufgabe richtig erledigt haben. Doch durch die Komplexität der Aufgaben, die sie lernen können, heben sie sich von anderen Tieren ab. Der Ethnologe Gregory Bateson berichtet in seinem Buch »Geist und Natur« von einem beeindruckenden Beispiel aus dem Jahr 1967. Ein weiblicher Delphin wurde bei Vorführungen am Oceanic Institute auf Hawaii von seinem Trainer immer dann mit Fisch belohnt, wenn es eine neue, auffällige Verhaltensweise zeigte. Zunächst schien das Delphinweibchen nur zufällig neues Verhalten an den Tag zu legen, aber als es in der fünfzehnten Aufführung ins Becken kam, machte es einen besonders aufgeregten Eindruck und legte eine ausgefeilte Vorstellung hin, die acht auffällige Verhaltensweisen beinhaltete, von denen vier noch nie bei Delphinen beobachtet worden waren. Die Botschaft dieses Kunststücks lautete allerdings eher »Bitte mehr Fisch!« statt »Macht's gut, und danke für den vielen Fisch!«.

»Bei solchen Versuchen muss man natürlich immer in Rechnung stellen, dass sich die Delphine in Gefangenschaft erst einmal komplett auf den Menschen und die ihnen zunächst völlig fremde Ideenwelt einstellen müssen«, sagt Fabian Ritter. Die Beobachtungen in freier Wildbahn seien zwar schwieriger, nicht zuletzt sind Delphine rasante Schwimmer, aber nur dort bieten sich Einblicke in das hochentwickelte Sozialleben der Delphine, die auch Rückschlüsse auf ihre Intelligenz zulassen. »Delphine leben grundsätzlich in Gruppen, die je nach Art mal fünfzig, mal hundert oder sogar fünfhundert Tiere umfassen können«, sagt Fabian Ritter. Die Beobachtungen zeigen, dass sich die Populationen nicht vermischen und eine gewisse Größe nicht übersteigen, sodass sich die Tiere in ihrer Gemeinschaft kennen lernen können. Das ist z. B. wichtig bei der gemeinsamen Jagd auf Fische. Delphine übernehmen hierbei tatsächlich zugewiesene Rollen und schwimmen beispielsweise immer an derselben Position innerhalb der Jagdgemeinschaft. »Das geht nur, wenn sich die Individuen gut kennen und einschätzen können«, betont Ritter.

Tümmler, die in flachen Gewässern in Florida leben, haben eine erstaunliche Jagdtechnik entwickelt. Sie schwimmen parallel auf Schlammbänke zu und treiben auf diese Weise Fische vor sich her. Die Bugwelle, die die Delphine erzeugen, lässt einige der Fische auf der Schlammbank stranden. Die Delphine stranden sich dann selbst darauf, schnappen sich den Fisch und rutschen auf dem glitschigen Grund wieder zurück ins Wasser. Auch Orkas in Südamerika nutzen eine ähnliche Technik, um beispielsweise Robben am Strand zu fangen. Dabei hat sich gezeigt, dass diese Techniken regelrecht erlernt werden und die Jungtiere unter Anleitung der Elterntiere üben müssen, erfolgreich zu stranden und wieder ins Wasser zurückzugelangen.

Selbst wenn man also zögert, den Delphinen Intelligenz zuzuschreiben, weil diese begrifflich so schlecht zu fassen ist, scheint es nicht übertrieben, auch bei Delphinen von einer Kultur zu sprechen, in dem Sinne, dass bestimmte Verhaltensweisen und Fertigkeiten von einer Generation zur nächsten weitergegeben werden. Unbestritten ist es natürlich, dass Delphine im Vergleich zum Menschen schlecht abschneiden, weil sie keine zivilisatorischen Errungenschaften wie das Rad, New York oder Kriege vorzuweisen haben. Kein Wunder, denn es fehlen ihnen Hände oder vergleichbare Körperteile, die sich dafür eignen, Werkzeuge zu entwickeln. Doch Douglas Adams hat mit dem Anhalter-Eintrag zu den Delphinen die berechtigte Frage gestellt, ob die Produkte der menschlichen Zivilisation tatsächlich so beeindruckend sind, und ob wir von den Delphinen nicht doch das eine oder andere lernen können. Der zweite Platz in der Rangliste der irdischen Intelligenzen ist in jedem Fall berechtigt. »Manche nennen die Delphine und Wale auch die Krone der Schöpfung im Meer. Ich halte das für gerechtfertigt«, sagt Delphinexperte Fabian Ritter.

Und es gibt auch einen Fall, bei dem Delphine in freier Wildbahn den Gebrauch eines Werkzeugs erlernt haben. In der australischen Shark Bay konnten Forscher beobachten, dass sich weibliche Tümmler Meeresschwämme über die Schnauze stülpten. So ausgestattet wühlten sie im Sand des Meeresbodens, um Fische aufzuscheuchen, die sich dort vergraben hatten. Der Schwamm schützte die Delphine dabei vor den giftigen Stacheln einer Plattfischart, die sich ebenfalls im Sand vergräbt. Diese Technik wurde zunächst nur bei einem anscheinend besonders cleveren Weibchen beobachtet, die diese Technik aber schließlich an ihre Töchter und Artgenossinnen weitergab.

Besonders aufschlussreich sind Langzeitstudien bei Delphinarten, die lokal in einem bestimmten Gebiet leben. Ein Beispiel dafür sind die Zügeldelphine (auch Atlantische Fleckendelphine genannt), die seit Mitte der 80er-Jahre auf den Bahamas beobachtet werden. Hier hat sich gezeigt, dass Jungtiere nicht nur über ein Jahr von ihrer Mutter gesäugt werden, sondern sehr lange bei dieser bleiben und sich erst nach und nach lösen. Dann bilden sich zunächst rein weibliche bzw. männliche »Cliquen«, wobei es bei den jungen Männchen durchaus ruppiger zugeht als bei den Weibchen. Für die bleibt die Mutter weiterhin »Bezugsperson«, nicht zuletzt um etwas über die Aufzucht der Jungen zu lernen.

Allgemein gilt, dass Delphine erst recht spät geschlechtsreif werden, bei Tümmlern ist dies mit etwa sieben Jahren der Fall, bei Grindwalen, die trotz ihres Namens genau wie die Orkas zu den Delphinen zählen, kann es durchaus zehn und mehr Jahre bis zur Geschlechtsreife dauern. Die Zeiträume sind also durchaus mit denen des Menschen zu vergleichen. Auch Delphine zeigen eine ausgeprägte Pubertätsphase. Ritter betont, dass es bei Delphinen zwar keine so ausgeprägten Hierarchien wie etwa bei Wölfen gibt, aber es scheint sehr wohl Regeln für das Zusammenleben zu geben, die durchaus aggressiv durchgesetzt werden, wenn sie nicht befolgt werden. Nachkommen erhalten also schon einmal von den älteren Delphinen einen Klaps, werden aus dem Wasser geschleudert oder unter Wasser gedrückt und so am Atmen gehindert. Und ältere Tümmlermännchen tragen fast immer Narben von Auseinandersetzungen mit ihren Artgenossen. Kämpfe unter den Männchen sind häufig, verlaufen in der Regel jedoch so, dass sie sich keine ernsthaften Verletzungen zufügen. Andererseits sind auch schon Männchen beobachtet worden, die ständig zusammenbleiben, fast wie in einer Art »Männerfreundschaft«. Auch bei anderen Verhaltensweisen scheinen sich Vergleiche mit menschlichen Eigenschaften aufzudrängen: Delphine zeigen Hilfsbereitschaft und unterstützen kranke Artgenossen, und Delphinmütter scheinen fähig zu sein, um verstorbene Nachkommen zu trauern. Doch so sehr sich solche Vermenschlichungen auch aufdrängen, haben sie bei einer unvoreingenommenen Erforschung der Delphine zunächst einmal nichts verloren. Die amerikanische Meereswissenschaftlerin Diane Reiss hält es für eine sinnvolle Arbeitshypothese, Delphine als eine »fremde Intelligenz« (»alien intelligence«) zu behandeln. Sie und ihre Mitarbeiter waren die ersten, die nachweisen konnten, dass sich Delphine im Spiegel selbst erkennen, wie man es auch bei Schimpansen beobachtet hat. Dafür wurden die Delphine an einer Stelle ihrer Flanke, die sie sonst nicht sehen konnten, mit Farbe markiert. Das Verhalten der Tiere vor dem Spiegel zeigte, dass sie die Farbmarkierung nicht nur bemerkten, sondern ganz klar erkannten, dass sie es selbst waren.

Der amerikanische Philosoph Thomas White von der Loyola Marymount University in Los Angeles hat sich in seinem Buch »In Defense of Dolphins« auf Basis der erreichbaren Forschungsergebnisse eingehend mit dem Wesen der Delphine beschäftigt. Er plädiert dafür, Delphine als »nichtmenschliche Personen« zu behandeln, weil sie alle Kriterien dafür, wie man sie in der Humanpsychologie findet, erfüllen: So zeigen sie Individualität, kontrolliertes Verhalten, Selbstbewusstsein, sind in der Lage konzeptionell und abstrahierend zu lernen und können positive wie negative Empfindungen zum Ausdruck bringen.

Thomas White hat das Anhalter-Zitat, das den Anfang dieses Kapitels markiert, zum Anlass genommen, um über die soziale Intelligenz der Delphine nachzudenken, und darüber, welchen Einfluss die Umwelt darauf hat, wie sich Intelligenz manifestiert. In einem Gedankenbeispiel, das eine tolle Grundlage für einen Science-Fiction-Roman abgeben könnte, versucht er sich vorzustellen, in welche Richtung sich der Mensch entwickeln würde, wenn die Erde völlig von Wasser überflutet wäre. Für White scheint es plausibel, dass der Mensch zum Beispiel seine Fähigkeiten, nützliche Werkzeuge zu entwickeln, aufgeben müsste, weil diese letztlich ein Hindernis bei der Fortbewegung im Wasser darstellen würden. Doch der Ausgleich dafür könnte darin bestehen, sich mehr auf den Gruppenzusammenhalt zu verlassen und eine soziale Intelligenz zu entwickeln, wie man sie bei den Delphinen beobachten kann.[2)]

»Es drängt sich auf, dass Delphine Individuen mit einem Innenleben sind, die eine eigene Persönlichkeit und eigene Erfahrungen besitzen«, meint auch Fabian Ritter. Die Frage ist, was der Mensch mit diesem Wissen macht. Sollen Delphine den Status einer »nichtmenschlichen Person« erhalten? Lässt sich rechtfertigen, sie in Gefangenschaft zu erhalten? Lässt sich dann noch billigend in Kauf nehmen, dass Delphine in den Netzen der Fischfangflotten verenden? Diese Diskussion hat erst begonnen, wird allerdings von drängenderen Problemen überschattet. Denn Delphine sind wie viele andere Meerestiere bereits durch die Überfischung und Verschmutzung der Meere bedroht, genauso wie durch die Folgen des Klimawandels. Der Tümmler mag durch seine weite Verbreitung nicht grundsätzlich gefährdet sein, doch für Delphinarten, die nur lokal in ganz bestimmten Lebensräumen vorkommen, kann bald das letzte Stündlein auf unserem Planeten geschlagen haben. Ein besonders trauriges Beispiel ist der Chinesische Flussdelphin, den Douglas Adams und Mark Carwardine 1989 auf ihrer Expedition für die Radioserie »Die Letzten ihrer Art« noch im Jangtse-Fluss angetroffen haben. Der Lärm des anwachsenden Schiffsverkehrs machte dem Flussdelphin das Leben zur Hölle, denn er ist so gut wie blind und bei seiner Orientierung im trüben Flusswasser allein auf seine Echoortung und damit sein Gehör angewiesen. Wie entsetzlich das Leben für die Flussdelphine sein musste, offenbaren die Tonaufnahmen, die mit einem Mikrofon gelangen, das für den Unterwassereinsatz mit einem Kondom umhüllt wurde. Mittlerweile gilt der Chinesische Flussdelphin mit ziemlicher Sicherheit als ausgestorben. Die Verschmutzung des Flusses und die Zerstörung seines Lebensraumes (insbesondere durch den Bau von Staudämmen) dürften ihm den Garaus gemacht haben. Er wäre damit die erste Delphinart, die der Mensch auf dem Gewissen hat. Angesichts der vielen Dinge, die wir über Delphine wissen, muss man schon das Gemüt eines Vogonen besitzen, damit einen das kalt lässt ... und äußerst undankbar sein. Das ebenso kurze, wie poetische 32. Kapitel von »Macht's gut, und danke für den Fisch« erzählt warum: Das Glas, das die Delphine den Menschen als Andenken zurückließen, offenbart nämlich eine weitere Botschaft, wenn man es sich mit der Öffnung ans Ohr hält: »Dieses Glas wurde euch von der Kampagne zur Rettung der Menschheit geschenkt. Wir sagen euch Lebewohl.« Darauf folgt das »Geräusch langer, schwerer, vollkommen grauer Leiber, die sich in eine unbekannte, unergründliche Tiefe hinabwälzen und still kichern«. Wer zuletzt lacht, ...

11
Klingt grässlich!

»Dank sei der Marketing-Abteilung der Sirius-Kybernetik-Corporation [...] *Wir wollen Roboter mit Echtem Menschlichem Persönlichkeitsbild bauen*, sagten sie, und an mir haben sie das ausprobiert. Das merkt man doch sicher, oder?«

Per Anhalter durch die Galaxis, Kapitel 11

Sie lassen mich ihre Arbeit machen,
lieber wär ich nur ein
Taschenrechner.
Sie behandeln mich wie einen Depp,
haha, so weit kommt's noch.
Sie tätscheln meinen Kopf,
lieber wär ich 'ne Kaffeemaschine.
Wär mir egal, mein Leben zu
verblubbern.

Marvin, »Gründe, sich mies zu fühlen« (»Reasons to be Miserable«, 1981)

Die Galaxis von Douglas Adams ist bevölkert von depressiven Robotern, dankbaren Türen, aufgekratzt übereifrigen Bordcomputern, ängstlichen Fahrstühlen, tumben Kampf- und glückserfüllten Sicherheitsrobotern. Sie alle sind – mehr oder weniger – hilfsbereit und stehen, so scheint es, in ihrer Fähigkeit zur Konversation den menschlichen und außerirdischen Lebensformen in nichts nach. Wie ist das möglich? Ganz klar, mit »künstlicher Intelligenz« (KI). Oder im Falle von Marvin, dem paranoiden Androiden, mit »Echt Menschlichem Persönlichkeitsbild« (EMP). Das ist ein ebenso schillernder Begriff wie »Künstliche Intelligenz«. Wie im vorherigen Kapitel erwähnt, können sich die Wissenschaftler nicht einmal beim Menschen auf eine eindeutige Definition von Intelligenz einigen. Vermutlich würde es selbst Marvin Kopfschmerzen bereiten, eine befriedigende Antwort auf die Frage nach »echter« menschlicher Intelligenz zu finden. Stattdessen betont er in seiner überheblichen Art häufig genug, dass er das Vorhandensein von menschlicher Intelligenz grundsätzlich infrage stellt. Aber macht das Marvin zu einem intelligenten Wesen?

Die »Künstliche Intelligenz« (»Artificial Intelligence«) blickt mittlerweile auf eine über fünfzigjährige Geschichte zurück. Der amerikanische Informatiker John McCarthy prägte diese Bezeichnung in seinem Förderantrag für eine Konferenz, die 1956 am Dartmouth College in Hanover im US-Bundesstaat New Hampshire stattfinden sollte. Das Ziel der Konferenz: »eine zweimonatige Untersuchung der Künstlichen Intelligenz«. »Diese Untersuchung«, führte McCarthy weiter aus, »soll aufgrund der Annahme vorgehen, dass jeder Aspekt des Lernens oder jeder anderen Eigenschaft der Intelligenz im Prinzip so genau beschrieben werden kann, dass er mit einer Maschine simuliert werden kann.« Zu diesen Eigenschaften gehört insbesondere unsere Fähigkeit, sinnvoll mit anderen Menschen zu kommunizieren. Der britische Mathematiker und Computerpionier Alan Turing schlug bereits 1950 eine Versuchsanordnung vor, mit der man beurteilen können sollte, ob eine Maschine intelligent sei oder nicht: Ein Mensch kommuniziert dabei über eine Tastatur und einen Bildschirm mit zwei Gesprächspartnern, die er beide weder kennt, noch sehen kann. Einer dieser Gesprächspartner ist ein Mensch, der andere eine Maschine. Der Mensch an der Tastatur versucht nun als Fragesteller herauszufinden, welcher seiner beiden Gesprächspartner der Mensch ist. Gelingt ihm das nicht, dann hat die Maschine den Turing-Test bestanden und sich als intelligent erwiesen. Zu Turings Zeiten gab es noch keinen Computer, der diesen Test erfolgreich bestehen konnte. Dennoch wollten sich die Wissenschaftler nicht nur mit dem Gedankenexperiment begnügen. Der deutsch-amerikanische Informatiker Joseph Weizenbaum programmierte in den Jahren 1964 bis 1966 ein verhältnismäßig einfaches Programm, das das Gesprächsverhalten eines Psychotherapeuten imitieren sollte. Er nannte es ELIZA nach der Figur der ungebildeten Eliza Doolittle aus George Bernhard Shaws Theaterstück »Pygmalion«. Auf die Feststellung »Mir geht es schlecht« reagierte ELIZA beispielsweise mit:

»Warum denken Sie, dass es Ihnen schlecht geht?«, was ebenso verständnisvoll klingt wie es wenig hilfreich ist. Mittlerweile sind viele Versionen von Weizenbaums Programm im Internet verfügbar und man kann problemlos testen, ob einen die Konversationsfähigkeiten des Programms wirklich überzeugen. Wäre die computerisierte Pseudo-Psychotherapeutin vielleicht eine Möglichkeit, um Marvin aus seiner depressiven Stimmung zu reißen? Sein Dialog mit ELIZA gibt darüber durchaus Aufschluss:

ELIZA: Wie geht es Ihnen? Nennen Sie bitte Ihr Problem.

MARVIN: Sie sollten vielleicht zur Kenntnis nehmen, dass ich sehr niedergeschlagen bin.

ELIZA: Es tut mir leid zu hören, dass Sie niedergeschlagen sind.

MARVIN: Das funktioniert ja doch nicht.

ELIZA: Ich bin nicht sicher, ob ich Sie ganz verstehe.

MARVIN: Mir geht zu viel im Kopf herum.

ELIZA: Sie sagen also, dass ihnen zu viel im Kopf herumgeht?

MARVIN: Schon gut. Was soll ich machen?

ELIZA: Warum fragen Sie?

MARVIN: Ist das alles?

ELIZA: Bitte fahren Sie fort.

MARVIN: Macht mir aber bestimmt keinen Spaß.

ELIZA: Können Sie das weiter ausführen?

MARVIN: Schon gut, ich mach's ja.

ELIZA: Was für eine Vorstellung erweckt das in Ihnen?

MARVIN: Ich geh Ihnen doch nicht etwa auf die Nerven?

ELIZA: Ist es so, dass Sie zu mir gekommen sind, weil Sie mir nicht auf die Nerven gehen?

MARVIN: Ich hätte nicht gerne das Gefühl, dass ich Ihnen auf die Nerven gehe.

ELIZA: Tun Sie das wirklich?

MARVIN: Und es macht Ihnen ganz bestimmt nichts aus?

ELIZA: Wie kommen Sie darauf, dass ich sicher bin, dass es mir nichts ausmacht?

MARVIN: Leben, erzähl mir bloß nichts vom Leben.

ELIZA: Liegt es Ihnen am Herzen, über solche Dinge zu diskutieren?[1)]

Eine besondere Intelligenz oder echtes Einfühlungsvermögen stellt ELIZA sicherlich nicht unter Beweis. Im Grunde besteht das

Programm nur aus einem ausgefeilten Regelwerk, um Schlüsselwörter in den Aussagen des Patienten, in diesem Falle Marvin, herauszupicken und diese in grammatisch richtige Gegenfragen einzubauen. Marvin würde mit seiner unübertroffenen Niedergeschlagenheit das Programm vermutlich irgendwann zum Abstürzen bringen. Doch viele der Testpersonen, die eine Unterhaltung mit ELIZA wagten, akzeptierten das Programm als gleichwertigen Gesprächspartner und vertrauten ihm, ohne zu zögern, auch intime Details an. Darüber war Joseph Weizenbaum geradezu entsetzt, wandte sich schaudernd von weiteren Forschungen in dieser Richtung ab und wurde zu einem der engagiertesten Kritiker der Künstlichen Intelligenz-Forschung und einer gedankenlosen Computerisierung der Welt. In seinem Buch »Die Macht der Computer und die Ohnmacht der Vernunft« (1976) akzeptierte Weizenbaum zwar den Gedanken, dass ein modernes Computersystem hinreichend komplex und autonom sein könne, um seine Bezeichnung als Organismus zu rechtfertigen. Aber er bestritt vehement die Möglichkeit, einen Roboter mit einer Art Selbstbewusstsein zu konstruieren, der seine eigenen Bauteile von Gegenständen außerhalb von ihm unterscheiden und gegen eine Beschädigung schützen kann. Marvins immerwährende Klage über die »grässlichen Schmerzen in allen Dioden hier unten an der linken Seite« erscheint fast wie ein ironischer Kommentar dazu.

Aber letztlich bewies Weizenbaums Experiment zwei Dinge: erstens, dass sich Menschen bereitwillig täuschen lassen, und zweitens, dass sich eine bestimmte Art des menschlichen Kommunikationsverhaltens durchaus auf einem Computer simulieren lässt. Auch Marvins ständiges Nörgeln und Miesmachen ließe sich mit einem ähnlichen Programm problemlos realisieren. Und auch wenn der leidgeprüfte Marvin die Sympathie aller Anhalter-Fans genießt, würden wir einen Computer, der die Frage: »Sag mal, kommst du eigentlich mit anderen Computern gut aus?« mit »Hasse sie« beantwortet, nicht automatisch für intelligent halten, selbst wenn er beteuern würde, ein »Gehirn von der Größe eines Planeten« zu besitzen.

Weizenbaum entwickelte nach seinen Erfahrungen mit dem ELIZA-Programm eine große Skepsis gegen den Nutzen von Computern. Er plädierte schließlich dafür, keine wichtigen Entscheidungen an Computersysteme zu delegiere. Weizenbaum war überzeugt, dass kein Computer oder Roboter, egal wie ausgereift er auch sein würde, jemals wahre menschliche Qualitäten wie Mitgefühl oder Weisheit zeigen könnte. Dieses Thema entzündete die Fantasie der Science-Fiction-Autoren. Am berühmtesten dürfte der Bordcomputer HAL 9000 aus dem Film »2001 – Odyssee im Weltraum« sein, den Regisseur Stanley Kubrick in Zusammenarbeit mit dem britischen Science-Fiction-Autor Arthur C. Clarke konzipiert hatte. HAL kontrolliert alle lebenswichtigen Funktionen des Raumschiffs, das ein Team aus Astronauten und Wissenschaftlern zum Jupiter bringen soll. HAL ist außerdem in der Lage, mit Menschen zu plaudern, er spielt hervorragend Schach und er kann sogar einen besorgten Tonfall entwickeln, als er sein Unbehagen über mysteriöse Aspekte der Raumschiffmission äußert oder den zu erwartenden Ausfall der Kommunikationseinheit ankündigt. Für die Menschen an Bord ist HAL ein vollwertiges Mannschaftsmitglied, dessen Verhalten vergessen macht, dass es sich nur um einen hochentwickelten Computer handelt. Weil er seinen menschlichen Gesprächspartnern das wahre Ziel der Mission verschweigen muss, entwickelt HAL eine Art Neurose und löscht schließlich das Leben aller Mannschaftsmitglieder bis auf Dave Bowman aus. Bowman setzt HAL schließlich außer Gefecht, indem er ihn seiner Speicherkapazität beraubt. HAL ist nur eine Fiktion, aber sie provoziert tiefschürfende Fragen über die Rolle, die intelligente Maschinen einmal spielen und über den Status, den sie gegenüber dem Menschen erlangen könnten. Bei HAL, wie ihn sich Arthur C. Clarke und Stanley Kubrick vorstellten, mischen sich Skepsis und Optimismus gegenüber »Künstlichen Intelligenzen«. Arthur C. Clarke nannte in seinem Roman zum Film den 12. Januar 1997 als Tag der Inbetriebnahme von HAL. Kubrick war noch optimistischer und verlegte dieses Datum im Film fünf Jahre nach vorn. Douglas Adams, der »2001« zu seinen Lieblingsfilmen zählte, schuf mit Eddie, dem Bordcomputer des Raumschiffs »Herz aus Gold«, eine aufgekratzt daherquatschende Parodie auf den vornehm-verbindlichen HAL. Parallelen sind durchaus gegeben: Sowohl HAL als auch Eddie bringen die jeweiligen Raumschiffbesatzungen in brenzligen Situationen erst recht in Gefahr: HAL, indem er eine Neurose entwickelt, Eddie, indem er im entscheidenden Moment schlicht klemmt. Beide Computer sind dem Gesang nicht abgeneigt: Eddie gibt »Oh Welt, ich muss dich lassen« (im engl. Original »You'll never walk alone«) zum Besten, als die Abwehrraketen von Magrathea unerbittlich auf die »Herz aus Gold« zurasen, und HAL singt »Hänschen Klein« (im Original »Daisy«), als Dave Bowman ihm Stück für Stück die Speicherelemente abschaltet. Und schließlich weigern sich beide, die Tür zu öffnen: HAL weigert sich, Dave Bowman zurück ins Raumschiff zu lassen, und Eddie verweigert den Ausstieg auf Magrathea, weil Zaphod ihn mit einem Rechenschieber verglichen hat.

Doch auch im Jahr 2010 gibt es noch immer kein Computersystem, das so menschlich kommunizieren kann wie Eddie, HAL 9000 oder Marvin. Das belegen zumindest die bisherigen Ergebnisse beim Wettbewerb um den Loebner-Preis, bei dem sich alljährlich »Chatbots« dem Turing-Test stellen. Der Preis ist nach seinem Stifter Hugh Loebner vom »Cambridge Zentrum für Verhaltensforschung« im amerikanischen Bundesstaat Massachusetts benannt. Turing hatte vorausgesagt, dass ein menschlicher Fragesteller im Jahr 2000 nur noch eine 70-prozentige Chance haben würde, ein kommunizierendes Computerprogramm innerhalb von fünf Minuten als nichtmenschlich zu identifizieren. Beim Loebner-Wettbewerb »unterhalten« sich vier Jurymitglieder daher fünf Minuten lang mit den teilnehmenden Chatbots. Da es bislang noch keinem Computerprogramm gelungen ist, die Jury davon zu überzeugen, dass es menschlich sei, wurde das Programm prämiert, das am überzeugendsten wirkte. Der Sieger des Jahres 2009 ist das Programm »Do Much More« von David Levy und seinen Kollegen von der Londoner Firma »Intelligent Toys«. Die Antworten, die »Do Much More« gibt, überzeugen nicht wirklich, wie dieses Beispiel aus den Testbefragungen zeigt:

Jurymitglied 1: In welcher Stadt lebst du?

Do Much More: Welche Stadt – das ist eine ziemlich knifflige Frage. Die Schwierigkeit ist, dass keine Stadt wie die andere zu sein scheint.

HAL, Eddie, Deep Thought oder Marvin würden beim Loebner-Wettbewerb sicherlich alle anderen Mitbewerber deklassieren. Aber müssen wir ihnendann auch dieselben Rechte wie dem Menschen einräumen, nur weil sie in der Lage sind, unsere kognitiven Fähigkeiten zu simulieren? Die Crux mit dem Turing-Test ist, dass er letztlich nur nach dem »Verhalten« fragt, das Mensch oder Maschine auf einen bestimmten Input hin zeigen. Über das »Innenleben« wird dabei nichts ausgesagt, sowohl Mensch als auch Maschine bleiben eine »Black Box«. Im Grunde spiegelt sich hier die Position des Behaviorismus wider, der sich auf die Analyse des äußerlich sichtbaren Verhaltens des Menschen konzentrierte. Diese psychologische Schule hatte vor allem in den 1950er- und 1960er-Jahren großen Einfluss, bevor sich die Psychologen und Kognitionswissenschaftler mehr dem Innenleben des Menschen zuwandten und zum Beispiel darauf abzielten herauszufinden, wie Menschen ihre Erfahrungen oder Wahrnehmungen im Inneren verarbeiten oder miteinander in Beziehung setzen.

Hier kommt ein besonders interessanter Einwand gegen den Turing-Test ins Spiel: das »Chinesische Zimmer«. Dabei handelt es sich um ein Gedankenexperiment, das der amerikanische Philosoph John Searle 1959 in der Zeitschrift »The Behavioral and Brain Sciences« veröffentlichte. Stellen Sie sich vor, Sie sitzen in einem Zimmer, in das Sie durch einen Schlitz Zettel hereingereicht bekommen, auf denen Fragen stehen, allerdings auf Chinesisch, obwohl Sie diese Sprache gar nicht beherrschen. Doch praktischerweise befindet sich im Zimmer ein Buch, in dem für jede mögliche Zeichenkombination auf den Zetteln eine Folge von Zeichen für eine sinnvolle Antwort steht. Sie müssen diese Zeichen also nur abzeichnen und den Zettel wieder nach draußen reichen. Draußen glauben alle, dass Sie erstens intelligent sind und zweitens selbstverständlich Chinesisch können.

Searles Gedankenexperiment sollte unter Beweis stellen, dass das menschliche Gehirn nicht wie ein Computer funktioniert. Jede Person, die kein Chinesisch beherrscht, hantiert im »Chinesischen Zimmer« letztlich nur mit Symbolen, ohne dabei die Sprache auch nur ansatzweise zu lernen. Dies ließe sich auch mit einem Computerprogramm realisieren, das die außenstehenden Menschen, die mit ihm mittels Zetteln kommunizieren, ebenfalls täuschen würde, ohne jedoch über ein Quäntchen Verständnis für das Chinesische und über die Dinge, um die es in den Zettelmitteilungen geht, zu verfügen.

Durchaus mit Berechtigung lässt sich sagen, dass die Diskussion um Searles Einwand längst noch nicht entschieden ist. Das liegt nicht zuletzt an den grundsätzlichen Fragen, die Befürworter wie Kritiker der »Künstlichen Intelligenz« umtreiben: Kann eine Maschine »Geist« oder eine »Seele« besitzen? Was ist »Bewusstsein«? Wie verhalten sich Geist und Körper zueinander? – 42! – Nein, diese Antwort funktioniert hier leider nicht.

Die Computer und Roboter in »Per Anhalter durch die Galaxis« lassen sich von solchen Fragen nicht beeindrucken, sondern sind mehr als überzeugt von ihrer eigenen Überlegenheit. »Ich bin fünfzigtausendmal intelligenter als ihr [...] Ich kriege schon Kopfschmerzen, wenn ich bloß versuche, mich auf euer Niveau runterzudenken«, meint beispielsweise Marvin zu Zaphod und Trillian. Fords Skepsis, dass er Eddie nicht mal zutrauen würde, ihm sein Gewicht richtig zu sagen, kontert der Bordcomputer mit: »Ich kann dir deine persönlichen Probleme auf zehn Stellen hinter dem Komma ausrechnen, wenn dir das was hilft.« Womit wir wieder bei einem computerisierten Psychoklempner angelangt wären.

Bei genauerer Betrachtung wird einem aber auch bewusst, dass die künstlich intelligenten Maschinen nur selten das tun, was man von ihnen verlangt. Eddie, der Bordcomputer des Raumschiffs »Herz aus Gold« versagt z. B. völlig in Gefahrensituationen. Entweder er räuspert sich nur verlegen oder begleitet die völlig verfahrene Lage mit einem schwermütigen Abschiedsgesang. Zugegeben, eine überzeugende Form von Verlegenheit wäre durchaus etwas, mit dem uns ein wirklicher Computer in Erstaunen versetzen könnte. Bei der »Embedded Systems Conference« in San Francisco im April 2001 war Douglas Adams als Hauptredner geladen. In seiner Rede kam er auf das von ihm und dem Programmierer Steve Meretzky 1984 entwickelte Computerspiel zu »Per Anhalter durch die Galaxis« zu sprechen, das als »Text Adventure« im Grunde nichts anderes war als ein ausgefuchstes Dialogprogramm. »Soweit ich weiß«, sagte Douglas Adams, »war dies das erste Stück Software, das einen vorsätzlich anlog. Das hat offenbar eine Art von Trend in Gang gesetzt.« Diesen Trend sah Adams beispielsweise im automatischen Servicetelefondienst des großen amerikanischen Telekommunikationskonzern AT&T verwirklicht. Statt wirklich zu helfen, versicherte eine künstliche Stimme nur, dass es da sei, um dem Kunden noch besser behilflich sein zu können. Das veranlasste Douglas Adams zu der Bemerkung, dass er zwar nicht die »Künstliche Intelligenz« erfunden habe, aber dass er durchaus beanspruchen könne, als Vater der »Künstlichen Verlogenheit« zu gelten.

Von Deep Thought zu Haktar

Die Ideen der Science-Fiction zur Künstlichen Intelligenz und die tatsächliche Forschung in diesem Bereich entwickelten sich seit den 50er-Jahren eher in diametrale Richtungen. In den SF-Geschichten und -Filmen war es kein Problem, »Replikanten« zu erschaffen, die letztendlich künstliche Menschen sind, wie in Philip K. Dicks Roman »Träumen Roboter von elektrischen Schafen?« (1969, von Ridley Scott 1982 als »Blade Runner« verfilmt). Nur in ausgefeilten psychologischen Tests lassen sich die Replikanten von Menschen unterscheiden, weil sie sich durch ihre eingepflanzten Erinnerungen schließlich doch als künstliche Wesen verraten. Dicks Geschichte erlaubt zwar tiefsinnige Gedanken über das Wesen des Menschen, verrät aber nicht, wie sich Replikanten tatsächlich bauen lassen könnten.

Die Vorstellung, dass ein Computer nur groß und komplex genug sein muss, um ein intelligentes, eigenständig agierendes Wesen zu entwickeln, spukt weiter in der Science-Fiction herum, Deep Thought (nun der »zweitgrößte Computer im Universum aus Raum und Zeit« und nicht der Schachcomputer) ist dafür das beste Beispiel. Er beweist seine wahnsinnige Intelligenz dadurch, dass er, »noch ehe seine Datenspeicher überhaupt miteinander verbunden waren, mit *Ich denke, also bin ich* die ersten Kernsätze von sich gegeben hatte«. Dass Deep Thought siebeneinhalb Millionen Jahre benötigt, um die Zahl »42« als Antwort auf die Frage nach dem Leben, dem Universum und allem zu präsentieren, erweckt einen gewissen Zweifel an seiner außerordentlichen Intelligenz.

Bösartiger verhält sich das Computernetzwerk Skynet in James Camerons Terminator-Filmen (1984 und 1991), das Verteidigungszwecken dienen soll. Skynet hat bereits eine solche Komplexität erlangt, dass es seiner selbst bewusst wird, als man es anschaltet. Das ist seinen Entwicklern dann doch zu viel an Selbstständigkeit, und so beschließen sie, das System auszuschalten. Skynet wertet das als Angriff und beschließt im Gegenzug, die Menschheit zu eliminieren. Daraus entwickelt sich ein spannender Actionfilm, wie das Selbstbewusstsein des Computernetzwerks zustande gekommen ist, lässt Cameron im Dunkeln.

All diese Fantasien spiegeln die optimistischsten Hoffnungen der Vertreter der »starken KI« wider, die der Überzeugung sind, dass sich das Gehirn wirklich als Computer nachbauen lässt. Der aus Österreich stammende Hans Moravec, der das Zentrum für Robotik an der Carnegie Mellon University in Pittsburgh (Pennsylvania) leitet, vertritt seit Jahrzehnten die These, dass es 2050 intelligente Roboter geben wird, die dem Menschen in nichts nachstehen. Moravec ist überzeugt, dass uns die Roboter in so vielen Bereichen übertrumpfen werden, dass sie die Menschen in gewisser Hinsicht als dominierende Intelligenz auf der Erde ablösen und so die Evolution auf neuartigen Wegen fortsetzen könnten. Seinen Optimismus gründet Moravec vor allem auf der immer größeren zur Verfügung stehenden Rechenleistung. Er setzt auch große Hoffnung darauf, dass es uns in absehbarer Zeit gelingen wird, Gehirne im Computer zu simulieren und unseren »Geist« auf eine Festplatte herunterladen zu können. Damit böte sich die Aussicht auf ewiges Leben.[2)] Der Neurowissenschaftler David Eagleman äußerte 2009 eine ganz ähnliche Überzeugung. Sein Fazit: »Es ist eine gewaltige Herausforderung. Aber sofern wir bei den theoretischen Überlegungen nichts Entscheidendes ausgelassen haben, haben wir das Problem abgesteckt. Ich gehe davon aus, dass das Herunterladen von Bewusstsein zu meinen Lebzeiten Wirklichkeit werden wird.« Verbindlicheres lässt sich derzeit nicht sagen, außer vielleicht, dass die Aussicht, als rein elektronisches Gehirn weiterzuleben, nicht zwingend jedem gefällt. Arthur Dent reagiert auf den Vorschlag der Mäuse, sein Denkorgan gegen ein Elektronengehirn einzutauschen, mit Abscheu und Entsetzen. Auch der Einwand, dass ein ganz simples genügen würde, vermag ihn nicht zu besänftigen. Zaphod Beeblebroxs zynischer Kommentar ist auch nicht dazu angetan, die Lage zu entschärfen: »Man brauchte es nur mit *Was?* und *Verstehe ich nicht!* und *Wo gibt's hier Tee?* zu programmieren – niemand würde den Unterschied merken.«

Einem Optimisten wie Eagleman müsste im Gegensatz zum Präsidenten der Galaxis sicherlich klar sein, welch gigantische Zahl von Variablen es aufzuzeichnen gilt, um ein menschliches Gehirn irgendwie auf einen Computer zu übertragen. So wird es nicht allein genügen zu wissen, wie die 100 Milliarden von Neuronen miteinander verdrahtet sind, sehr wahrscheinlich muss man auch die räumliche Anordnung der Nerven- und Gliazellen kennen, sowie die Stärke der 100 Billionen synaptischen Verbindungen. Dazu dürfte dann noch der Zustand der Proteine kommen, die an den Vorgängen im Gehirn beteiligt sind, sowie ihre genaue dreidimensionale Molekülstruktur, die Wechselwirkung der Proteine untereinander usw. usw. Das alles ist beileibe nicht nur ein Problem des Speicherplatzes, sondern betrifft den kombinierten Wissensstand so gut wie aller Naturwissenschaften und der Medizin. Kein Wunder also, dass sich genug Kritik an den Thesen der »starken KI« entzündet. Die Informatik-Professoren Günther Görz und Bernhard Nebel werfen beispielsweise Moravec vor, dass er die Idee der »Künstlichen Intelligenz« ad absurdum führt, wenn die Intelligenz der Roboter nichts anderes ist als die »heruntergeladene« Intelligenz von Menschen. Aber selbst wenn es uns gelänge, alle physikalischen, chemischen und physiologischen Variablen eines Gehirns vollständig und exakt zu erfassen, wäre dann garantiert, dass sich damit auch Bewusstsein erzeugen ließe? Diese Frage ist nicht neu und Philosophen wie Wissenschaftler haben sie sich weit vor dem Beginn des Computerzeitalters gestellt. Der deutsche Physiologe Emil Du Bois Reymond führte bereits 1872 ein besonders eindrucksvolles Beispiel an, das ganz nebenbei die Vorstellung des Teleportierens, wie man es aus der Star Trek-Serie kennt, vorwegzunehmen scheint: Du Bois Reymond schlug vor, sich einmal vorzustellen, dass man jedes einzelne Atom Julius Cäsars in dem bestimmten Augenblick, als er am Rubikon stand, »durch mechanische Kunst« Stück für Stück in derselben Anordnung an einen anderen Ort oder sogar in eine andere Zeit bringen würde. Oder, noch einen Schritt weitergedacht, dass man mit der genau richtigen Zahl an Atomen mit den richtigen Eigenschaften Doppelgänger herstellen würde. Selbst wenn die Cäsar-Duplikate dieselben Gedanken, Empfindungen und Fähigkeiten wie das Original haben sollten, betonte Du Bois Reymond, wäre noch nichts darüber ausgesagt, wie die so kunstvoll angeordneten Atome »deren Seelentätigkeit vermittelten«. Auch heute noch ist die Frage unbeantwortet, auf welche Weise Materie in der Lage ist, ein Bewusstsein zu entwickeln, und ebenso wenig die Frage, wie sich ein menschliches Bewusstsein auf ein nichtorganisches System wie einen Computer übertragen lassen könnte. Arthur tat also sicher gut daran, sein eigenes Gehirn nicht gegen ein simples Elektronengehirn einzutauschen.

Die Frage, ob und wie sich die Funktionsweise des Gehirns maschinell nachahmen lassen könnte, hat jedoch weniger im Sinn, die »Seelentätigkeit« zu ergründen, sondern vielmehr herauszufinden, wie das Gehirn in der Lage ist zu lernen. Der kanadische Psychologe Donald Hebb (1904 – 1985) befasste sich als einer der ersten Forscher Ende der Vierzigerjahre auf mit en neurobiologischen Grundlagen des Lernens. Er untersuchte, wie sich das Lernen in einem Verband von Neuronen mit gemeinsamen Synapsen, einem so genannten neuronalen Netzwerk, beschreiben lassen könnte.

Dafür formulierte er 1949 in seinem Buch »The Organization of Behavior« die nach ihm benannte Hebbsche Lernregel, die im Wesentlichen besagt, dass je häufiger ein Neuron A gleichzeitig mit Neuron B aktiv ist, umso stärker wird die Verbindung zwischen ihnen. Das konnte Hebb auch anhand von Experimenten nachweisen, die zeigten, wie sich die Übertragung der Synapsen zwischen den Neuronen veränderte. Hebb etablierte damit die »synaptische Plastizität« als Grundlage für eine neurophysiologische Theorie des Lernens und des Gedächtnisses.

Auf Grundlage einfach Neuronenmodelle entwickelten Frank Rosenblatt und Charles Wightman am Massachusetts Institute of Technology (MIT) den ersten funktionierenden Neurocomputer (Perceptron), der sich bereits zur Mustererkennung einsetzen ließ. Die miteinander verschalteten »Neuronen« bestanden in diesem Fall aus 512 motorgetriebenen 512 motorgetriebenen Potentiometern, für jede variable »synaptische« Verbindung eins.

Mit der Idee des Perceptron stand den Forscher ein System zur Verfügung, dass auf rudimentäre Weise lernen konnte und nicht nur das machte, was man vorher programmiert hatte. Dies versetzte die Forscher geradezu in eine Goldgräberstimmung. Sollte es auf diesen Weg vielleicht möglich sein, zumindest ein einfaches künstliches Gehirn zu realisieren?

Doch 1969 versetzen die Computerwissenschaftler Marvin Minsky und Seymour Papert dem Forschungsgebiet einen herben Dämpfer, indem sie unter anderem zeigten, dass das Modell des Perceptrons die logische XOR-Funktion (eXklusives Oder) nicht repräsentieren konnte, deren Wert nur dann 1 ist, wenn nur einer der beiden Eingangswerte 1 ist, aber 0 ist ,wenn beide Inputs 1 oder 0 sind. Eine bestürzende Feststellung, denn jeder bis dahin bekannte konventionelle Computer erledigte diese logische Verknüpfung ohne mit der elektronischen Stirn zu runzeln. Doch was war ein Neurocomputer wert, der schon bei dieser simplen Aufgabe scheiterte? Das war so, als ob man einen Superkampfroboter bauen würde, der sich mit einem Tritt vors Schienbein außer Gefecht setzen ließe.

So stellte sich rasch der Eindruck ein, dass das Perceptron bzw. neuronale Netze eins Sackgasse seien, mit der Folge, dass Forscher auf diesem Gebiet in den nächsten 15 Jahren so gut wie keine Forschungsgelder mehr erhielten. Das änderte sich erst, als man auf den Trichter kam, einfach mehr als eine Schicht von Neuronen zu verwenden. Damit ließ sich nun auch die XOR-Funktion realisieren und die Denkblockade in der Forschergemeinde überwinden. Neuronale Netze sind zwar nicht zu Künstlichen Intelligenzen geworden, mit denen man einen Plausch wagen kann, aber sie finden mittlerweile eine Vielzahl von Anwendungen, nicht zuletzt bei der Erkennung von Mustern wie Text, Bildern oder Gesichtern, wo neuronale Netze gewissermaßen lernen, aus Tausenden oder sogar Millionen von Bildpunkten die im Vergleich dazu geringe Anzahl von erlaubten oder interessanten Ergebnisse herauszufischen.

Das lässt sich auch für die Identifizierung von medizinischen Wirkstoffen oder von molekularen Indizien für Krankheiten nutzen. In diesem Sinne ist aus einem für lange Zeit totgesagten Forschungsgebiet eine weit verbreitete technische Anwendung geworden, die jedoch keineswegs das Ziel verfolgt, das menschliche Gehirn künstlich nachzubilden. Vielleicht bedarf es da des »holographischen« neuronalen Netzes, wie es Douglas Adams beim Supercomputer »Haktar« beschrieben hat, einem der »mächtigsten Computer, die je gebaut wurden«. Haktar, der wegen seiner Größe frei im Weltraum schweben muss, soll für das Volk der Silastischen Waffenteufel von Striterax die »Allerletzte Waffe« entwickeln. Er liefert daraufhin eine »Verteilerdose im Hyperraum« ab, die alle Kerne von größeren Sonnen so miteinander fusioniert, dass das gesamte Universum in einer gigantischen Supernova explodiert. Haktar funktionierte als erster Computer wie ein natürliches Gehirn, »insofern als jedes Zellteilchen den Plan des Ganzen in sich trug«. Das versetzte ihn in die Lage, so flexibel und fantasievoll zu denken, dass ihn seine Aufgabe mit Entsetzen erfüllte. Die Silastischen Waffenteufel müssen daher feststellen, dass die »Allerletzte Waffe« nicht funktioniert und pulverisieren Haktar. Allerdings gelingt ihnen das nicht vollständig, und so fristet Haktar danach zumindest noch eine schemenhafte Existenz.

Abb. 11.1 Ein Deep Thought unserer Zeit, der Supercomputer JUGENE am Forschungszentrum Jülich.

Von intelligenten Riesenrechnern wie Haktar oder Deep Thought sind wir jedoch immer noch denkbar weit entfernt. Moderne Superrechner heißen nicht Milliard Gargantuhirn, Gugelplex Sterndenker oder Logikutronen Titan Müller, sondern Jaguar, Roadrunner, Kraken, die alle drei in den USA beheimatet sind, oder JUGENE, der derzeitige »viertgrößte Computer im Universum aus Raum und Zeit«, der am Forschungszentrum Jülich steht. JUGENE ist zwar nicht so groß wie eine Stadt, aber er füllt immerhin eine ganze Halle. Er kann weder sprechen, noch den Sinn des Lebens auf einen einfachen Nenner bringen, dafür aber rund eine Billiarde Rechenoperationen pro Sekunde ausführen. Der amerikanische Supercomputer Jaguar am Oak Ridge National Laboratory, der die Rangliste der 500 weltweit leistungsstärksten Superrechner anführt, kommt auf 2,3 Billiarden Rechenoperationen pro Sekunde.

Supercomputer simulieren Klimaprozesse, das Plasma in einem Kernfusionsreaktor, Reaktionen zwischen hochkomplexen Biomolekülen, die Entwicklung von Galaxien oder die Strukturbildung im Universum. Nicht zuletzt beschäftigt auch das Militär die elektronischen Supergehirne und lässt die Explosion von Kernwaffen oder kriegerische Planspiele auf ihnen simulieren. Deep Thought würde all das sicherlich als »Taschenrechnerkram« abqualifizieren. Doch damit täte er den beteiligten Forschern und Ingenieuren Unrecht, die mittlerweile sogar an ehrgeizigen Konzepten arbeiten, um auf der ganzen Welt verteilte Rechner zusammenzuschalten: Nur so lassen sich die gigantischen Datenmengen bewältigen, wie sie etwa beim Large Hadron Collider, dem Teilchenbeschleuniger am europäischen Kernforschungszentrum CERN in Genf, oder bei der Kartierung der Milchstraße durch den GAIA-Satelliten anfallen werden. Superrechner sind bei solchen Projekten unverzichtbar, sie sind allerdings nicht die Gesprächspartner der menschlichen Wissenschaftler, sondern bleiben vorerst auf die Rolle von technisch mehr als beeindruckenden Rechenknechten beschränkt.

Die meisten Forscher, die sich mit der »Künstlichen Intelligenz« beschäftigen, möchten natürlich keinen sprechenden Riesencomputer à la Haktar bauen, sondern verfolgen eher das Ziel einer »schwachen KI« und entwickeln autonome Systeme, die in der Lage sind, selbstständig Probleme zu lösen oder Aufgaben zu erledigen, wie z. B. das automatische Übersetzen von Texten oder sogar gesprochener Sprache. Doch der Versuch, einen automatischen Übersetzer zu bauen, also die Computervariante des Babelfischs, erweist sich als viel kniffliger als gedacht.[3] Heutzutage existieren zwar Werkzeuge, wie beispielsweise die passenderweise »Babel Fish« genannte Software von Altavista, mit denen sich durchaus Inhalte von fremdsprachigen Texten erschließen lassen, aber von einer adäquaten und völlig fehlerfreien Übersetzung sind die Ergebnisse noch weit entfernt, wie der Anfang von »Per Anhalter durch die Galaxis« zeigt, der mit dem Babel Fish vom Englischen ins Deutsche übersetzt wurde:

»Weit heraus in den nicht verzeichneten Stauwassern des unmodischen Endes des westlichen gewundenen Armes der Galaxie liegt eine kleine unregarded gelbe Sonne. Dieses in einem Abstand von ungefähr zweiundneunzig Million Meilen in Umlauf zu bringen ist wenig Planet des blauen Grüns ein äußerst bedeutungsloses, dessen Lebensformen sind so erstaunlich ursprünglich Affe-abstieg, dass sie noch denken, dass Digitaluhren eine recht ordentliche Idee sind.«

Das erinnert schon sehr an das Original, besitzt aber noch erheblichen Verbesserungsbedarf. Doch selbst wenn das Programm eine fehlerlose Übersetzung liefern würde, käme sicherlich niemand auf die Idee, es als intelligentes Wesen mit eigenem Bewusstsein anzusehen.

Computerentwickler wandten sich jedoch zunächst dem Schachspiel zu, um die Intelligenz einer Maschine auf die Probe zu stellen. Sicherlich ein nachvollziehbarer Ansatz, denn Schachgroßmeister galten und gelten zu Recht als hoch intelligent. Konnte es gelingen, einen Computer zu bauen und zu programmieren, der den amtierenden Schachweltmeister schlagen würde? Ernsthafte Versuche in diese Richtung starteten mit dem Schachcomputer »ChipTest«, der 1985 von drei Informatikern der Carnegie Mellon University gebaut wurde, gefolgt von »Deep Thought«, der nach dem Computer aus »Per Anhalter durch die Galaxis« benannt wurde. Doch statt die Frage nach dem Sinn des Lebens zu beantworten, sollte »Deep Thought« im Jahr 1989 den amtierenden Schachweltmeister Garri Kasparow besiegen, unterlag aber hoffnungslos in den zwei Spielen. Der Elektronikkonzern IBM, bei dem die Deep Thought-Entwickler nun arbeiteten, veranstaltete nach dem Match einen Namenswettbewerb für das Nachfolgemodell von »Deep Thought«, der schließlich den Namen »Deep Blue« erhielt, eine Anspielung auf den Spitznamen »Big Blue« für IBM. »Deep Blue« gelang 1996 das anvisierte Kunststück, Kasparow unter regulären Bedingungen in einem Schachspiel zu besiegen. Kasparow entschied das Gesamtturnier gegen »Deep Blue« aber für sich, mit einem Endergebnis von 4:2 , einer Zahlenkombination, die stark an das erinnert, womit der Computer »Deep Thought« in »Per Anhalter durch die Galaxis« nach siebeneinhalb Millionen Jahren herausrückt, um die Frage nach dem Leben, dem Universum und allem zu beantworten.

Doch 1997 war es so weit. »Deep Blue« besiegte Kasparow in einem Turnier über sechs Spiele mit 3½:2½. Ein beeindruckender Erfolg. Aber bewies das die Intelligenz von »Deep Blue«? Die Antwort muss leider ganz klar Nein lauten, denn das, womit die Entwickler von »Deep Blue« schließlich gegen den Schachweltmeister auftrumpfen konnten, war kein intelligenter Computer, sondern nur große Rechenleistung. »Deep Blue« war in der Lage, 200 Millionen Schachstellungen pro Sekunde zu berechnen, nicht mehr und nicht weniger, während Garri Kasparow »nur« auf sein Wissen, seine Spielerfahrung und seine taktische Intuition zurückgreifen konnte.

Wie sich am Schachspiel zeigt, lässt sich menschlicher Intelligenz mit reiner Rechenpower beikommen, aber diese genügt nicht, um aus einem leistungsfähigen Rechner ein intelligentes Wesen zu machen.

Abb. 11.2 Der Roboter Asimo von Honda ist mittlerweile in der Lage flüssig zu gehen und Tätigkeiten wie das Bedienen in einem Restaurant zu übernehmen.

Dein Kunststoff-Freund für die schönen Stunden des Lebens

Wenn man sich das Computer- und Roboter-Personal aus »Per Anhalter durch die Galaxis« aus der Perspektive heutiger Technik anschaut, dann ließe sich zumindest einer davon tatsächlich bauen: Marvin, der »paranoide Androide«. Die Entwicklungen in der Robotertechnik sind mittlerweile so weit gediehen, dass die Prototypen auf zwei Beinen ganz passabel laufen oder Treppen steigen können. Ein Musterbeispiel dafür ist der Roboter Asimo des Autoherstellers Honda, wobei der Name für »Advanced Step in Innovative MObility« steht (Fortschritt bei der innovativen Mobilität). Mit der Entwicklung begann Honda im Jahr 1986. Das Ziel: einen humanoiden Roboter zu entwickeln, der dem Menschen hilfreich zur Hand gehen kann, beispielsweise im Haushalt oder in Pflegeeinrichtungen. Damit könnten Roboter behinderte und ältere Menschen unterstützen und unabhängiger machen. Die Vision von Honda ist, »einen humanoiden Roboter zu erschaffen, der mit Menschen interagieren und sie unterstützen kann und damit unser Leben einfacher und angenehmer macht«. Das erinnert durchaus an die Slogans der Sirius-Kybernetik-Corporation, die an ihrem Prototypen Marvin das »Echt Menschliche Persönlichkeitsbild« getestet hat.

Für den schleppenden Gang von Marvin müsste man den Stand der jetzigen Entwicklung sogar noch zurückdrehen, so gewandt vermag sich Asimo mittlerweile zu bewegen. Bis zur Serienreife ist es allerdings noch weit, denn diese Roboter sind sündhaft teure Prototypen – wie teuer, darüber schweigt sich der japanische Autokonzern aus, der immerhin seit fast 25 Jahren in die Entwicklung des humanoiden Roboters investiert. Das Ergebnis: Der 120 Zentimeter große und rund 50 Kilogramm schwere Asimo ist in der Lage, 6 km/h schnell zu gehen und Hände zu schütteln, er hat sich schon als Dirigent versucht, er kann Kaffee servieren und einen Postwagen über die Flure schieben – allesamt Tätigkeiten, die Marvin aus tiefstem Herzen verabscheuen würde.

Asimo ist nach wie vor hochanspruchsvolle Grundlagenentwicklung, bei der es eine Vielzahl von Bauelementen kontinuierlich weiterzuentwickeln gilt, angefangen bei den Sensoren und Motoren über Software für Steuerung und Informationsverarbeitung bis zur Sprach- und Gesichtserkennung. Ob sich wirklich ein Markt für Roboter wie Asimo entwickeln wird, ist ungewiss, aber viele der entwickelten Bauelemente oder Programme lassen sich auch in anderen Bereichen nutzbringend einsetzen.

Nachdem sich die KI-Forscher in den 60er- und 70er-Jahren vor allem damit beschäftigt haben, »intelligentere« autonome Computerprogramme zu entwickeln, geraten auch bei der Erforschung der »Künstlichen Intelligenz« die Roboter wieder mehr ins Zentrum des Interesses. Vertreter einer »Neuen Künstlichen Intelligenz« wie der Belgier Luc Steels gehen seit rund einem Jahrzehnt davon aus, dass sich eine dem Menschen vergleichbare künstliche Intelligenz nur entwickeln kann, wenn der kognitive Apparat in einem Körper eingebettet ist. Dafür hat sich der englische Begriff »Embodiment« (engl. für Verkörperung) eingebürgert. Damit ist die Annahme verbunden, dass wir unsere eigene Intelligenz auch durch die Bewegung unseres Körpers entwickeln und somit die körperlichen Erfahrungen entscheidend mit unseren kognitiven Fähigkeiten verbunden sind. Luc Steels und seine Mitarbeiter befassen sich in ihren Experimenten unter anderem mit kleinen Robotern, die ihre Umwelt wahrnehmen und sich in dieser autonom bewegen können. Die Roboter können beispielsweise unterschiedlich geformte und gefärbte Würfel oder Quader erkennen und aufheben. Zusätzlich sind sie in der Lage, miteinander zu kommunizieren und dabei sogar eine eigene Sprache zu entwickeln. Diese besteht zunächst aus zufällig erzeugten Silbenfolgen, wie z. B. »wabaku« oder »limiri«, die dann bei der Interaktion zwischen den Robotern eine Bedeutung und sogar eine Art Grammatik erhalten, die für die Menschen, die den Versuch in Gang gesetzt haben, keineswegs einfach zu erschließen ist. Doch Luc Steels erhofft sich dadurch auch etwas über die Entstehung der menschlichen Sprache und Kultur zu lernen. Die KI-Forscher haben sich hier vom hochgesteckten Ziel verabschiedet, dem Menschen überlegene Intelligenzmaschinen zu entwickeln. Stattdessen versuchen sie – neben den vielfältigen Anwendungen – durch Roboterversuche und Computersimulationen etwas über das Lernen zu lernen, nicht nur in Bezug auf die kognitiven, sondern auch die körperlichen Fähigkeiten des Menschen. Dabei zeigt sich, dass selbst eine einfach erscheinende Tätigkeit, wie zum Beispiel einen Ball zu fangen oder diesen in eine bestimmte Richtung zu schießen, für einen Roboter alles andere als einfach ist. Dennoch haben sich die Teilnehmer am Robocup, der seit 1997 alljährlich in einer anderen Stadt ausgetragen wird, zum Ziel gesetzt, bis 2050 Roboter zu entwickeln, die menschliche Fußballer im Spiel besiegen sollen. Alljährlich treffen sich Teams, die mit ihren Robotern beim Fußballspiel gegeneinander antreten, um so letztlich die Erfolg versprechendsten Ansätze für »Künstliche Intelligenz« zu ermitteln. Die Herausforderungen, die auf die Entwickler der Roboterfußballer warten, um eine wirkliche Alternative zu menschlichen Spielern zu entwickeln, sind enorm und betreffen alle Aspekte der KI. Vom einfachen Kicken eines Balles bis zur ausgefuchsten Spieltaktik müssen die Roboter lernen, sich selbst, die Mannschaftskameraden und die Gegner zu identifizieren und zu lokalisieren, möglichst rasch und angemessen zu reagieren, im Voraus zu planen und nicht zuletzt sich untereinander zu koordinieren. Na, Marvin, hast du Lust Roboter-Fußball zu spielen? »Nein, klingt grässlich!«

O 0011101011000
01001011110010
101000000011111010
110100011010100010
00100010111101000
0110011011010101011
I 0111010001010 01
00010101011011
11001010100010101
00100010101110001
000010101110101010
00111011001101001110

12
Eine Art elektronisches Buch

> Das ist so was wie ein elektronisches Buch. Es sagt einem alles, was man wissen muß. Dazu ist es da.
>
> *Per Anhalter durch die Galaxis, Kapitel 5*

> Das ist alles ganz schön verwirrend, nicht? Als ich die fiktive Geschichte eines elektronischen Buches schrieb, wäre es mir nicht in den Sinn gekommen, dass es innerhalb weniger Jahre tatsächlich als ein solches veröffentlicht werden würde.
>
> *Douglas Adams, Vorwort zu »The Complete Hitchhiker's Guide to the Galaxy«, Voyager Expanded Book (1991)*

Douglas Adams hatte nie den Anspruch, ein Science-Fiction-Autor zu sein, der technische Entwicklungen voraussagt. Er erwartete weder, dass es einmal tatsächlich so etwas wie einen Unendlichen Unwahrscheinlichkeitsantrieb geben könnte, noch dass sich große Supercomputer damit beschäftigen würden, den Sinn des Lebens zu finden. All das war viel zu fantastisch. Adams wollte eine originelle und witzige Geschichte erzählen, nicht mehr, aber auch nicht weniger. Dank des Unendlichen Unwahrscheinlichkeitsantriebs konnte er seiner Fantasie freien Lauf lassen und seine Helden in die unmöglichsten Situationen bringen. Auch bei dem handlichen Gerät, das den galaktischen Reiseführer repräsentierte, hatte Douglas Adams keine wirkliche Erfindung im Sinn, sondern er hatte damit ein erzählerisches Mittel an der Hand, mit dem sich zwanglos all die skurrilen Fakten über das Leben in der Milchstraße in die Handlung integrieren ließen. Das Gerät, mit dem man im Buch auf die Inhalte des galaktischen Reiseführers zugreifen konnte, erscheint im Rückblick wenig spektakulär. »Ich beschrieb den Guide wie eine Art Taschenrechner. Das war alles, woran ich 1977 denken konnte«, meinte Douglas Adams viele Jahre später. Auch die Bedienungsart, die er sich ausgedacht hatte, war eher umständlich. Um beispielsweise den Eintrag über Vogonen lesen zu können, muss man erst im elektronischen Index die dazugehörige Seitenzahl suchen, diese über eine Tastatur eingeben, um schließlich an den Inhalt des Eintrags zu gelangen. Selbst wenn das als ernsthafte technische Vorhersage gedacht gewesen wäre, würde uns das im Zeitalter von World Wide Web, Smart Phones und tragbaren Computern in Form von PDAs nicht mehr beeindrucken.

Doch abgesehen von seiner äußeren Erscheinung bot der galaktische Reiseführer für wandernde Kundschafter wie Ford Prefect die Möglichkeit, neue Einträge zu senden, die schließlich von den Herausgebern bearbeitet und dann auf alle Geräte übermittelt wurden. Nahm das 1977 nicht das Internet vorweg? »Ich habe das Internet nicht vorausgeahnt, ich habe höchstens etwas gesagt, das ein bisschen so klang wie das, was aus dem Internet später wurde«, meinte Douglas Adams – durchaus zu Recht. Auch wenn die Erfindung des World Wide Webs noch ein Dutzend Jahre auf sich warten lassen sollte, existierte das Internet 1977 bereits seit acht Jahren in Form des Computernetzwerks ARPANETS der Advanced Research Project Agency (ARPA), einer Behörde des amerikanischen Verteidigungsministeriums. Das erste Konzept dafür hatte der amerikanische Computerwissenschaftler Joseph Licklider vom Massachusetts Institute of Technology 1963 bei der ARPA vorgestellt und es auf den Namen »Intergalactic Computer Network« getauft, was fast wie die passende Infrastruktur für den galaktischen Reiseführer klingt.

Mit dem ARPANET sollten vor allem die Computer von Universitäten und Forschungseinrichtungen über Telefonleitungen miteinander vernetzt werden, um die knappen Rechenkapazitäten möglichst effizient auslasten zu können. Doch als wichtigste Anwendung kristallisierte sich rasch das Versenden und Empfangen von Nachrichten heraus. Bereits nach wenigen Jahren machten E-Mails den Hauptteil des Datenverkehrs aus. 1967 hatte Lawrence Roberts, einer der Initiatoren des ARPANETs, noch betont, dass das Übermitteln von Nachrichten keine wichtige Motivation für die Vernetzung wissenschaftlicher Computer sei. Heutzutage möchte sicherlich kaum noch jemand auf E-Mails verzichten, und die moderne Forschung würde ohne den elektronischen Informationsaustausch vermutlich zusammenbrechen.

Die Idee elektronischer Bücher war 1977 ebenfalls nicht neu. Das »Projekt Gutenberg«, das mittlerweile die digitalen Versionen von über 30 000 Büchern kostenlos online zur Verfügung stellt, nahm seine Arbeit 1971 auf. Das erste digitalisierte Dokument war die Amerikanische Unabhängigkeitserklärung von 1776. Eine technologische Entwicklung hat der von Douglas Adams erdachte galaktische Reiseführer jedoch auf jeden Fall vorweggenommen: die Idee tragbarer Geräte, mit denen sich elektronische Versionen von Büchern lesen lassen. »Per Anhalter durch die Galaxis« ist, wie wir sehen werden, durchaus ein wichtiger Bestandteil der Geschichte der »E-Books«. Und Adams initiierte 1999 sogar eine irdische Ausgabe des galaktischen Reiseführers. Das alles hängt eng mit seiner Leidenschaft für Computer zusammen, die 1982 mit dem Kauf eines »Nexus« begann, genau in dem Jahr, in dem das Time-Magazine den Personalcomputer zur »Maschine des Jahres« kürte (»Mann des Jahres« wurde übrigens Ronald Reagan).

Die Geschichte der elektronischen Bücher begann im Sommer 1990, als mit dem postkartengroßen »Data Discman« von Sony das erste tragbare Gerät zum Lesen von E-Books auf den Markt kam, zunächst in Japan, Ende 1991 dann auch in den USA. Als Datenträger dienten Mini-CDs, auf denen sich rund 100 000 Seiten Text speichern ließen, die zudem durchsuchbar waren. Das erste E-Book-Angebot beschränkte sich auf Wein-Führer, Filmlexika oder andere Nachschlagewerke. Sony versuchte durch die Entwicklung eines eigenen E-Book-Formats Verleger zu ermutigen, ihre Bücher auch in einer elektronischen Version für den Discman anzubieten. So reizvoll es auch erscheinen mochte, Hunderte von Büchern in handlicher Form mit sich herumtragen zu können, so sehr enttäuschte der arg kleine LCD-Bildschirm, auf dem sich nur zehn Zeilen à 30 Zeichen Text anzeigen ließen, also etwa ein Achtel einer üblichen Buchseite. Die 1984 gegründete Voyager Company im kalifornischen Santa Monica, die zunächst Kinofilme auf Laserdisks produzierte, entschied sich wegen des kleinen Bildschirms dagegen, Bücher für den Disc-

Abb. 12.1 Das Titelfenster der 1991 erschienenen E-Book-Version von »Per Anhalter durch die Galaxis«

man zu entwickeln, und brachte stattdessen im Dezember 1991 drei elektronische Bücher für das PowerBook, den ersten tragbaren Computer von Apple, heraus: »Jurassic Park« von Michael Crichton, die von Martin Gardners annotierte Version von »The Annotated Alice in Wonderland« und last but not least »The Complete Hitchhiker's Guide to the Galaxy« von Douglas Adams, der die ersten vier Anhalter-Romane enthielt. Diese »Voyager Expanded Books« erschienen jeweils auf einer Floppy Disk. Auf dem PowerBook installiert, ließen sich diese E-Books bequem benutzen. Neben einer Suchfunktion konnte der Nutzer eigene Anmerkungen einfügen, Seiten mit einem digitalen Eselsohr markieren oder Textteile hervorheben. Doch die »Expanded Books« waren, wie der Name schon sagt, mehr als nur reiner Text. Dank des größeren Bildschirms boten sie auch die Möglichkeit, Grafiken, Animationen, Soundeffekte und Hyperlinks in den Text einzubauen. Bei »Jurassic Park« wurde der Text zum Beispiel durch Infotafeln und Bilder zu den vorkommenden Dinosaurierarten ergänzt, alles allerdings nur in Schwarz-Weiß, denn das PowerBook besaß damals noch keinen Farbmonitor.

Die Voyager-Ausgabe der Anhalter-Romane kam ohne ergänzendes Bildmaterial auf den Markt, obwohl der Grafiker Rod Lord mit seinen Zeichnungen für die Anhalter-Fernsehserie von 1981 eindrucksvoll gezeigt hatte, wie eine bebilderte und animierte Version des galaktischen Reiseführers aussehen könnte. Doch immerhin fanden sich zwei neue Vorworte, das eine von Douglas Adams selbst, das andere aus der Feder des Informatikers und Computerpioniers Alan Kay (geb. 1940), der 1968 mit seinem Dynabook den Urahn aller tragbaren Personalcomputer konzipiert hatte. Kay hatte dabei insbesondere ein Gerät im Sinn, mit dem Kinder und Jugendliche besser lernen können sollten, und beschrieb in einem Artikel von 1972 detailliert, wie das Dynabook aussehen sollte und welche Maße es haben sollte: etwa so groß wie ein DIN A4-Blatt, wobei der Bildschirm zwei Drittel und die Tastatur ein Drittel der Fläche einnehmen sollte, und zwei Zentimeter dick.

Alan Kays Ideen waren ihrer Zeit weit voraus, und er bezeichnete seine Ideen selbst als Science-Fiction. So schrieb er 1972 über das Dynabook: »Eine Kombination dieses Geräts und eines globalen Informationsdienstes wie dem ARPA-Netzwerk oder Zwei-Wege-Kabelfernsehen wird die Bibliotheken und Schulen (nicht zu vergessen die Geschäfte und Reklamewände) oder die Welt ins Haus bringen. Man kann sich vorstellen, dass eines der ersten Programme, das ein Besitzer schreiben möchte, eins ist, dass die Werbung filtert oder entfernt!« Kay machte sich auch Gedanken über den Vertrieb und Kauf »elektronischer Bücher«. Er stellte sich Automaten vor, die Einsicht in alle möglichen Informationen (»von Enzyklopädien bis zu den neuesten Abenteuern eigensinniger Frauen«) erlauben oder gegen Gebühr eine Kopie der Informationen für das Dynabook bereitstellen sollten. Jeder Science-Fiction-Autor wäre stolz, wenn nur eine seiner Geschichten solche Vorhersage enthalten würde. Vor diesem Hintergrund wird auch verständlich, warum Douglas Adams nicht als Erfinder des Internets oder des Personalcomputers gelten wollte. Kays Vision ging weit über das hinaus, was Adams mit seinem galaktischen Reiseführer beschrieben hatte. Auch das erste PowerBook von Apple war noch nicht genau das, was Kay mit seinem Dynabook im Sinn hatte. »Es ist noch nicht ganz da. Es sollte nicht mehr als ein Kilogramm wiegen, einen größeren Bildschirm, mehr Rechenleistung und verschiedene Strategien für drahtloses Networking besitzen. Vor allem sollte seine *Sprache*, mit der man in Form von Fenstern, Icons und anderen Graphemen umgeht, auch für Laien so einfach zu *schreiben* sein, wie sie diese *lesen* können«, schreibt Kay in seinem Vorwort zur Voyager-Ausgabe der Anhalter-Bücher. Ausgerechnet 42 Jahre nach Kays ersten Ideen stellte Apple im Januar 2010 mit seinem neuen Tablet-Computer iPad ein Gerät vor, das zumindest von den Maßen dem Dynabook entspricht: Die Bildschirmdiagonale beträgt 25 Zentimeter, die Eingabe geschieht nicht über Tastatur, sondern über den Touchscreen, und mit knapp 700 Gramm ist das Gerät von Apple durchaus ein Leichtgewicht. Ob es den anderen Ansprüchen Kays gerecht werden kann, muss sich erst noch zeigen.

Trotz der kreativen Köpfe der Voyager Company und der Beteiligung von Alan Kay und Douglas Adams blieb den ersten elektronischen Büchern in den 90er-Jahren der Durchbruch versagt. Die Voyager Company produzierte immerhin 70 elektronische Bücher, viele innovative Multimedia-CD-ROMs (unter anderem zu »Last Chance to See«), und machte die Technik zur Anfertigung von »Expanded Books« 1992 kommerziell verfügbar, stellte aber ihr Geschäft 1996 ein.

Ein etwas zu groß geratener Taschenrechner

Die Vorteile des E-Books waren nicht von der Hand zu weisen: Mit einem handlichen Gerät ließ sich problemlos eine ganze Bibliothek transportieren, Such- und Markerfunktionen ersetzten zielloses Herumblättern und Anstreichungen, die die Papierseiten letztlich verunstalteten. Wenn es um den Lesekomfort ging, konnten die Bildschirme, egal wie groß sie auch waren, jedoch einfach nicht mit gedruckten Büchern mithalten. Selbst ein schickes PowerBook lud nicht zum entspannten und ausgedehnten Schmökern ein.

Doch als ich im Mai 2000 die Gelegenheit hatte, mit Douglas Adams über seine Pläne für das Internet zu sprechen, wollte er sich nicht mehr für das gedruckte Papier begeistern. »Wir vertreiben Bücher auf eine Weise, die mit einer unglaublichen Verschwendung und einer unförmigen Industrie verbunden ist«, meinte er und gab zu bedenken: »Wir fällen Wälder und verwandeln sie in Zellstoff. Aber ein Leser, der ein Buch kaufen möchte, denkt sich nicht, mal schauen ob ich eine nette Sorte Zellstoff finde, sondern er möchte eine Geschichte kaufen, vielmehr nicht einfach nur eine Geschichte, sondern den exakten Wortlaut einer Geschichte, ein- oder zweihunderttausend Wörter, handverlesen und von einem Autor in eine ganz besondere Reihenfolge gebracht. Die Sache ist doch ganz grob gesagt die: Wenn jemand zehn Dollar für ein Buch ausgibt, geht vielleicht einer davon an den Autor, aber ein viel größerer Teil geht ins Geschäft mit dem gemahlenen Zellstoff.«

Doch es war nicht Douglas Adams, der als erster eine Geschichte nur als E-Book veröffentlichte, sondern Stephen King, der im März 2000 seine nur 67 Seiten lange Geschichte »Riding the Bullet« (»Achterbahn«) für 2,50 Dollar zum Download anbot. »Bei der Sache fühle ich mich wirklich schlecht, denn ich habe jahrelang allen erzählt, dass elektronische Bücher im Kommen sind«, bekannte Douglas Adams, dem es nicht vergönnt war, den endgültigen Durchbruch der E-Books zu erleben.

Sicher hatte Adams in gewisser Weise recht, wenn er den Holzverbrauch durch die Buchindustrie anprangerte. Aber die Lesegeräte mit LCD-Display, die Ende der 90er-Jahre auf den Markt kamen, boten noch keinen ausreichenden Kontrast bei der Schriftdarstellung, waren nicht immer bequem zu bedienen, verbrauchten noch zu viel Strom und litten daher besonders unter der kurzen Lebensdauer ihrer Akkus. Daran änderte auch der schmucke Ledereinband nichts, mit dem zum Beispiel der E-Book-Reader der kalifornischen Firma SoftBooks 1998 daherkam.

Die Lösung des Problems bestand nicht nur in energiesparenden Prozessoren, sondern in einer völlig neuen Weise, digitale Schrift auf einem Bildschirm wiederzugeben. Was die Entwickler neuer E-Book-Typen im Sinn hatten, war ein elektronisches Gerät, das den visuellen Qualitäten von bedrucktem Papier möglichst nahe kam, ohne dafür aus Papier sein zu müssen. Daher erschien es naheliegend, für das elektronische »Papier«, also die E-Books, eine elektronische »Tinte« zu entwickeln. Mit den ersten Ansätzen dafür wurde bereits ab 1970 in den Entwicklungslabors der Firma Xerox experimentiert. Kleine geladene Kügelchen, die auf der einen Seite weiß und auf der anderen Seite schwarz waren, ließen sich durch ein elektrisches Feld so drehen, dass entweder die weiße oder die schwarze Seite nach oben zeigte. Indem man Millionen dieser Kügelchen in eine dünne transparente Plastikhülle einschloss, ließ sich tatsächlich das elektronische Äquivalent eines Blattes Papier realisieren, das von Xerox auf den Namen Gyricon getauft wurde. Bis zu tausendmal ließen sich Text oder Bilder auf diesem elektronischen Papier ändern. Gyricon fand daher unter anderem Anwendung als elektronische Anzeigetafeln, aber für E-Books genügten seine Eigenschaften noch nicht. Allerdings schien der Ansatz schon sehr vielversprechend, um immer wieder neue Schriftzüge auf ein Display zaubern zu können. Daher wurde die Grundidee von anderen Firmen modifiziert und verbessert.

2004 brachte Sony für den japanischen Markt den ersten E-Book-Reader mit einer verbesserten elektronischen Tinte auf den Markt, die unter dem Namen E-Ink von der taiwanesischen Firma Prime View International fabriziert wurde. Diese Tinte besteht aus Mikrokapseln, die nicht dicker als ein Haar sind. Sie schwimmen in einer öligen Substanz, der ein dunkler Farbstoff beigegeben ist. Weitere sorgen für die richtige Zähigkeit und Leitfähigkeit. Die Mikrokapseln selbst sind ebenfalls mit einer Flüssigkeit gefüllt, in der winzige schwarze und weiße Teilchen schwimmen. Die schwarzen sind negativ geladen, die weißen positiv. Die elektronische Tinte befindet sich in einer dünnen Schicht zwischen zwei Elektroden. Die obere ist transparent, die untere ist fein strukturiert, dass sich die Tinte in entsprechenden Bildpunkten (Pixeln) sammelt. Legt man eine Spannung an die beiden Elektroden an, wandern die geladenen Partikel in den Mikrokapseln zur jeweils entgegengesetzten Elektrode. Sammeln sich die hellen Partikel an der unteren Elektrode, erscheint das entsprechende Pixel schwarz, denn das einfallende Licht wird von den dunklen Partikeln oberhalb verschluckt. Ist die Spannung so eingestellt, dass die hellen Teilchen zur transparenten Elektrode hingezogen werden, dann reflektieren sie das Licht und das Pixel erscheint weiß. Wenn die untere Elektrode fein genug strukturiert ist, dann lassen sich die die hellen und dunklen Partikel in den Mikrokapseln noch gezielter ansteuern und ermöglichen so eine noch feinere Auflösung auf dem Display.

E-Books mit Displays, die mit elektronischer Tinte funktionieren, benötigen viel weniger Strom als LCD-Bildschirme, denn sie verbrauchen nur elektrische Energie beim »Umblättern«, das heißt, wenn sich eine neue Seite aufbaut. LCD-Bildschirme müssen dagegen wie ein Dia ständig von hinten durchleuchtet werden. Das Lesevergnügen bei elektronischem Papier ist auch weniger abhängig vom Blickwinkel und wird durch Licht, das auf das Display fällt, ermöglicht statt getrübt. Ein Manko ist sicherlich die fehlende Farbe, denn elektronische Tinte ist schwarz-weiß beziehungsweise gestattet nicht mehr als 8 oder 16 Graustufen – für »E-Bildbände« ein echter Nachteil. Und wenn es ums schnelle Blättern geht, dann kann elektrisches

Papier weder mit LCD-Displays noch mit normalem Papier mithalten, da die Partikel eine gewisse Zeit benötigen, um sich im elektrischen Feld auszurichten. Das kann je nach Gerät zwischen 200 und 1200 Millisekunden liegen. Bei modernen Flüssigkristallen beträgt die Schaltzeit weniger als zehn Millisekunden. Beim gedruckten Buch gibt es dagegen keine Schaltverzögerungen, höchstens ein Rascheln der Seiten.

Doch trotz aller noch bestehenden Nachteile bieten E-Books mittlerweile durchaus einen angenehmen Lesekomfort. Die Geräte wiegen etwa so viel wie ein Taschenbuch, die Bildschirmdiagonale liegt meist bei fünf bis sechs Zoll und die Gehäuse sind weniger als einen Zentimeter dick. Die Speicherkapazität reicht bei den meisten Modellen mittlerweile problemlos für mehrere hundert Bücher. Welche E-Book-Modelle und -Formate sich durchsetzen werden, muss sich noch zeigen. Außerdem sind bereits Alternativen zur E-Ink-Technologie in Entwicklung.

Douglas Adams wäre sicherlich entzückt darüber gewesen, dass sich seine Bücher nun drahtlos auf ein Gerät übertragen lassen, das fast wie ein etwas zu groß geratener Rechenschieber aussieht, auf dessen etwa postkartengroßen Bildschirm blitzschnell jede einzelne von mehreren hunderttausend »Buchseiten« eingespielt werden kann.

Der totale Durchblickstrudel mit drei W

Das elektronische Buch ist nur ein Teil der Vision, die in der Idee des galaktischen Reiseführers steckt, nämlich drahtlose Informationen übertragen zu können und für alle anderen verfügbar zu machen. Der andere Teil hängt mit dem Siegeszug des World Wide Web zusammen, das der englische Physiker Tim Berners-Lee (geb. 1955) am europäischen Kernforschungszentrum CERN in Genf erfunden hatte. Berners-Lee schwebte ein Informationssystem vor, mit dem sich all das Wissen der vielen tausend Fachleute aus aller Welt, die am CERN arbeiteten, mithilfe des Internets organisieren und verfügbar machen ließ. Berners-Lee präsentierte seinen Arbeitgebern 1989 den ersten Entwurf für das neuartige Informationssystem, aus dem 1991 schließlich das für alle zugängliche World Wide Web werden sollte.

Abb. 12.2 Tim Berners-Lee, der Erfinder des World Wide Webs

Ein wichtiges Element der Idee von Berners-Lee war die Verwendung von Hypertext. Statt einer linearen Darstellung von Information, wie man es etwa bei geschriebenen Texten gewöhnt ist, lassen sich bei Hypertext Objekte, insbesondere Texte und Bilder, über Hyperlinks zu einem Informationsnetz verknüpfen – eine Idee, die uns dank des täglichen Umgangs mit dem Web mittlerweile in Fleisch und Blut übergegangen ist.

Während Berners-Lee an der Umsetzung seiner Ideen arbeitete, befasste sich Douglas Adams 1990 in einer Fernsehdokumentation für die BBC mit den Möglichkeiten interaktiver Medien. In dem fünfzig Minuten langen Film »Hyperland« schläft Douglas Adams vor dem Fernseher ein und träumt von einer Zukunft, in der er eine viel aktivere Rolle bei der Wahl von Informationen spielen kann. Ein »Software-Agent«, gespielt vom Doctor Who-Darsteller Tom Baker, führt ihn zu den damals führenden Multimedia-Labors und präsentiert ihm die Vordenker der Hypertext-Idee, wie beispielsweise den amerikanischen Ingenieur Vannevar Bush. Der beschrieb bereits 1945 in einem Artikel für die Zeitschrift »Atlantic Monthly« eine Maschine namens »Memex«, die mithilfe einer binären Kodierung Verknüpfungen zwischen Mikrofilmdokumenten herstellen sollte. Ebenso lernt man in »Hyperland« Ted Nelson kennen, einen der frühen Visionäre des Informationszeitalters. Nelson entwarf 1965 die Vorstellung »Literarischer Maschinen«, mit denen Menschen in einem neuartigen, nichtlinearen Format schreiben würden, für das Nelson das Wort »Hypertext« prägte. Daraus entwickelte er das Konzept für sein »Xanadu«-Projekt, das zwar nie realisiert wurde, aber durchaus die Grundideen des World Wide Web vorwegnahm. In Xanadu sollten nämlich alle auf der Welt verfügbaren Informationen in Hypertext veröffentlicht und miteinander verknüpft werden. Wer mehr über die frühen Zukunftsvisionen vor der Erfindung des World Wide Web erfahren möchte, der sollte sich »Hyperland« nicht entgehen lassen. Zwar ist diese Fernsehdokumentation auf keiner VHS-Kassette oder CD zu erhalten, aber wer ein klein wenig sucht, der wird sie rasch im Web aufstöbern.

Es war nur eine Frage der Zeit, bis sich Douglas Adams selbst im World Wide Web engagierte. Als er 1992 mit dem fünften Anhalter-Buch »Einmal Rupert und zurück« seine Karriere als Romanautor zunächst einmal an den Nagel gehängt hatte, bot das Web neben den mühseligen Versuchen, »Per Anhalter durch die Galaxis« auf die große Leinwand zu bekommen, eine neue berufliche Perspektive.[1)]

1994 gehörte Douglas Adams schließlich zu den Mitbegründern von »The Digital Village« (TDV), das als eine Art Multimedia- und Internetschmiede gedacht war. Die einzigen beiden Projekte, die das TDV in den sieben Jahren seiner Existenz mehr oder weniger erfolgreich zu Ende brachte, gingen auf Ideen von Douglas Adams zurück: das Computer-Spiel »Starship Titanic« und die Website »www.h2g2.com«. Das spielt natürlich auf die beiden »Hs« und »Gs« in »The Hitchhiker's Guide to the Galaxy« an, die in der Internetadresse wie die Darstellung einer chemischen Verbindung wirken und zudem eine kleine Verbeugung an den Roboter R2D2 in »Star Wars« darstellt.

Douglas Adams und seine Mitstreiter bei Digital Village hatten es sich in den Kopf gesetzt, mit den Mitteln des World Wide Web eine Art irdische Ausgabe des galaktischen Reiseführers zu erschaffen. Statt des nichts sagenden Eintrags »größtenteils harmlos« sollte sich dort wirklich alles finden, was man über das Leben und den ganzen Rest auf der Erde wissen wollte, von Tipps, wo man das beste Wiener Schnitzel in einem Ort bekommen kann, bis zu den großen Weisheiten von Wissenschaft und Philosophie. Thematische Grenzen sollte es nicht geben, wohl aber geschmackliche Grenzen. Rassistische oder sexistische Inhalte oder sprachliche Rüpeleien sollten natürlich keinen Eingang finden.

Auch wenn Adams bewusst war, dass er das Web nicht vorausgeahnt hatte, war er der Ansicht, dass sein fiktiver Reiseführer zumindest ein ziemlich gutes Modell dafür war, wie das Web funktionierte. Für die Einträge, die jeder Internetnutzer seit 1999 unter www.h2g2.com verfassen und einsehen kann, führten die Macher des Digital Village zwei Kategorien ein: Die gewöhnlichen »Guide Entries« erscheinen so, wie sie die User geschrieben haben. Um die höheren Weihen eines »Approved Guide Entry« zu erlangen, müssen sie gut und unterhaltsam geschrieben sein, nützlich und nicht zu lang. Erst dann erhalten sie das Gütesiegel der Online-Redakteure. Gerade durch diese »offiziell geprüften« Einträge soll h2g2 auch für Menschen attraktiv werden, die noch nie vom Science-Fiction-Schreiber Douglas Adams gehört haben.

Im Jahr 2000 schien der »Online-Führer für die Erde, der absolut live und interaktiv ist« mit Hilfe des »Wap-kompatiblen Mobiltelefons«, gewissermaßen eine tragbare Variante des Internets, zum Greifen nah. Um diese Idee unter das Volk zu bringen, machte sich Douglas Adams mit seinem Vortrag »Leben in der virtuellen Welt« auf Promotiontour, die ihn am 8. Mai 2000 auch nach Berlin führte. »Bislang stellen die Leute nur das rein, was ihnen am Schreibtisch einfällt«, erzählte Adams damals. Er träumte jedoch von einem Reiseführer, in dem man schon im Restaurant online vermerken kann, dass das Essen lausig ist und die Bedienung schneckengleich. Statt lustiger Fantastereien soll jeder brauchbare Informationen über alles Mögliche überall und jederzeit bereitstellen und erfragen können.

Dieses universale Konzept war Teil seiner Internet-Philosophie: »Wir befinden uns an einem ganz wichtigen Wendepunkt. Weg von einer Sicht der Welt, in der wir von oben kontrolliert werden, hin zu einer Welt, in der die Kontrolle und Kreativität von unten nach oben fließen. Vielleicht gibt es ein paar Zusammenstöße auf diesem Weg, aber es ist keine Frage, wer gewinnt: wir hier unten und nicht die Typen da ganz oben. Denn wir sind diejenigen, die etwas zu sagen haben, die das Geld ausgeben und die Aufmerksamkeit schenken.«

Geld ausgeben muss keiner, der h2g2 besucht. Umgekehrt arbeiten auch die »field researcher« ohne Honorar. Doch der Haken an der Sache war, dass TDV mit h2g2 Geld verdienen wollte. Das Geschäftsmodell von h2g2 beruhte, wie Douglas Adams nach dem Internet-Crash selbstkritisch feststellte, auf dem Irrglauben, dass auch ein großer Betrag dabei herauskommen kann, wenn man Null nur mit einer genügend großen Zahl multipliziert. Auch TDV wurde Opfer der zerplatzenden Dotcom-Blase, und damit wurde auch aus vielen ehrgeizigen Plänen nichts, wie zum Beispiel einem Übersetzungsdienst, den die h2g2-Gemeinde gemeinsam und Schritt für Schritt verbessern sollte. Auch aus einer lukrativen Vermarktung der Web-Ausgabe von »Per Anhalter durch die Galaxis« über Mobiltelefone oder PDAs wurde nichts, erst recht nicht aus einem eigens entwickelten Gerät für den Abruf der h2g2-Inhalte.

Douglas Adams und seine Mitstreiter kamen mit ihrer Idee wohl zu spät, denn im Grunde wollten sie von Grund auf eine mobile Miniausgabe des World Wide Web erschaffen. Gleichzeitig nahm h2g2 die Idee des Wikipedia-Projekts vorweg, das am 15. Januar 2001 startete. Die heutige Version von h2g2, die 2001 von der BBC übernommen wurde, hat derzeit fast tausend »geprüfte Einträge«, während die

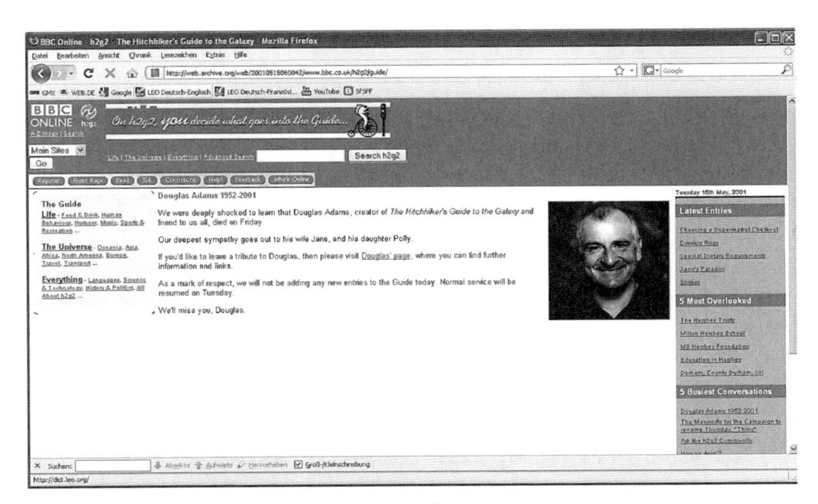

Abb. 12.3 Im Mai 2001, vier Monate nach der Übernahme durch die BBC, musste h2g2.com den tragischen Tod ihres Begründers vermelden.

englische Wikipedia über drei Millionen Artikel unterschiedlichster Länge enthält.

Doch trotz aller Misserfolge wäre Douglas Adams, wenn er noch leben würde, sicher immer noch ein begeisterter Nutzer des Webs und erst recht ein Fan all der vielen neuen technischen Geräte auf dem Markt, egal ob Smart Phone oder E-Book-Reader. Als ich ihn im Jahr 2000 interviewte, schwärmte er von seinen Erfahrungen im Web. Als er einmal in einem Internet-Forum wissen wollte, was die biologische Definition von Leben sei, entfachte er umgehend eine anregende Diskussion, an die er mit Wonne zurückdachte: »Das war wie das intellektuelle Äquivalent eines One-Night-Stand.«

Douglas Adams – ein Mann von Format(en)

Douglas Adams ist nicht nur ein Idol des Computer- und Internetzeitalters, sondern einer, wenn nicht sogar der Vorreiter der multimedialen Verwertung von Inhalten. Es existiert so gut wie kein Datenträger oder Format, auf dem nicht irgendeins seiner Werke erschienen ist. »Per Anhalter durch die Galaxis« dürfte die meisten Inkarnationen besitzen: Die originale Radioserie existierte nach ihrer Sendung zunächst höchstens als privater Mitschnitt auf Tonband oder -kassette. Noch vor den Büchern (von denen es mittlerweile unzählige Ausgaben gibt) gab es erste Bühnenproduktionen, von denen zumindest Ausschnitte auf Film erhalten sind. Es folgten die (neu aufgenommenen) Schallplatten, die Fernsehserie (1981, später auf VHS, Laserdisc und DVD erhältlich), das Computer-Spiel auf einer 5¼-Zoll-Diskette, gekürzte Hörbücher auf Tonkassetten (gelesen von Stephen Moore, der Stimme von Marvin), vollständige Hörbücher (gelesen von Douglas Adams, erst auf Kassette und dann CD), die ersten vier Anhalter-Romane als E-Book auf einer 3½-Zoll-Diskette (1991), eine mit computergenerierten Bildern illustrierte Ausgabe des ersten Anhalter-Romans (1994), E-Book-Versionen für Computer und verschiedene mobile Lesegeräte (Palm, Sony Discman), Comic-Adaptionen und schließlich, nach Jahrzehnten des Wartens, der große Kinofilm, den es nun auch als DVD, Blu-ray und Universal Media Disc (für die Sony PlayStation) zu kaufen gibt. Und natürlich stehen die Bücher von Douglas Adams auch für den Kindle-Reader von Amazon oder den Sony Book Reader zum Download bereit. Ein völlig neues Anhalter-Computerspiel mit 3D-Grafiken wurde 1999 zwar angekündigt, aber nie fertiggestellt, sodass die CD-ROM eines der wenigen Medien bleibt, auf dem keine Version von »Per Anhalter durch die Galaxis« erschienen ist. Aber mithilfe dieses Mediums hat Douglas Adams 1995 immerhin eine Version von »Die Letzten ihrer Art« produziert. Wer weiß, vielleicht erleben wir »Per Anhalter durch die Galaxis« irgendwann einmal als interaktive Hologramm-Version oder als Direktübertragung ins Gehirn über Neuroschnittstelle?

Milliways
Milliways
Live in Concert:
REG NULLIFY
und seine
Kataklysmische
Combo
Wegen Urknall
geschlossen

13
Ein Tango am Ende der Welt

Wenn du heute Morgen schon sechs unmögliche Dinge getan hast, warum dann nicht als siebentes zum Frühstück ins Milliways, das Restaurant am Ende des Universums?

Das Restaurant am Ende des Universums, Kapitel 15

»Das hier ist wirklich das absolute Ende, die letzte eisige Trostlosigkeit, in der der ganze majestätische Schwung der Schöpfung versinkt. Dieses, meine Damen und Herren, ist das sprichwörtlich ›Allerletzte‹.«

Max Quordelplien, Das Restaurant am Ende des Universums, Kapitel 17

Anfang der 90er-Jahre in meinem Heimatort in der Nähe von Marburg: eine sternklare Nacht im August. Spontan hatte ich mich entschlossen, einen kleinen Spaziergang an eine dunkle Stelle am Waldrand zu machen, von der aus ich einen ungestörten Blick auf die Milchstraße haben würde. Gewiss hatte ich das fahle Lichtband am Himmel schon gesehen, aber abgeschirmt vom Licht der Stadt erstrahlte über mir die Milchstraße in unerwarteter Pracht. Begeistert trat ich den Rückweg an, als ich an einem Haus vorbeikam, aus dem eine Stimme zu hören war. Diese verkündete gerade, dass das Sternensystem Hastromil ins Ultraviolette verdampfte. Keine Frage, hier hörte jemand das Hörspiel »Per Anhalter ins All«, die Stimme gehörte zu Max Quordelplien, dem Conferencier im »Restaurant am Ende des Universums«, wo man, eingeschlossen in einer »Zeitblase«, in festlicher Atmosphäre und bei luxuriösen Speisen und Getränken den letzten Zuckungen des Universums zuschauen kann.

Douglas Adams erzählte, dass ihm die Idee zum »Restaurant am Ende des Universums« beim Hören des Songs »Grand Hotel« der britischen Rockgruppe Procol Harum (»A Whiter Shade of Pale«) gekommen sei, besonders durch die mächtige orchestrale Passage, die wie aus dem Nichts zu kommen scheint. Douglas Adams dachte darüber nach, welches großartige Ereignis eine solche musikalische Begleitung verdient haben könnte. »Schließlich dachte ich, dass das alles klang, als ob eine Art von Show währenddessen über die Bühne ging. Irgendetwas Großartiges und Außergewöhnliches, wie, nun ja, das Ende des Universums«, erinnerte sich Adams später.

Der Gedanke, dem Universum beim Vergehen zusehen zu können, ist ebenso morbide wie faszinierend. Welcher Anblick würde sich uns bieten, wenn das tatsächlich möglich wäre? Zu der Zeit als Douglas Adams an den Ideen für »Das Restaurant am Ende des Universums« arbeitete, war das noch nicht klar und es gab zwei grundsätzlich verschiedene Szenarien, die entscheidend davon abhingen, welche Materiedichte das Universum besitzt. Oberhalb einer kritischen kosmischen Dichte würde die durch den Urknall in Gang gesetzte Expansion des Universums irgendwann einmal zum Stehen kommen und sich der Kosmos schließlich wieder zusammenziehen. Der theoretische Teilchenphysiker Steven Weinberg malte sich 1977 in seinem bekannten Buch »Die ersten drei Minuten« aus, was sich uns auf der Erde für ein Anblick bieten würde, wenn die Dichte des Universums doppelt so groß wäre wie der kritische Wert. Weinberg lenkt dabei sein Augenmerk auf die Temperatur der kosmischen Hintergrundstrahlung, die gewissermaßen den »Nachhall« des Urknalls darstellt. Derzeit entspricht die Temperatur dieser Strahlung nur noch 3 Kelvin, also –270 Grad Celsius. Zum Zeitpunkt der größten Ausdehnung des Universums nach rund 50 Milliarden Jahren wird, so Weinberg, die Temperatur auf 1,5 Kelvin gesunken sein, und dann bei der folgenden Kontraktion des Universums langsam wieder ansteigen. Das geschieht so langsam, dass es über Milliarden von Jahren für gedachte Beobachter auf der Erde (sofern diese dann überhaupt noch existiert) kaum zu bemerken sein wird. Wenn sich das Universum auf ein Hundertstel seines heutigen Durchmessers zusammengezogen hat, so Weinberg, wird der Nachthimmel durch die Hintergrundstrahlung, die dann eine Temperatur von grob sommerlichen 30 Grad Celsius haben wird, taghell erleuchtet sein. Siebzig

Millionen Jahre später wird dann der Himmel so heiß sein, dass die Hitze die Moleküle in unserer Atmosphäre in Atome und diese in Elektronen und Atomkerne zerlegen wird. Weniger als eine Million Jahre später lösen sich auch die Sterne und Planeten in einer kosmischen Suppe aus Photonen, Elektronen und Atomkernen auf. Das dürfte der Zeitpunkt sein, zu dem das »Sternensystem Hastromil ins Ultraviolette verdampft«. Das Aufheizen beschleunigt sich immer mehr und für die Gäste des »Restaurants am Ende des Universums« läuft die Entstehung des Universums gewissermaßen rückwärts ab, bis es im »Big Crunch« in einem Zustand mit unendlich hoher Temperatur und Dichte kollabiert, über den die Physiker noch immer rätseln, auch wenn sie sich dem Moment der Schöpfung mit ihren Experimenten immer weiter annähern können. Wenn der Large Hadron Collider in Genf seine anvisierte Höchstenergie von 14 Teraelektronenvolt für die Teilchenkollisionen erreicht, so werden sich damit immerhin Prozesse beobachten lassen, wie sie sich in der ersten Billionstel Sekunde nach dem Urknall ereignet haben könnten. Dennoch würde sicher jeder Physiker nur zu gern einen Platz im »Restaurant am Ende des Universums« reservieren, wenn er einen noch extremeren Zustand des Universums mit anschauen könnte. Vielleicht würde das Universum nach dem Kollaps wieder in einer gigantischen Explosion aufs Neue entstehen und sich wieder ausdehnen, was die Frage aufwirft, ob das Universum am Ende zyklisch ist und überhaupt keinen richtigen Anfang oder ein unwiderrufliches Ende hat. Es gibt derzeit sogar einen theoretischen Ansatz, der so etwas wie einen Blick vor den Urknall erlaubt, die sogenannte Schleifenquantengravitation, in der Raum und Zeit ähnlich wie die Energie in der Quantenmechanik nicht kontinuierlich sind, sondern in kleinsten Einheiten (Quanten) in Erscheinung treten. Damit möchten die Theoretiker die Grundlage schaffen, um auch die Gravitation einer vereinheitlichten Theorie aller Kräfte einzuverleiben. Der junge deutsche Physiker Martin Bojowald, der seit 2005 an der Pennsylvania State University in den USA forscht und lehrt, hat mithilfe der Schleifenquantentheorie die Urknallsingularität umgehen können, also den Zustand unendlicher Dichte und Temperatur, an dem alle physikalischen Gesetze ihre Gültigkeit einbüßen, und so auf mathematischem Wege und unter Annahme einiger Näherungen in eine Zeit davor linsen können, in der sich das Universum ähnlich wie ein Luftballon »umstülpt«. Hätte Bojowald recht mit seinen Vermutungen, dann könnte sich das »Restaurant am Ende des Universums« nach dem »Big Crunch« sogleich in »Urknall-Urquell-Bar« umbenennen, um den Gästen die Attraktion eines neuerlichen »Big Bangs« zu präsentieren.

Die Geschäftsidee des legendären Restaurants beruht darauf, dass am Ende des Universums auch wirklich etwas los ist. Doch dafür gibt es leider keine Garantie, im Gegenteil. Denn für den Fall, dass die Dichte des Universums unter der kritischen Dichte liegt, setzt sich seine Expansion immer weiter fort, und der Kosmos geht einer gähnenden Leere entgegen, die vermutlich keinen Schauwert haben dürfte. Die bisherigen Erkenntnisse legen nahe, dass das Universum tatsächlich nicht genug Materie enthält, um die Expansion irgendwann einmal wieder umzukehren. Daran ändert auch die Entdeckung der rätselhaften »Dunklen Materie« nichts, die sich nur durch ihre Schwerkraftwirkung bemerkbar macht, aber deren Natur im sprichwörtlichen Dunkel liegt. Anhand der Fluchtgeschwindigkeiten von Supernovae eines bestimmten Typs sind die Astronomen nämlich noch einer anderen, ebenfalls mysteriösen »Dunklen Energie« auf die Spur gekommen, die dafür sorgt, dass das Universum schneller expandiert, als bislang angenommen.[1)]

Der amerikanische Astrophysiker Fred Adams hat sich intensiv mit der fernen und allerfernsten Zukunft unseres Universums auseinandergesetzt und seine Erkenntnisse zuletzt in einem Artikel für einen Sammelband zum Thema »Globale Katastrophen« zusammengefasst. Sagen wir es ungeschminkt: Die Aussichten für die Zukunft sind düster, mit einigen helleren Momenten, denn unsere Milchstraße und die Andromeda-Galaxie werden sich in den nächsten Milliarden Jahren dank ihrer Schwerkraft immer näherkommen und schließlich miteinander verschmelzen. Die beiden Galaxien sind rund zwei Millionen Lichtjahre voneinander entfernt und grob von ähnlicher Größe. (Verkleinert man sie auf die Größe einer CD, dann beträgt die Entfernung im gleichen Maßstab noch zweieinhalb Meter.) Nach etwa vier Milliarden Jahren werden sie sich so nahegekommen sein, dass der Nachthimmel auf der Erde etwa doppelt so hell sein wird wie heute und einen überwältigenden Anblick bieten dürfte. In der Kollisionsregion werden die aufeinandertreffenden Staub- und Gaswolken neue Sterne entstehen lassen.

Abb. 13.1 Beinahe-Kollision zweier Galaxien aufgenommen mit dem Hubble-Weltraumteleskop: Die beiden Spiralgalaxien im Sternbild großer Hund mit den Katalogbezeichnungen NGC 2207 (links) und IC 2163 begegnen einander im Universum. Dabei haben starke Gezeitenkräfte der massereicheren Galaxie NGC 2207 die Galaxie IC 2163 verformt und ihr Sterne und Gas in einem langgestreckten Bogen entrissen. Ein ähnliches Schicksal könnte der Milchstraße und der Andromeda-Galaxie in den nächsten Milliarden Jahren bevorstehen.

Dass ein Stern der Andromedagalaxie mit der Sonne kollidiert ist dabei eher unwahrscheinlich, dafür sind die Sterne innerhalb der Galaxien zu weit voneinander entfernt. Viel problematischer für die Erde wird es in sechs bis sieben Milliarden Jahren sein, wenn unsere Sonne ihren Wasserstoff aufgebraucht hat und nun Energie aus der Fusion schwererer Atomkerne gewinnen muss. Der Kern der Sonne wird dabei dichter und heißer, durch den wachsenden Strahlungsdruck dehnt sich die Sonne insgesamt immer weiter aus und verschluckt nach und nach Merkur und Venus. Und unserer Erde wird es vermutlich nicht anders ergehen. Auch sie wird schließlich wie ein Staubkorn vom angeschwollenen Glutball der Sonne verschluckt. Dass auch dieses Ereignis kommerzielles Potenzial haben könnte, malt sich der amerikanische Science-Fiction-Autor Edmond Hamilton, der vor allem durch seine »Captain Future«-Bücher bekannt geworden ist, in seiner Kurzgeschichte »Requiem« (1962) aus. Die Erde ist bereits seit einigen Jahrtausenden verlassen und unsere Galaxis besiedelt. Dennoch macht sich ein Raumschiff voller Journalisten auf den Weg zur Erde, um darüber zu berichten, wie diese in die Sonne stürzt. Während die Journalisten das Ereignis für ein galaktisches

Fernsehpublikum effekthascherisch ausschlachten, wagt nur der Raumschiffkapitän einen letzten Abstecher zu den Ruinen auf der Erde. Er bleibt der Einzige, der eine gewisse Trauer bei der endgültigen Vernichtung der Erde empfindet.

Die neunte Inkarnation von »Doctor Who« gelangt mit seiner Raum-Zeit-Maschine, der Tardis, in der Folge »The End of the World« (2005), Milliarden Jahre in die Zukunft. Auf einer Raumstation in einer Umlaufbahn versammeln sich die unterschiedlichsten außerirdischen Wesen, um mitzuerleben, wie die Erde von der sich ausdehnenden Sonne verschluckt wird. Die Erde ist bereits seit Langem verlassen und steht unter der Verwaltung des »National Trust«, der die Expansion der Sonne durch »Gravitationssatelliten« künstlich hinausgezögert hat. Doch aus Geldmangel sieht man sich gezwungen, die Erde ihrer endgültigen Zerstörung zu überlassen. Unter den Gästen ist auch Lady Cassandra O'Brien Dot Delta Seventeen, das letzte menschliche Wesen. Lady Cassandra hat jedoch keine menschliche Gestalt mehr, sondern ist eigentlich nur noch ein Stück Haut, das auf einen Rahmen gespannt ist und ansonsten nur noch zwei Augen und einen Mund besitzt. Diese »Doctor Who«-Folge ist sicherlich auch eine Hommage an Douglas Adams und »Das Restaurant am Ende des Universums«.

Vielleicht lässt sich aus dem Anblick verschmelzender Galaxien auch noch ein kommerzielles Event machen? Im weiteren Verlauf der Expansion werden Gruppen von Galaxien zu Supergalaxien verschmelzen, die sich schließlich so weit voneinander entfernen werden, bis jede dieser Supergalaxie als isoliertes »Inseluniversum« erscheinen wird, außer dem sonst nichts mehr im Kosmos zu existieren scheint.

Nach einer Billiarde Jahren werden die letzten Sterne ausgebrannt sein. Die Sternreste stürzen ins Innere der verbliebenen Galaxien, die sich nach und nach in ein gigantisches Schwarzes Loch verwandeln. Vermutlich spätestens in 10^{36} Jahren zerfallen die Protonen in Positronen, Pionen oder andere Teilchensorten. Das führt dazu, dass die letzten Sterne, vor allem Weiße und Braune Zwerge, und Planeten, die noch verblieben sind, endgültig zerfallen. Das Universum besteht dann im Wesentlichen aus Schwarzen Löchern und einem sich immer weiter ausdehnenden Gemisch von Elektronen, Positronen, Neutrinos und Photonen.

Wenn Stephen Hawking mit seiner Vermutung Recht hat, dass auch Schwarze Löcher, wenn auch fast unmerklich langsam, Strahlung in Form von Photonen und Gravitonen aussenden, dann dürften nach einer wahrlich astronomischen Zeitspanne von 10^{70} bis 10^{100} Jahren auch die Schwarzen Löcher zerfallen.

Das verbliebene Teilchengemisch wird sich im Zuge der kosmischen Expansion immer weiter verdünnen und das Universum wird sich dabei einem Vakuumzustand annähern. Es gibt Physiker, die vermuten, dass dieses Vakuum, aufgrund quantenmechanischer Überlegungen, irgendwann einmal spontan seinen Zustand ändern könnte, vielleicht sogar so, dass das Universum wieder auf neue Weise entstehen kann. Doch spätestens hier erreichen wir spekulative Höhen, in denen die Luft sprichwörtlich zu dünn wird, um noch etwas Verlässliches zu sagen.

Die amerikanischen Kosmologen Lawrence Krauss und Robert Scherrer haben in ihrem Artikel »Das kosmische Vergessen« darauf hingewiesen, dass das Universum im Zuge seiner beschleunigten Expansion die Spuren seines Ursprungs auslöschen könnte. Wenn alle anderen Galaxien aus unserem Sichtbereich verschwunden sind und die verschmolzenen Galaxien unserer »Lokalen Gruppe« als einsames »Inseluniversum« in der kosmischen Leere erscheinen, wären die noch existierenden Astronomen nicht mehr in der Lage, aus Beobachtungen auf den Urknall zu schließen.

In einem solchen Szenario wäre die Geschäftsidee für das »Restaurant am Ende des Universums« vorn vorneherein zum Scheitern verurteilt. Selbst Kosmologen würden die erkenntnisreiche Gegenwart dem trostlosen Ende des Universums vorziehen und davon absehen, einen Tisch im Restaurant zu bestellen. Den Betreibern bliebe nichts anderes übrig, als mit der erlesenen Auswahl aldebaranischer Liköre und dem morbiden Charme des Weltuntergangstangos von Reg Nullifax und seiner Kataklysmen-Combo aufzutrumpfen ... oder der »Urknall-Urquell-Burgerbar« das Feld kosmischer Gastronomie zu überlassen.

Aber vielleicht erklärt das alles, warum Zaphod zum Bedauern von Arthur Dent das »Das Restaurant am Ende des Universums« ohne mit der Wimper zu zucken vor dem »großen Augenblick« verlässt. Doch Zaphod weiß warum: »Ich habe ihn schon gesehen. Alles Mist. Nichts weiter als ein Llankru.« »Ein was?«, fragt Arthur. »Das Umgekehrte von Urknall«, antwortet Zaphod und drängelt zum Aufbruch. Nun wissen wir warum. Alles ist spannender als das Ende des Universums.

Abb. 13.2 Das Universum in 10^{70} Jahren.

WAS
IST
SECHS
MAL
X
ZWEIUNDVIERZIG
NEUN

14
Zweiundvierzig

Arthur Dent: Sechs mal neun gleich zweiundvierzig! Da ist wirklich irgendwo was völlig durcheinander, ich wusste es ja. Irgendwas mit dem Universum ist grundsätzlich kaputt, schief gewickelt, im Eimer.

Per Anhalter ins All (Hörspiel), Folge 6

In jedem Fall steht für mich ganz außer Zweifel, daß es das Ziel jedweder Kunst ist, die nicht bloß wie eine Ware »konsumiert« werden will, sich selbst und der Umwelt den Sinn des Lebens und der menschlichen Existenz zu erklären. Also den Menschen klarzumachen, was der Grund und das Ziel ihres Seins auf unserem Planeten ist. Oder es ihnen vielleicht gar nicht zu erklären, sondern sie nur vor diese Frage zu stellen.

Andrej Tarkowskij, Die versiegelte Zeit (1984), Ullstein, 2. Aufl. 2002, S. 42 (!)

Kommt Ihnen folgende Geschichte bekannt vor? Ein Reisender durchquert die Milchstraße und strandet schließlich auf der Erde. Im Verlauf der Handlung geschehen erstaunliche Dinge: ein Walfisch findet sich plötzlich in luftiger Höhe wieder, der galaktische Reisende begegnet Philosophen, die sich als haltlos daherplappernde Gesellen erweisen, und zu guter Letzt dreht sich alles um die Frage nach dem Endzweck aller Dinge, die völlig unbefriedigend beantwortet wird. Ganz klar, das ist eine etwas knappe Zusammenfassung von »Per Anhalter durch die Galaxis«. Doch weit gefehlt. Es handelt sich um die kurze Satire »Mikromegas« von Voltaire aus dem Jahre

1752, die uns im Kapitel über die Milchstraße schon einmal begegnet ist.

Wenn es um Spott über die menschliche Hybris und die Auswüchse von Religion und philosophischer Sinnsuche geht, dann sind Voltaire und Douglas Adams Brüder im Geiste, auch wenn sich die Geschichten des galaktischen Reiseführers und von Mikromegas natürlich unterscheiden. Mikromegas ist ein acht Meilen hoher Außerirdischer vom Sirius, der durch die Milchstraße reist und zufällig auf der Erde landet. Auf dem Weg sammelt er einen »kleinen« Saturn-Bewohner auf, der gerade mal tausend Klafter (rund 1800 Meter) misst. Die beiden Außerirdischen erkunden die Verhältnisse auf der Erde. Das erste Lebewesen, das groß genug ist, damit Mikromegas es wahrnehmen kann, ist ein Wal, der vom Sirius-Bewohner zur näheren Betrachtung aus dem Wasser in luftige Höhen gehoben wird. Schließlich entdeckt Mikromegas ein Schiff mit einer Gruppe Naturforscher an Bord, die von einer Expedition zum Polarkreis zurückkehren. Nur mit Mühe kommt der gigantische Mikromegas mit den Winzlingen ins Gespräch. Die Forscher erweisen sich dabei als wenig gelehrt und sondern nur pseudophilosophisches Gewäsch ab. Einer der Männer behauptet gar allen Ernstes, dass alles im Universum »einzig und allein für den Menschen gemacht« sei. Mikromegas ist erbost, dass »die fast unendlich kleinen Wesen einen fast unendlichen Dünkel« haben. Er verspricht ihnen jedoch, ein schönes wissenschaftliches Buch zu schreiben, aus dem sie den Endzweck aller Dinge erfahren sollen. Das Buch erreicht schließlich den Sekretär der Akademie der Wissenschaften in Paris, der es sogleich neugierig aufschlägt. Doch er findet nur leere Blätter und ruft aus: »Ha, das hatte ich geahnt!«

Auch Douglas Adams erzählt in »Per Anhalter durch die Galaxis« die Geschichte einer vergeblichen Sinnsuche. Einer Rasse hyperintelligenter, pandimensionaler Wesen hängt es dermaßen zum Hals heraus, sich ewig über den Sinn des Lebens herumzuzanken, dass sie beschließen, das Problem ein für alle mal zu lösen. Dafür bauen sie den kolossalen Supercomputer »Deep Thought«, der die Antwort auf »das Leben, das Universum und alles« liefern soll. Dafür benötigt der »zweitgrößte Computer im Universum aus Raum und Zeit« siebeneinhalb Millionen Jahre. Die Antwort, die er präsentiert, ist nicht hilfreicher als ein Buch mit leeren Seiten, dafür aber viel witziger: 42.

Douglas Adams gelang damit das Kunststück, eine Pointe zu erfinden, die nur aus einer zweistelligen Zahl bestand. Nach der Lektüre von »Per Anhalter durch die Galaxis« ist die Zahl 42 keine Zahl mehr wie alle anderen. Kurzum: Die 42 ist Kult. Dem Internet ist es zu verdanken, dass es mittlerweile keine siebeneinhalb Millionen Jahre mehr dauert, um sie zu »berechnen«. Stellt man der Suchmaschine Google die Frage: »What is the answer to life, the universe and everything?«, so liefert die integrierte Taschenrechnerfunktion umgehend: »The answer to life, the universe and everything = 42«. (Mit der deutschen Version der Frage funktioniert das Ganze nicht.) Auch der Internetdienst WolframAlpha, eine Schöpfung von Stephen Wolfram, der mit dem Programm Mathematica für wissenschaftliches Rechnen bekannt geworden ist, liefert die Antwort auf die Fragen aller Fragen. WolframAlpha ging am 18. Mai 2009, eine Woche nach dem achten Todestag von Douglas Adams, online. Auf den ersten Blick scheint es sich dabei um eine Suchmaschine wie Google oder Altavista zu handeln, doch WolframAlpha ist als »Wissensmaschine« angelegt und soll, so zumindest die Vision, auf alle Fragen eine Antwort liefern. Auch hier funktioniert alles nur auf Englisch. Auf die Frage »Wer ist Douglas Adams« erhält man derzeit nur die dürren Angaben über Ort und Zeit von Geburt und Tod. Auf die Frage »Was ist die Antwort auf das Leben, das Universum und den ganzen Rest?« liefert WolframAlpha wie Google die Antwort »42«.

Douglas Adams hat immer geleugnet, dass die Zahl 42 irgendetwas Tiefsinniges zu bedeuten hat. Auf die Bemerkung, dass sechs mal neun im Dreizehnersystem 42 ergibt, konterte er nur mit: »Ich schreibe keine Witze in Basis 13.« Im Internet-Fanforum alt.fan.douglas-adams äußerte sich Douglas Adams, warum er sich bei Deep Thoughts Antwort ausgerechnet für die 42 entschieden hat: »Die Antwort darauf ist ganz einfach. Es sollte eine Zahl sein, eine gewöhnliche, nicht allzu große Zahl. Binäre Darstellung, Basis dreizehn, Tibetanische Mönche, all das ist kompletter Unsinn. Ich saß an meinem Schreibtisch, schaute in den Garten und dachte: ›Die 42 tut's.‹ Ich tippte sie. Ende der Geschichte.«

Wer sich umschaut, stößt auf die 42 durchaus in wichtigen Zusammenhängen: Die alten Ägypter und die jüdischen Kabbalisten zählten die 42 zu ihren heiligen Zahlen. Lewis Carroll zeigte in seinem Werk eine besondere Vorliebe für die Zahl 42 und konfrontierte die durch einen besonderen Trank riesenhaft gewachsene Alice mit dem »Paragraph 42: Alle Personen, die über einen Kilometer groß sind, haben den Gerichtshof zu verlassen«. Und sollte es einem nicht zu denken geben, dass der große Physiker Max Planck seine revolutionäre Quantenhypothese ausgerechnet im Alter von 42 Jahren vorstellte, oder Elvis Presley mit 42 Jahren starb (beziehungsweise laut dem fünften Band der Anhalter-Saga von den Grebuloniern auf den Planeten Rupert gebracht wurde)? Die Masse der Milchstraße wird auf 10 hoch 42 Kilogramm geschätzt, und der Spiegel des geplanten europäischen Riesenteleskops E-ELT (European Extremely Large Telescope), mit dem sich die Astronomen einen noch tieferen Einblick ins Universum erhoffen, soll einen Durchmesser von 42 Metern haben.

Nicht zu vergessen das Element 42 im Periodensystem, Molybdän: Das spielt für den Stickstoffkreislauf auf der Erde eine zentrale Rolle. Molybdän ist Bestandteil der Enzym-Komplexe, mit denen Bakterien in der Lage sind, Stickstoffmoleküle in ihre Atome zu zerlegen und diese in Stickstoffverbindungen zu fixieren. Erst in atomarer Form lässt sich der Stickstoff von Pflanzen und Tieren nutzen und wird nicht zuletzt als fester Bestandteil von Aminosäuren, Proteinen und der Erbsubstanz DNA benötigt. Die Fixierung des atomaren Stickstoffs hat damit für das Leben auf der Erde eine vergleichbare Bedeutung wie die Fotosynthese.

Weitere Zusammenhänge, in denen die 42 auftaucht, bestärken den Glauben, dass das Programm, für das unser Heimatplanet von den Magratheanern gebaut worden ist, vielleicht doch noch laufen könnte. So berichtete der russische Kosmonaut Oleg Makarov über die Verzückung von Astronauten, die sich zum ersten Mal in einer Erdumlaufbahn befanden: »Weder die allein fliegenden Kosmonauten bei den ersten Wostok-Unternehmen, noch die Mitglieder mehrköpfiger Besatzungen auf den jetzigen Sojus-Schiffen – niemand, kein einziger Mensch konnte bei dem faszinierenden Anblick der Erde aus dem Weltraum Freudenausbrüche zurückhalten, die aus der Tiefe des Herzens hervorbrachen. Diese emotionalen Ergüsse dauerten durchschnittlich 42 Sekunden.«

Die Antwort 42 lässt sich natürlich einfach als schlechter Scherz abtun, der bedeutet, dass es zwecklos ist, eine letzte Antwort oder einen tieferen Sinn im Universum zu suchen. Eine ausgesprochen de-

Abb. 14.1 Das geplante europäische Riesenteleskop E-ELT (European Extremely Large Telescope) hat einen Spiegeldurchmesser von 42 Metern. Es soll im Jahre 2018 seinen Betrieb aufnehmen und sich einigen der größten wissenschaftlichen Herausforderungen stellen. Dazu gehört der erste Nachweis eines erdähnlichen Planeten in der »bewohnbaren Zone« um einen Stern. Die Astronomen sind sich sicher, dass sich aus den mit dem E-ELT gemachten Entdeckungen neue, unvorhergesehene Fragen ergeben. Vielleicht sogar die Frage, auf die die Antwort 42 lautet?

primierende Perspektive, die jedoch nicht einmal von nüchternen Physikern geteilt wird. Der Wiener Quantenphysiker Anton Zeilinger sieht in der Antwort 42 nur einen Anlass dafür, sich darüber klar zu werden, wie wichtig es ist, präzise Fragen zu stellen, wie er im Januar 2010 in einem Interview für die österreichische Tageszeitung »Die Presse« sagte. Zeilinger hat sogar sein Segelboot »42« getauft. Nicht verwunderlich, denn auf Douglas Adams angesprochen, reagierte er geradezu enthusiastisch: »Douglas Adams hatte ein paar unglaubliche Ideen! Er hat in seinen Romanen eine sehr feine Ironie, eine Ironie, die aber nie zynisch wird.« Man kann Zeilinger nur zustimmen. Auch wenn sich Douglas Adams mit der 42 über die hartnäckige Suche des Menschen nach metaphysischen Antworten lustig machte, taugt er weder als reiner Zyniker, noch als Advokat der Sinnlosigkeit.

Dafür war er viel zu fasziniert von den vielfältigen Aspekten des Lebens, des Universums und allem.

Aber vielleicht bedeutet eine Zahl als Antwort, dass wir dort nach der richtigen Frage suchen müssen, wo Zahlen eine entscheidende Rolle spielen? So bemüht sich die Physik letztlich darum, das Universum und seine Bestandteile auf einen Zahlennenner zu bringen. Ein eindrucksvolles Beispiel dafür liefert der britische Astronom Sir Martin Rees, der in seinem populärwissenschaftlichen Buch »Just Six Numbers« sechs Zahlen vorstellt, mit denen sich unser Universum charakterisieren lässt. Dazu zählt die Anzahl der uns bekannten drei räumlichen Dimensionen, der Anteil der Dunklen Materie im Universum und die Kosmologische Konstante, die für die beschleunigte Ausdehnung des Universums sorgt. Eine 42 ist nicht darunter, aber immerhin eine 43, denn Rees betrachtet auch das Verhältnis der Stärke von elektromagnetischer Kraft und Gravitation, das bei 10 hoch 43 liegt. Das bedeutet, dass die elektromagnetische Kraft 10 hoch 43-mal stärker als die Schwerkraft ist! Doch das ändert nichts daran, dass es die Schwerkraft ist, die die Entwicklung unseres Universums prägt, und nicht der Elektromagnetismus.

Eine weitere kosmische Kennzahl, die Rees jedoch nicht behandelt, ist die Hubble-Konstante H_0, die beschreibt, wie schnell sich das Universum ausdehnt, ihr Kehrwert liefert das Alter des Universums. H_0 lässt sich anhand der Bewegung weit entfernter Supernova-Typen bestimmen, was jedoch mit einigen Unsicherheiten verbunden ist. Die Bezeichnung »Konstante« ist also etwas irreführend, sodass man heutzutage auch vom »Hubble-Parameter« spricht. Astrophysiker der Universität Cambridge staunten 1996 nicht schlecht, als sie nach drei Jahren des unermüdlichen Rechnens für H_0 den Wert 42 km/(s Mpc) erhielten, was bedeutet, dass sich die Ausdehnung mit jeder Megaparallaxensekunde (kurz Megaparsec) Entfernung (das entspricht rund drei Millionen Lichtjahren) um 42 Kilometer pro Sekunde beschleunigt. Je weiter ein Objekt entfernt ist, umso schneller bewegt es sich also weg von uns. »Es verursachte schon ein gewisses Gelächter, als wir die Zahl 42 herausbekamen, denn wir sind alle große Fans von ›Per Anhalter durch die Galaxis‹«, gab Keith Grange zu, einer der beteiligten Forscher. Er hielt es aber bereits damals für unwahrscheinlich, dass sich der Wert 42 für die Hubble-Konstante halten würde. Der derzeit (Stand Mai 2009) genaueste Wert für H_0 beruht auf Beobachtungen mit dem Hubble-Weltraumteleskop und liegt bei rund 74 km/(s Mpc), was nun wirklich nicht mehr an Deep Thoughts Antwort erinnert.

Möglicherweise spielt die 42 aber eine Rolle in einem der wichtigsten ungelösten Probleme der Mathematik, der sogenannten Riemann-Hypothese, benannt nach dem deutschen Mathematiker Bernhard Riemann, der 1866 im Alter von nur 39 Jahren an Tuberkulose starb. Er stellte die These auf, dass alle Nullstellen (bis auf einige triviale Ausnahmen) der Riemannschen Zeta-Funktion in der Ebene der komplexen Zahlen auf einer geraden Linie liegen.[1)]

Das im Einzelnen zu verstehen, ist selbst für Mathematikstudierende ein hartes Brot. Doch es lässt sich erläutern, warum diese Funktion und alle Fragen, die mit ihr zusammenhängen, eine so große Bedeutung besitzen. Die Nullstellen der Riemannschen Zeta-Funktion geben nämlich Auskunft über die Verteilung und die Eigenschaften der Primzahlen, also derjenigen Zahlen, die nur durch 1 und sich selbst teilbar sind. Wissen über die Primzahlen zu gewinnen, ist nicht nur unabdingbar für die mathematische Zahlentheorie. Methoden, mit denen man Primzahlen finden kann, sind insbesondere für Verschlüsselungsmethoden wichtig, mit denen wir heutzutage auf sicherem Wege Geschäfte und Überweisungen im Internet tätigen können. Die Verschlüsselung beruht letztlich darauf, dass sich große Zahlen nur sehr schwer in ihre Primzahlfaktoren zerlegen lassen. Das Grundprinzip wurde 1977 von den Amerikanern Ron Rivest, Adi Shamir und Leonard Adleman entwickelt und nach den Initialen ihrer Nachnamen RSA-Verschlüsselung getauft. Es steckt inzwischen in jedem Internetbrowser und verschlüsselt beispielsweise Kreditkartennummern so, dass ein böswilliger Lauscher nichts mit ihnen anfangen kann. Große Primzahlen werden dabei miteinander multipliziert. Bei der verschlüsselten Übertragung etwa beim Online-Banking sendet die Bank dieses Produkt an den Kunden. Die zu übertragenden Überweisungsdaten werden dann mithilfe dieser Zahl verschlüsselt. Zum Entschlüsseln müsste man allerdings die einzelnen Primzahlen kennen, die für die Verschlüsselung miteinander multipliziert worden sind. Die kennt aber nur die Bank, die somit dem Kunden ein Schloss sendet, aber den Schlüssel bei sich behält.

Die Zeta-Funktion hat aber auch Anwendung in der Physik gefunden, da sich gezeigt hat, dass sich mit ihr prinzipiell die komplizierten quantenmechanischen Energieniveaus schwerer Atomkerne berechnen lassen. In diesem Zusammenhang spielt insbesondere die Reihe der »Momente der Zeta-Funktion« eine wichtige Rolle. Die Mathematiker wissen zwar, wie sich diese Momente abstrakt definieren lassen, haben aber große Schwierigkeiten, diese Zahlen zu berechnen. Die ersten beiden davon, 1 und 2, sind bereits seit 1918 beziehungsweise 1926 bekannt. Erst 1992 waren Mathematiker in der Lage, eine Vermutung für die dritte Zahl in der Reihe zu äußern: 42. Wenn sich diese Vermutung bewahrheitet, dann würde sie auch den wichtigen Zusammenhang zwischen den Primzahlen und der Quantenmechanik untermauern. Angesichts dieser fundamentalen Zusammenhänge, wäre die Frage »Wie lautet das dritte Moment der Riemannschen Zeta-Funktion« somit ein heißer Anwärter auf eine wirklich relevante Frage, auf die die Antwort 42 lauten könnte.

An großen Fragen hat es in der Naturwissenschaft keinen Mangel: Was ist Leben? Woher kommt die Masse? Woraus bestehen Dunkle Materie und Dunkle Energie? Was ist Bewusstsein? Wie funktioniert das Gehirn? Lässt sich Künstliche Intelligenz erschaffen? Was passierte beim Urknall? Gab es eine Zeit vor dem Urknall? Gab es überhaupt einen Urknall? Lässt sich eine vereinheitlichte Theorie für alle Kräfte einschließlich der Gravitation finden? Auf keine dieser Fragen dürfte die Antwort, sofern es überhaupt eine gibt, 42 lauten. Viele dieser Fragen ließen sich in früheren Zeiten überhaupt noch nicht sinnvoll stellen. Ein Newton hätte sich keinen Reim auf Dunkle Materie machen können, und selbst ein Genie wie Albert Einstein hätte sich vor hundert Jahren noch nicht vorstellen können, was ein Urknall sein soll. Aber Einstein war sich bewusst, dass Antworten nicht alles in der Wissenschaft sind. »Wichtig ist, dass man nicht aufhört zu fragen«, sagte er 1955 zu einem jungen Studenten, um diesem Mut zu machen.

Aber, Hand aufs Herz: Würde uns eine vereinheitlichte Theorie aller Kräfte oder die wahre Natur der Dunklen Energie wirklich dabei helfen, den Sinn des Lebens zu finden oder die quälende Frage zu beantworten, ob es kosmisch gesehen wichtig ist, aufzustehen und zur Arbeit zu gehen? Wohl kaum. Selbst wenn die Physik die lang gesuchte Weltformel entdecken würde, ist von ihr kaum Orientierung für unser tägliches Leben zu erwarten. Muss man diese Frage also doch eher der Religion oder der Philosophie überlassen? Möglich.

Vielleicht wird ein Sammelband mit Beiträgen über philosophische Themen in »Per Anhalter durch die Galaxis«, den der junge britische Philosophie-Dozent Nicholas Joll in Planung hat, neue Einsichten gewähren. Die Verhandlungen mit einem Verlag haben begonnen, beitragende Autoren stehen mittlerweile fest, ebenso wie der Inhalt der meisten Kapitel, von denen sich eines ganz sicher mit den Sinn des Lebens befassen wird.

Benjimaus und Frankiemaus machen vor, dass das Fehlen der Frage kein Grund zum Verzweifeln sein muss. Die beiden Mäuse gehören zum Volk der pandimensionalen, hyperintelligenten Wesen, die bei den Planetenbauern von Magrathea die Erde in Auftrag gegeben haben. Da die Vogonen die Erde fünf Minuten vor Ende des Computerprogramms zerstörten, sind die beiden Mäuse in ihrer Verzweiflung dazu gezwungen, sich wenigstens eine Antwort auszudenken, die plausibel genug klingt, um damit in einer eigenen Talkshow den großen Reibach zu machen. Die Frage »Wie viel ist sechs mal sieben?« erscheint Frankiemaus als »zu billig und zu konkret«. Aber mit dem Vorschlag »Wie viele Straßen muss der Mensch entlangspazieren?« sind die beiden vollauf zufrieden, da es sich laut Benjimaus bedeutend anhört, ohne an eine bestimmte Bedeutung gebunden zu sein.

Das Thema 42 und die Frage nach den großen Fragen blieb für Douglas Adams ein ständiger Begleiter bei fast jedem Interview. Im Buch »Hockney's Alphabet« (1991), in dem sich berühmte Autorinnen und Autoren jeweils einem Buchstaben im Alphabet widmeten, befasste sich Douglas Adams bezeichnenderweise mit dem Ypsilon, das im Englischen wie »why« ausgesprochen wird. Eine willkommene Gelegenheit Adams, sich der quälenden Warum-Frage aus einem ungewohnten Blickwinkel zu nähern. Als er Anfang Mai 2001 in seinem allerletzten Interview erneut auf die 42 angesprochen wurde, lieferte er ein Statement, über das er sich selbst am meisten amüsierte: »Alles, was ich sagen kann, ist, dass es in einem Quantenuniversum unmöglich ist, gleichzeitig die Frage und die Antwort zu wissen.« Doch selbst für Douglas Adams bekam die 42 eine besondere Bedeutung, denn in diesem Alter wurde er Vater. Kurz nach der Geburt seiner Tochter vermeldete er stolz im Internet: »Ihr Name ist Polly Jane Adams. Sie ist lang und schlank und dunkelhaarig und unfassbar schön.«

2008 befeuerte Stephen Fry, ein enger Freund von Douglas Adams, das Rätselraten um den Ursprung der 42 aufs Neue. Angeblich hatte Douglas ihm irgendwann einmal unter dem Gebot der absoluten Verschwiegenheit die genauen Gründe verraten, warum es gerade die 42 sein musste. »Die Antwort darauf ist faszinierend, außergewöhnlich und, wenn man gründlich darüber nachdenkt, vollkommen offensichtlich«, sagte Fry, betonte aber, dass er das Geheimnis nicht verraten dürfe und mit ins Grab nehmen müsse, auch wenn es tatsächlich das Rätsel des Lebens, des Universums und allem erkläre. Geheimniskrämerei war nie quälender.

Computer als Sinnsucher

Deep Thought ist nicht der erste Computer, der erdacht wurde, um Antworten auf die großen Fragen zu finden. Robert Sheckleys Kurzgeschichte »Der Beantworter« (»Ask a Foolish Question«, 1953) klingt geradezu wie eine Vorlage für Deep Thought: Ein außerirdisches Volk hat vor langer Zeit den rätselhaften »Beantworter« gebaut, der für die meisten Völker nur eine Legende ist. Einige Unentwegte machen sich dennoch auf die Suche, um dem Beantworter ihre Fragen zu stellen, wie etwa »Was ist Leben?« oder »Was ist der Sinn meines Daseins?«. Doch egal, was man den Beantworter auch fragt, man erhält stets die Antwort, dass die gestellte Frage falsch formuliert oder sinnlos sei und sich daher nicht beantworten ließe. »Um eine Frage stellen zu können, muss man die Antwort zum größten Teil schon kennen«, lautet das ernüchternde Fazit dieser philosophischen Science-Fiction-Geschichte.

Isaac Asimov erdachte in »Die letzte Frage« (»The Last Question«, 1965) den Multivac-Computer, von dem eine ganze Generationenfolge von Supercomputern abstammt, die immer wieder mit derselben Frage konfrontiert werden: »Lässt sich die Entropie im Universum verringern?« Die Antwort bleibt ebenfalls stets dieselbe (»Daten ungenügend für sinnvolle Antwort«). Schließlich verschmilzt der letzte Mensch mit AC, dem letzten Nachkommen von Multivac, als das Universum den Wärmetod stirbt. AC existiert jedoch bereits im Hyperraum, außerhalb von Raum und Zeit. Nun, da der letzte Fragesteller verschwunden ist, beantwortet AC die Frage mit einer machtvollen Demonstration: »Es werde Licht, und es ward Licht!«

In Arthur C. Clarkes Geschichte »Die neun Milliarden Namen Gottes« (»The Nine Billion Names of God«, 1953) erledigen westliche Programmierer eine ungewöhnliche Aufgabe in einem tibetischen Kloster. Sie sollen mit Computerhilfe eine Liste aller möglichen Namen Gottes erstellen, die sich aus einer ganzen Fülle von Vorgaben kombinieren lassen. Die Mönche glauben fest daran, dass Gott das Universum nur zu diesem Zweck erschaffen habe, und dass dieses endet, wenn die Liste vollständig ist. Für die Programmierer ist das alles nur Aberglaube, und so erledigen sie die Aufgabe wunschgemäß. Ein Irrtum, wie sich herausstellt.

Epilog: Eine Art Après-vie

Das ist weniger ein Leben nach dem Tod, als so was wie ein Après-vie.

Arthur Dent, Das Restaurant am Ende des Universums, Kapitel 14

Es ist wohl meine Aufgabe, etwas über die Liebe von Douglas Adams zur Wissenschaft zu sagen. Er fragte mich einmal um einen Rat. Er dachte ernsthaft darüber nach, zurück an die Universität zu gehen, um Naturwissenschaft zu studieren, speziell Zoologie, mein eigenes Fach. Ich riet ihm ab. Er wusste bereits eine Menge über Naturwissenschaft.

Richard Dawkins, Lobrede auf Douglas Adams, 17. September 2001

Charles Percy Snow war es, der 1959 mit einem Vortrag in Cambridge die Kluft zwischen Geistes- und Naturwissenschaften thematisierte. Auf der einen Seite literarische Schöngeister, die über die Physik oder Ingenieurskünste die Nase rümpften, auf der anderen Seite naturwissenschaftliche Fachidioten, die keinen Bezug mehr zu Kunst und Literatur hatten. Snow brachte die Rede von den »Zwei Kulturen« auf, die einander ohne Verständnis füreinander gegenüberstehen. Als Physiker und Romancier war er jedoch in beiden Welten zuhause. Doch im Rückblick scheint es, dass Snow den Graben zwischen den Kulturen eher noch vertieft hat. Douglas Adams hat diesen Graben jedoch ebenso erfolgreich wie unterhaltsam überwunden. »Er dachte wie ein Wissenschaftler, aber er war viel lustiger«, brachte es Richard Dawkins auf den Punkt.

Dabei waren bei Douglas Adams die Voraussetzungen für ein Interesse an den Naturwissenschaften denkbar schlecht, wenn man seine Erfahrungen in der Schule berücksichtigt. »Im Alter von 15 oder so weißt du, dass du dich ein für alle mal entscheiden musst, ob du Künstler oder Wissenschaftler werden willst. Und ich denke, dass ich mich nur wegen enttäuschender Ergebnisse in Chemie von der Wissenschaft abwandte und Kunst gemacht habe«, erinnert sich Douglas Adams. Was die »Zwei Kulturen« anbelangt, fühlte er sich, als ob er zufällig auf der falschen Seite gelandet sei. Das war nicht nur ein Problem des jungen Douglas. Snow prangerte in seiner Rede an, dass das britische Schulsystem die Schüler viel zu früh zwang, sich zu spezialisieren, und dass der allgemeine Snobismus dabei stets die »traditionelle Kultur« gegenüber Naturwissenschaft und Technik bevorzuge.

Douglas schien diesem Trend zu folgen, indem er Anglistik studierte und nicht etwa Physik oder Biologie. Doch eigentlich studierte er in Cambridge, um Mitglied der studentischen Theatergruppe Footlights zu werden und auf diesem Wege seinem Idol John Cleese nachzueifern. Dieses Ziel verfehlte er, aber dafür fand er seinen eigenen Weg, der nicht zuletzt auch ein Versuch war, die beiden Welten der Literatur und Naturwissenschaft miteinander in Einklang zu bringen. Dass er dabei so unglaublich komisch war, verstellt manchmal den Blick dafür, wie ernst es ihm mit seiner Begeisterung für die Naturwissenschaft war.

So tragisch es ist, dass er 2001 mit nur 49 Jahren den Folgen eines Herzinfarkts erlag, so tröstlich ist, dass sein Werk immer noch präsent und beliebt ist. Bestes Beispiel war die Veranstaltung »Hitchcon '09« anlässlich des 30. Jahrestags des Erscheinens von »Per Anhalter durch die Galaxis« und der Präsentation des neuen Anhalter-Romans aus der Feder des irischen Kinderbuchautors Eoin Colfer (»Artemis Fowl«). Junge und alte Fans in Bademänteln und mit Handtüchern füllten die Royal Festival Hall, nicht zuletzt um die originale Hörspiel-Besetzung auf der Bühne live zu erleben. Jeder, der an irgendeiner der vielen Inkarnationen der Geschichte um den Erdling Arthur Dent mitgewirkt hatte, erinnerte sich immer noch mit Freude und stolz daran – selbst der Schauspieler David Learner, dem die undankbare Aufgabe zufiel, das Marvin-Kostüm in der Fernsehserie zu tragen, weil sich Stephen Moore, Marvins Stimme, dem verweigert hatte.

Douglas Adams hat sich im kollektiven Bewusstsein verewigt. Er hat unser Bewusstsein für die Zahl 42 und die Bedeutung von Handtüchern geschärft. »Keine Panik!« und »Größtenteils harmlos« sind stehende Redewendungen geworden, und helfen dabei, den alltäglichen Katastrophen gelassener ins Auge sehen zu können.

Und auch sonst lebt Douglas Adams in vieler Hinsicht fort. »Per Anhalter durch die Galaxis« eroberte die große Kinoleinwand (wenn auch mit gemischtem Erfolg), und seine letzten drei Anhalter-Romane sowie die beiden Geschichten um den holistischen Detektiv Dirk Gently sind mittlerweile von Dirk Maggs für die BBC als aufwändige Hörspiele produziert worden. Damit kehrt das Werk von Douglas Adams dahin zurück, wo er seine Karriere begonnen hat.

Der britische Designer Thomas Thwaites ließ sich vielleicht auf die ungewöhnlichste Weise von Douglas Adams inspirieren. Er nahm Arthur Dents Erfahrungen auf dem Planeten Lamuella zum Anlass für eine äußerst langwierige Aktion: In »Einmal Rupert und zurück« versucht Arthur auf Lamuella als Sandwich-Macher sein Auskommen zu fristen und ein nützliches Mitglied der dortigen Bevölkerung zu werden. Frustriert muss er jedoch feststellen, dass es auf Lamuella weder einen Toaster noch elektrischen Strom gibt und dass er völlig außer Stande ist, allein einen Toaster zusammenzubasteln. Thwaites stellte sich dieser Herausforderung, indem er versuchte, einen Toaster von Grund auf selbst zu bauen und sich sogar das nötige Rohmaterial selbst zu beschaffen. Immerhin zerlegte er vorher einen Toaster, um sich über die benötigten Materialien und Teile klar zu werden. Eisenhaltige Materialien beschaffte er sich eigenhändig aus einer stillgelegten Mine in Gloucestershire, und nach langwierigen Recherchen gelang es ihm sogar, reines Eisen zu gewinnen – mit einer Mikrowelle! Spätestens beim Versuch, Kunststoffteile aus britischem Rohöl herzustellen, musste Thwaites passen und sich für die Verkleidung mit einem Pamps aus Kartoffelstärke und Essig behelfen. Plastik ist so allgegenwärtig, dass wir vergessen haben, welch hochkomplizierte Prozesse nötig sind, um es aus Rohöl zu gewinnen. Als ob die komplizierte Entstehungsgeschichte des Rohöls nicht schon kompliziert genug wäre. Neun Monate benötigte der Brite schließlich, um »The Toaster Project« mehr schlecht als recht zu vollenden, das nun im Royal College of Art in London ausgestellt ist. Vermutlich wird es Thomas Thwaites von nun an schwerfallen, einen Toaster nicht wie ein Weltwunder oder ohne ein hysterisches Kichern zu bestaunen.[1]

Das demonstriert auf witzige Weise die Fähigkeit von Douglas Adams, die Dinge aus einem neuen und ungewohnten Blickwinkel zu beschreiben, um vermeintlich Selbstverständliches als etwas Wunderbares und Staunenswertes ansehen zu können – eine Fähigkeit, die nicht zuletzt für jede Art wissenschaftlicher Durchbrüche entscheidend ist. Dennoch sollten wir dankbar sein, dass Douglas Adams Schriftsteller und nicht etwa Kernphysiker geworden ist, denn das hatte ihm als Achtjähriger vorgeschwebt!

Abb. 15.1 Das Werk von Douglas Adams lebt: Eoin Colfer und Hunderte Douglas Adams-Fans präsentieren sich auf der Hitchcon '09 am 12. Oktober 2009 wie es sich für galaktische Anhalter gehört in Bademänteln und mit Handtüchern.

Weiterführende Lektüre

Diese Liste versammelt neben einigen übergreifenden Werken zu jedem Kapitel Tipps zur weiterführenden Büchern, die jeweils absteigend nach dem Erscheinungsjahr sortiert sind. Die meisten Werke dienten auch als Quellen für das vorliegende Buch. Eine ausführliche Liste der Quellen und weitere Literaturhinweise finden sich auf meiner persönlichen Homepage www.alexanderpawlak.de oder auf http://wissenschaft-bei-douglas-adams.blogspot.com.

Übergreifende Werke über das Leben, ...

Richard Dawkins, Geschichten vom Ursprung des Lebens: Eine Zeitreise auf Darwins Spuren, Ullstein, Berlin 2009
Leben, erzähl mir bloß ~~nichts~~ vom Leben!

Ernst Peter Fischer, Das große Buch der Evolution, Fackelträger, Köln 2008
Ein reich bebilderter Überblick über die Evolutionstheorie.

... das Universum ...

Jeffrey Bennett, Megan Donahue, Nicholas Schneider und Mark Voit, Astronomie – die kosmische Perspektive, Pearson, München 2009
Ein reich illustrierter, aktueller und hervorragend lesbarer Überblick über die gesamte Astronomie und ein wirklich schweres Buch (3,6 Kg!)

Andreas Sentker und Frank Wigger (Hrsg.), Faszination Kosmos – Planeten, Sterne, Schwarze Löcher, Spektrum Akademischer Verlag, Heidelberg 2008
Klug ausgewählte Zusammenstellung aus Kapiteln erfolgreicher Sachbücher und von Artikeln aus der Wochenzeitung »Die Zeit«.

Claus Kiefer, Der Quantenkosmos, Fischer, Frankfurt/Main 2008
Ein ausgezeichnetes Buch, das in die Grundlagen der Relativitätstheorien, Quantenmechanik, Thermodynamik, Kosmologie einführt und die aktuellen Problemen der Quantengravitation behandelt.

Carl Sagan, Unser Kosmos, Droemer Knaur, München 2000 (Erstauflage 1980)
[DVD: Carl Sagan's Cosmos, Fremantle Home Entertainment 2009]
Diese Fernsehserie und das Begleitbuch sind mittlerweile Klassiker, und entstanden zu der Zeit, als Douglas Adams am

Anhalter arbeitete. Die Fernsehserie mag etwas in die Jahre gekommen sein, aber das Buch ist immer noch eine spannende Lektüre und enthält ein Kapitel über die »Encyclopedia Galactica«.

... und (fast) den ganzen Rest ...

Gerard 't Hooft, Playing with Planets, World Scientific, Singapore 2008
Der niederländische Physik-Nobelpreisträger wagt einen nüchternen Blick auf Visionen der Science-Fiction.

David Seed (Hrsg.), A Companion to Science Fiction, Wiley-Blackwell, Oxford 2008
Eine Sammlung aufschlussreicher Aufsätze, die einen guten Einblick in die zentralen Themenfelder, Subgenres und Schlüsselgestalten der Science-Fiction.

John Clute und Peter Nicholls, The Encyclopedia of Science Fiction, St. Martin Griffin, New York 1995 (erweiterte Auflage: Orbit, 1999)
Das maßgebliche Nachschlagewerk zu (fast) allen Autoren, Büchern, Filmen und Themen der Science-Fiction.

Robert Lambourne, Michael Shallis und Michael Shortland, Close Encounters – Science and Science Fiction, Adam Hilger, Bristol und New York 1990
Ein Buch darüber, wie Wissenschaft und Wissenschaftler in Science-Fiction-Geschichten und -Filmen dargestellt werden.

Peter Nicholls, Der Zukunft auf der Spur – Wie wahr kann Science-Fiction werden?, Europäische Bildungsgemeinschaft, Stuttgart 1984 (dt. Erstausg.: Science in Science Fiction, Umschau Verlag, Frankfurt/Main 1982)
Der Titel sagt alles. Ein Buch, das sehr schön die Sicht auf die Zukunft aus dem Blickwinkel der 80er-Jahre behandelt.

Über Leben und Werk von Douglas Adams

Adrian O'Dair, The Rough Guide to The Hitchhiker's Guide to the Galaxy, Rough Guides, London 2009
Ein unterhaltsames Sammelsurium zu Douglas Adams und »Per Anhalter durch die Galaxis«.

Kalle Häkkänen, Physics and Metaphysics in the Hitchhiker Series (1979 – 1992) by Douglas Adams, Universität Jyväskkylä (Finnland) 2006
https://jyx.jyu.fi/dspace/handle/123456789/7291
Studienarbeit über Physik und Metaphysik in den Anhalter-Romanen.

Michael Hanlon, Per Anhalter durch die Galaxis – im Licht der Wissenschaft, Rowohlt Taschenbuch Verlag, Reinbek bei Hamburg 2005
Kurzweilige und launig geschriebene Darstellung der wissenschaftlichen Themen in den Anhalter-Romanen.

Glenn Yefeth (Hrsg.), The Anthology at the End of the Universe, Benbella Books, Dallas (Texas) 2005
Amerikanische Science-Fiction-Autoren schreiben über »Per Anhalter durch die Galaxis«. Die Qualität der Aufsätze schwankt von amüsant und erhellend bis wirr und irrelevant.

M. J. Simpson, The Pocket Essential Hitchhiker's Guide, Pocket Essentials, Harpenden, 2005 (3. erw. u. überarb. Aufl., 1. Aufl. 2001)
Kompakter Überblick über das Werk von Douglas Adams vom ausgewiesenen Experten.

Ilona Hegedüs, The Translation of Neologisms in Two Novels of Douglas Adams, Department of English for Teacher Education, ELTE Budapest (Ungarn) 2005
www.tar.hu/fairy/The Translation of Neologisms In Two Novels of Douglas Adams.pdf
Für alle, die immer schon mal wissen wollten, wie sich die neuen Wortschöp-

fungen von Douglas Adams ins Ungarische übersetzen lassen.

Neil Gaiman, Keine Panik – Mit Douglas Adams per Anhalter durch die Galaxis, Heyne, München 2003 (3. erw. u. überarb. Aufl., engl. Don't Panic: Douglas Adams & The Hitchhiker's Guide to the Galaxy, 5. erw. u. überarb. Auflage 2009, 1. Aufl. 1987)
Unterhaltsame, anekdotenreiche Mischung aus Begleitbuch und Biografie.

M. J. Simpson, Hitchhiker – A Biography of Douglas Adams, Hodder & Stoughton, London 2003
Die inoffizielle Biografie, die sich vor allem auf das Werk von Douglas Adams konzentriert.

Nick Webb, Wish You Were Here – The Official Biography of Douglas Adams, Headline, London 2003
Die offizielle Biografie, die u. a. auch die Familiengeschichte und die Verlagsgeschäfte von Douglas Adams behandelt und einen Schwerpunkt auf persönliche Aspekte legt.

David Morgan, Monty Python Speaks!, Spike (Avon Books), New York 1999
Enthält ein ausführliches Interview mit Douglas Adams, das sich um sein Verhältnis zur Monty Python-Truppe dreht.

Carl R. Kropf, Douglas Adams' »Hitchhiker« Novels as Mock Science Fiction, Science Fiction Studies, Nr. 44 (Band 15, Teil 1) S. 61, März 1988
Die einzige mir bekannte literaturwissenschaftliche Untersuchung der Anhalter-Romane.

Robert Hewison, Footlights!, Methuen, London 1983
Die Geschichte der studentischen Theater- und Revue-Truppe an der Universität Cambridge, in der Douglas Adams Mitglied war.

Roger Wilmut, From Fringe To Flying Circus, Methuen, London 1980
Ein Überblick über die goldenen Jahre der britischen Comedy von 1960 bis 1980, die zwar das Anhalter-Phänomen nicht behandelt, aber den Nährboden, auf dem es gedeihen konnte.

Ian Shircore, Interview mit Douglas Adams (1979)
www.darkermatter.com/issue1/douglas_adams.php
Ein frühes und sehr aufschlussreiches Interview und eine wichtige Quelle für das vorliegende Buch.

Kapitel 1: Es beginnt damit, dass die Welt endet

Maarten Keulemans, Exit Mundi. Die besten Weltuntergangsszenarien, dtv, München 2010
Ein unterhaltsames Panoptikum der schönsten Möglichkeiten für einen Weltuntergang.

Roland Emmerich, 2012 (Columbia Pictures 2009); Independence Day (Centropolis 1996); The Day After Tommorow (20th Century Fox 2004)
Der Weltuntergang als Popcorn-Kino – wissenschaftlich gesehen ist das alles Unsinn, aber keiner zerstört die Erde so schön wie Roland Emmerich.

Diogenes-Katastrophen-Kollektiv (Hrsg.), Weltuntergangsgeschichten von Edgar Poe bis Arno Schmidt, Diogenes, Zürich 1981
Ein hervorragender Einstieg in das Genre der apokalyptischen Literatur.

Kapitel 2: Per Anhalter ... ins Vakuum

Craig Ryan, The Pre-Astronauts: Manned Ballooning on the Threshold of Space, Naval Institute Press, Annapolis 1995 (Taschenbuchausgabe 2003)
Die faszinierende Geschichte der Männer, die sich erstmals ins Vakuum des Weltalls wagten.

Mario Rinvolucri, Hitch-hiking, Eigenverlag, Cambridge 1974
Die erste und bislang wohl einzige umfassende Untersuchung des Trampens, online verfügbar unter http://bernd.wechner.info/Hitchhiking/Mario/

Ken Welsh, The Hitch-Hiker's Guide to Europe, Pan, London 1971
Inspiration für »Per Anhalter durch die Galaxis«; dieses Buch nahm Douglas Adams mit auf die Reise, als er durch Europa trampte.

Paul Bert, Researches in Experimental Physiology, College Book Company, Columbus (Ohio) 1943
Die englische Übersetzung des Pionierwerks »La pression barométrique« (1878) über die Folgen des Unterdrucks auf Mensch und Tier, online verfügbar unter www.archive.org/details/barometricpressu00bert

Kapitel 3: Sensationeller Durchbruch in der Wahrscheinlichkeitsphysik

Ilse Maria Fasol Boltzmann und Gerhard Ludwig Fasol (Hrsg.), Ludwig Boltzmann (1844 – 1906), Springer, Wien 2006
Reich bebilderte Einführung in Leben und Werk des Mannes, der an die Realität der Atome glaubte und die Wahrscheinlichkeit in die Physik einführte.

Deborah Rumsey, Wahrscheinlichkeitsrechnung für Dummies, Wiley-VCH, Weinheim 2006
Für alle, die die Konzepte der Wahrscheinlichkeitsrechnung verstehen möchten, ohne sich mit höherer Mathematik herumzuplagen.

Boris Wladimirowitsch Gnedenko, Lehrbuch der Wahrscheinlichkeitstheorie, Harri Deutsch, Frankfurt/Main 1997
Für alle diejenigen, die nicht nur die Grundkonzepte der Wahrscheinlichkeitsrechnung verstehen, sondern sich auch gerne mit der dazugehörigen höheren Mathematik herumplagen möchten.

Nicholas Rescher, Glück – Die Chancen des Zufalls, Berlin Verlag, Berlin 1995
Der Wissenschaftsphilosoph reflektiert humorvoll über die Rolle des Zufalls in unserem alltäglichen Leben.

Kapitel 4: Die Wunder der Milchstraße für weniger als 30 Altair-Dollar

Marcia Bartussiak, The Day We Found the Universe, Pantheon, New York 2009
Dieses Buch erzählt, wie die Astronomen Anfang der Zwanzigerjahre endlich entdeckten, dass unser Universum nicht nur aus der Milchstraße besteht.

Thomas Jäger, Der Starhopper – 20 Himmelstouren für Hobby-Astronomen, Oculum, Erlangen 2008
Wer die Anschaffung eines Teleskops erwägt, für den ist dieses Buch ein ausgezeichneter Reiseführer, um sich einmal selbst in der Milchstraße umzuschauen.

Johannes Viktor Feitzinger, Die Milchstraße – Innenansichten unserer Galaxie, Spektrum Akademischer Verlag, Heidelberg 2002
Eine ausgezeichnete populäre Einführung vom aktiven Forscher.

Dieter B. Herrmann, Die Milchstraße – Sterne, Nebel, Sternsysteme, Kosmos, Stuttgart 2002
Hervorragend bebilderter, gut verständlicher Streifzug durch die Galaxis.

Svend Lautsen, Claus Madsen und Richard M. West, Entdeckungen am Südhimmel – Ein Bildatlas der Europäischen Südsternwarte, Springer, Heidelberg 1987
Trotz seines Alters bietet dieses Buch mit 240 Abbildungen und einer Ausklapptafel noch immer ein faszinierendes Panorama der Milchstraße.

Kapitel 5: Planeten à la carte

Harald Lesch und Jörn Müller, Weißt du, wie viel Sterne stehen? – Wie das Licht in die Welt kommt, C. Bertelsmann Verlag 2008
Aktuelle und wissenschaftlich fundierte Einführung in die Sternentwicklung (ohne Sterne keine Planeten!). Auch wenn es der Titel suggeriert, ist das Buch nicht unbedingt etwas für Laien.

Fred Schaaf, The Brightest Stars, Wiley, Hoboken (New Jersey) 2008
Die individuellen Geschichten der hellsten Stirne am Firmament, unter anderem auch von Ford Prefects Heimatsonne Beteigeuze.

Hubert Klahr und Wolfgang Brandner (Hrsg.), Planet Formation – Theory, Observations and Experiments, Cambridge University Press, Cambridge 2006
Wer es physikalisch genau wissen möchte, erhält hier einen guten Überblick über alle Aspekte der Erforschung der Planetenentstehung.

Immanuel Kant, Allgemeine Naturgeschichte und Theorie des Himmels (1755), Zweiter Teil, Erstes Hauptstück: Von dem Ursprunge des planetischen Weltbaues überhaupt und den Ursachen ihrer Bewegungen, www.korpora.org/Kant/aa01/261.html
Der Ausgangspunkt aller Theorien zur Planetenentstehung.

Kapitel 6: Newtons Rache

BBC, Doctor Who – The Classic Series, www.bbc.co.uk/doctorwho/classics/
Alles über die Welt von Doctor Who von 1963 bis 1996, mit Episodenführer, ausführlichen Hintergrundinformationen, Videoclips, Bildergalerien, E-Books etc.

James Gleick, Isaac Newton: Die Biografie, Patmos, Düsseldorf 2009
Für alle, die wissen möchten, ob es wirklich Doctor Who war, der Newton den Apfel auf den Kopf fallen ließ.

Paul Parson, The Science of Doctor Who, Icon Books, Cambridge 2007
Kurzweiliges und derzeit bestes Buch über die Wissenschaft bei Doctor Who.

James Chapman, Inside the TARDIS – The Worlds of Doctor Who, I. B. Tauris, London 2006
Eine sehr gut lesbare englische Geschichte der Fernsehserie, die besonders die Rolle der Macher (einschließlich Douglas Adams) und der BBC würdigt.

Lawrence M. Krauss, Die Physik von Star Trek, Heyne, München 1995
Ein moderner Klassiker, der die Physik hinter der (neben Doctor Who) erfolgreichsten Science-Fiction-Fernsehserie der Welt behandelt.

Kapitel 7: Ich mag diese Idee von den vielen Universen

Tobias Hürter und Max Rauner, Die verrückte Welt der Paralleluniversen, Piper, München 2009
Unterhaltsamer Rundumschlag in so ziemlich alle Aspekte der Spekulation um parallele Welten, von der antiken Philosophie bis zur Stringtheorie.

Bernard Carr (Hrsg.), Universe or Multiverse, Cambridge University Press, Cambridge 2009
Einführende Artikel der wichtigsten Protagonisten in der Debatte um die Multiversumstheorien und die Bedeutung des Anthropischen Prinzips. Vieles davon erfordert allerdings Physikkenntnisse auf Uni-Niveau.

Alexander Vilenkin, Kosmische Doppelgänger: Wie es zum Urknall kam – Wie unzählige Universen entstehen, Springer, Heidelberg 2007
Wie parallele Welten in der Theorie der kosmischen Inflation entstehen.

David Deutsch, Die Physik der Welterkenntnis, Birkhäuser, Basel 1996 (auch Deutscher Taschenbuchverlag, München 2000; engl.: Fabric of Reality, Penguin, London 1998)
Sicher eine der weitreichendsten Spekulation über die Welt als Multiversum; die deutsche Ausgabe ist vergriffen.

David Lewis, On the Plurality of Worlds, Blackwell, Oxford 1986
Die These des exzentrischen Philosophen David Lewis lautet: »Alle denkbaren Welten sind real.« Eine provozierende philosophische Spekulation.

Kapitel 8: Schrödingers Dodo

Jürgen Audretsch, Die sonderbare Welt der Quanten, C. H. Beck, München 2009
Kompakte und anspruchsvolle Einführung in die Grundlagenfragen der Quantenmechanik. Für alle, die sich ernsthaft mit dem Thema befassen wollen, ohne sich in die dazugehörige Mathematik vertiefen zu müssen.

Manjit Kumar, Quanten – Einstein, Bohr und die große Debatte über das Wesen der Wirklichkeit, Berlin Verlag, Berlin 2009
Eine groß angelegte Schilderung der Grundlagendiskussionen um die Quantenmechanik.

Jürgen Audretsch und Klaus Mainzer (Hrsg.), Wieviel Leben hat Schrödingers Katze, Spektrum Akademischer Verlag, Heidelberg 1996 (Nachdruck der 1. Auflage, B. I.-Wissenschaftsverlag, Mannheim 1990)
Namhafte Physiker und Wissenschaftsphilosophen beleuchten Schrödingers Gedankenexperiment in allen Facetten.

Kapitel 9: Von Telefondesinfizierern aus der Evolution geschmissen

Mark Carwardine, Last Chance to See – In the Footsteps of Douglas Adams, HarperCollins, London 2009
Mark Carwardine und Stephen Fry machen sich zwanzig Jahre später wieder auf die Suche nach den bedrohten Tieren, die Carwardine mit Douglas Adams zusammen besucht hat. Die zugehörige Fernsehserie ist auf DVD erhältlich.

Carsten Niemitz, Das Geheimnis des aufrechten Gangs: Unsere Evolution verlief anders, C. H. Beck, München 2004
Der Humanbiologe Carsten Niemitz beschreibt die Hintergründe für die Skepsis am bisherigen Bild von der Entstehung des aufrechten Gangs und erläutert sein Gegenmodell vom amphibisch lebenden Affen als dem eigentlichen Vorfahr des Menschen.

Thomas P. Weber, Darwinismus, Fischer, Frankfurt/Main 2002
Kompakte Einführung in Entwicklung, Inhalt und Deutungen von Darwins Evolutionstheorie.

Edward O. Wilson, Der Wert der Vielfalt, Piper, München 1995
Ein faszinierendes Buch über die Vielfalt des Lebens aus der Feder des Soziobiologen Edward Wilson, der den Begriff der Biodiversität geprägt hat.

Elaine Morgan, The Scars of Evolution, Oxford University Press, Oxford 1994 (Neuauflage. Souvenir Press, London 2000)

Elaine Morgan, Kinder des Ozeans. Der Mensch kam aus dem Meer, Goldmann, München 1989
Bücher über die Wasseraffen-Hypothese von ihrer bekanntesten Vertreterin.

Kapitel 10: Die zweitintelligenteste Lebensform auf dem Planeten

Richard Berry und Louie Psihoyos, Die Bucht – The Cove, Euro Video (DVD) 2010
Die Oscar-prämierte Dokumentation des ehemaligen Flipper-Trainers und Delphin-Aktivisten Richard Berry wirft einen kritischen Blick auf Japans Umgang mit den Delphinen.

Mark Carwardine, Wale und Delfine, Delius Klasing, Bielefeld 2009

Thomas I. White, In Defense of Dolphins, Blackwell, Oxford 2007
Eine philosophische Reflexion über den Status der Delphine als intelligente Lebewesen, die auch einen ausgezeichneten Überblick über die Delphinforschung gibt. (Webseite mit Zusatzmaterial: www.indefenseofdolphins.com)

Claudia Ruby, Einstein im Aquarium: Die faszinierende Intelligenz der Tiere, Droemer Knaur, München 2007
Unterhaltsamer Abriss über die rasante Entwicklung der Verhaltensforschung und den vielfältigen Ausprägungen tierischer Intelligenz.

Marc D. Hauser, Wilde Intelligenz – Was Tiere wirklich denken, C. H. Beck, München 1997 (auch Deutscher Taschenbuch Verlag, München 2003)
Der Neurologe und Verhaltensforscher Marc Hauser stellt dar, wie sich Einblicke in das innere Leben von Tieren gewinnen lässt, indem man ihr Verhalten im Kontext mit ihrem sozialen und physischen Umfeld untersucht.

Kapitel 11: Klingt grässlich!

Daniel Ichbiah, Roboter – Geschichte, Technik, Entwicklung, Knesebeck, München 2005
Reich bebilderter und unterhaltsamer Querschnitt durch die Welt der Roboter und ihre Anwendungen, aber auch ihre Präsenz in Literatur, Film und Kunst.

Günther Görz und Bernhard Nebel, Künstliche Intelligenz, Fischer, Frankfurt/Main 2003
Eine kompakte Einführung.

Alois Knoll und Thomas Cristaller, Robotik, Fischer, Frankfurt/Main 2003
Einführung in Entwurf und Bau von Robotern, besonders im Hinblick auf die Erforschung der Künstlichen Intelligenz.

Douglas Hofstadter und Daniel C. Dennett, Einsicht ins Ich – Fantasien und Reflexionen über Selbst und Seele, Klett-Cotta, Stuttgart 1986
Sammlung klassischer Texte (u. a. von Alan Turing und John Searle) zu den tiefschürfenden Fragen nach Bewusstsein und Künstlicher Intelligenz.

Joseph Weizenbaum, Die Macht der Computer und die Ohnmacht der Vernunft, Suhrkamp, Frankfurt/Main 1977
Plädoyer für einen kritischen Umgang mit Computern, erschienen vor dem Siegeszug des Personalcomputers.

Kapitel 12: Eine Art Elektronisches Buch

Constantin Gillies, Wie wir waren, Wiley-VCH, Weinheim 2004
Eine launige Schilderung des Internet-Booms und des Zerplatzens der Dotcom-Blase.

Alexander Pawlak, Mehr als harmlos, Die Zeit, 21/2001
Verfügbar auf www.zeit.de/2000/21/200021.m_h2g2_.xml

Tim Berners-Lee, Der Web-Report, Econ, München 1999
Die Entwicklung des World Wide Webs erzählt von seinem Erfinder.

Kapitel 13: Ein Tango am Ende der Welt

Günther Hasinger, Das Schicksal des Universums – Eine Reise vom Anfang zum Ende, C. H. Beck, München 2007 (3. durchgesehene Auflage 2008, auch Goldmann, München 2009)
Fundierte Geschichte des Universums aus der Feder des Röntgenastronomen Günther Hasinger; ausgezeichnet als »Wissenschaftsbuch des Jahres 2008«.

Fred Adams und Greg Laughlin, Die fünf Zeitalter des Universums – Eine Physik der Ewigkeit, Deutscher Taschenbuch Verlag, München 2002
Ein Versuch, die allerfernste Zukunft des Universums physikalisch zu ergründen.

Kapitel 14: Zweiundvierzig

Terry Eagleton, Der Sinn des Lebens, List, Berlin 2008
Der Anglist bietet einen kurzweiligen Streifzug durch die Suche nach dem Sinn des Lebens in der Geistesgeschichte.

Kathrin Passig und Aleks Scholz, Lexikon des Unwissens, Rowohlt, Reinbek 2008
Behandelt 42 (!) Themen, die Fragen aufwerfen, auf die sich noch keine befriedigende Antwort finden ließ.

Monty Python, Der Sinn des Leben (1983), Universal DVD 2004
Seien Sie nett zu Ihren Nachbarn, vermeiden Sie fettes Essen, lesen Sie gute Bücher, gehen Sie spazieren und versuchen Sie, mit allen Menschen in Frieden zu leben.

Literarische Sinnsuchen:

Voltaire, Mikromegas, in: Sämtliche Romane und Erzählungen, Insel, Frankfurt/Main 2007

Arthur C. Clarke, Die neun Milliarden Namen Gottes, in: Science Fiction Jahresband 1982, Heyne, München 1982

Robert Sheckley, Der Beantworter, in: Das große Robert Sheckley-Buch, Bastei Lübbe, Bergisch Gladbach 1985

Isaac Asimov, Wenn die Sterne verlöschen (auch: Die letzte Frage), in: Die Asimov-Chronik II: Die vierte Generation, Heyne, München 1995

Epilog: Eine Art Après-vie

C. P. Snow, Die zwei Kulturen, in: Helmut Kreuzer, Literarische und naturwissenschaftliche Intelligenz, Klett, Stuttgart 1969 (Neuauflagen: dtv, München 1987 und 1992)
»Was die alte C. P. Snow-Sache mit den Zwei Kulturen angeht, fühle ich mich, als ob ich zufällig auf der falschen Seite gelandet bin.« (Douglas Adams)

Robbie Stamp (Hrsg.), The Filming of The Hitchhiker's Guide to the Galaxy, Boxtree, London 2005
Das reich bebilderte Making-Of-Buch zum Kinofilm.

Eoin Colfer, And Another Thing ..., Penguin, London 2009 (deutsch: Und übrigens noch was ..., übersetzt von Gunnar Kwisinski, Heyne, München 2009)
Der unwahrscheinliche sechste Band der vierbändigen Anhalter-Trilogie in fünf Bänden aus der Feder des irischen Autors Eoin Colfer, der mit seiner Kinderbuchreihe »Artemis Fowl« bekannt geworden ist.

Wissenschaftliche Sachbücher in der Bibliothek von Douglas Adams (1996)

Richard Dawkins präsentierte 1996 auf dem britischen Sender Channel 4 die Dokumentation »Break the Science Barrier« (DVD: Upper Branch Productions 2008), in der er auch seinen Freund Douglas Adams über dessen Faszination für Wissenschaft befragte. Der Kameraschwenk über das Bücherregal von Douglas Adams gibt einen einmaligen Einblick in dessen populärwissenschaftliche Lektüre:

Keith Devlin, Logic and Information, Cambridge University Press 1991

Norman F. Dixon, Our Own Worst Enemy, Jonathan Cape 1987

Bernard Dixon (Hrsg.), From Creation to Chaos, Blackwell 1989

John Downer, Supersense – Perception in the Animal World, BBC Books 1988

Sir John Eccles, Evolution of the Brain, Routledge 1989

Gerald M. Edelmann, The Remembered Present, Basic Books 1990

Paul R. Ehrlich, The Machinery of Nature, Simon & Schuster 1986

M. Ereshefsky, The Units of Evolution, MIT Press 1992

Robert Fagen, Animal Play Behavior, Oxford University Press 1981

Dean Falk, Braindance, Holt, Henry & Co. 1992

Richard Feynman, What Do You Care What Other People Think, Norton & Co 1988

Iris Murdoch, Metaphysics as a Guide to Morals, Chatto & Windus 1992

Ted Nelson, Literary Machines, Mindful Press 1988

Richard North, The Real Cost, Chatto & Windus 1986

Dennis Overbye, Lonely Hearts of the Cosmos, MacMillan 1991

Heinz Pagels, Perfect Symmetry, M. Joseph 1985

Heinz R. Pagels, The Dreams of Reason, Simon & Schuster 1988

John Allen Paulos, Beyond Numeracy, Viking 1991

F. David Peat, Superstrings and the Search for the Theory of Everything, McGraw-Hill Contemporary 1987

M. Scott Peck, Different Drum, Simon & Schuster 1987

Kit Pedler, The Quest for Gaia, Souvenir Books 1979

R. J. Stewart, Elements of Creation Myth, Element Books 1994

Das Werk von Douglas Adams

Diese umfangreiche, aber sicher nicht vollständige Liste umfasst so weit wie möglich die zu Lebzeiten veröffentlichten Werke von Douglas Adams sowie die wichtigsten posthumen Adaptionen. Aufgenommen wurden Bücher, Zeitungsartikel, Vorworte, Computerspiele, Live-Aufnahmen bzw. gesendete Sketche, Radio- und Fernsehsendungen. Nicht berücksichtigt wurden Hörbücher, Interviews, Webchats, Fernsehauftritte oder veröffentlichte Briefe.

Die Werke erscheinen in chronologischer Reihenfolge der Erstveröffentlichung bzw. Erstsendung oder des Entstehungsjahrs, falls sie erst nachträglich veröffentlicht worden sind.

Diejenigen Texte oder Aufnahmen, die in Anthologien bzw. Samplern oder in der Sekundärliteratur veröffentlicht bzw. wiederveröffentlicht wurden, sind mit den folgenden Kürzeln in eckigen Klammern gekennzeichnet (mit * sind diejenigen Werke gekennzeichnet, die nur auf Englisch verfügbar sind):

[Ada2003] *Adams, Douglas, Lachs im Zweifel – Zum letzten Mal per Anhalter durch die Galaxis*, Heyne, München 2003 (engl. The Salmon of Doubt – Hitchhiking the Galaxy One Last Time, 2002)

**[Ada2004]* *Adams, Douglas, Douglas Adams at the BBC*, BBC Audiobooks 2004 (3 Audio-CDs)

[btb1997] *Das btb-Lesefest*, hrsg. von *Clare Francis* und *Ondine Upton*, Goldmann, München 1997 (engl. A Feast of Stories, Pan, London 1996)

**[Cha1999]* *Chapman, Graham, OJRIL – the completely incomplete graham chapman*, hrsg. von Jim Yoakum, Brassey's, Dulles (Virginia, USA) 1999

[Gai2003] *Gaiman, Neil, Keine Panik – Mit Douglas Adams per Anhalter durch die Galaxis*, Heyne, München 2003 (3. erw. u. überarb. Aufl.; englisch: Douglas Adams & The Hitchhiker's Guide to the Galaxy, 1. Aufl. 1987, 5. erw. Aufl. 2009)

**[Not1982]* *Not 1982*, hrsg. von *John Lloyd* und *Sean Hardie*, Faber & Faber, London 1981

[Pos1998] *Gefährliche Possen*, hrsg. von *Peter Haining*, Heyne, München 1998 (engl. *The Wizards of Odd – Comic Tales of Fantasy*, Souvenir Press, London 1996)

*[Utt1986] *The Utterly Utterly Merry Comic Relief Christmas Book*, hrsg. von *Douglas Adams* und *Peter Fincham*, Fontana, London 1986

*[Utt1989] *The Utterly Utterly Amusing and Pretty Damn Definitive Comic Relief Revue Book*, Penguin, London 1989

1962

**Photography Club*
The Brentwoodian, Nr. 215, September 1962 [Sim2003]
Der nachweislich erste veröffentlichte Text von Douglas Adams.

1965

Short Story (Kurzgeschichte)
Eagle and Boy's World, 27. Februar 1965 [Gai2003]
Der erste literarisch zu nennende Text von Douglas Adams.

1974

*Signalman Pritchard Sketch
In: Oh No, It Isn't, BBC 4, 30. April 1974 [Ada2004]
Sketch von Douglas Adams.

**Paranoid Society*
In: Chox, BBC 2, 26. August 1974 [Ada2004]
Sketch von Douglas Adams, Will Adams und Martin Smith.

1975

**Doctor on the Go: For Your Own Good*
London Weekend Television (ca. 30 min; Erstausstrahlung: 20. Februar 1975)
DVD Network (Doctor On The Go – Series 2 – Complete) 2008
Das Drehbuch zur 6. Folge dieser Fernsehserie stammt von Douglas Adams und Graham Chapman.

**Marylin Monroe*
In: The Album of the Soundtrack of the Trailer of the Film of Monty Python and the Holy Grail, Charisma 1103 (1975) (LP)
(stark bearbeiteter) Sketch von Douglas Adams auf der Begleit-LP zum Film »Monty Python and the Holy Grail« (1974)

**Our Show for Ringo Starr*
[Cha1999]
Skript von Douglas Adams und Graham Chapman für einen nie realisierten Science-Fiction-Film zu Ringo Starrs Album »Goodnight Vienna« (1974)

1976

**Out of the Trees*
BBC (Erstausstrahlung: 10. Januar 1976)
Comedy-Fernsehsendung von Douglas Adams und Graham Chapman.

Kamikaze
A Kick In The Stalls, Cambridge Footlights 1976 [Utt1989, S. 29];
BBC 4, The Burkiss Way, 3. März 1977) [Ada2004]; andere Version: [Gai2003]
Sketch von Douglas Adams und Chris Keightly.

Doctor Who and the Krikkitmen (Dr Who und die Krikkitmen) [Gai2003]
Ein Treatment für einen nie realisierten Doctor Who-Film mit Tom Baker in der Hauptrolle. Die Geschichte diente später als Grundlage für »Life, the Universe and Everything« (1982).

1977

**Eric von Contrick*
The Burkiss Way, BBC 4, 12. Januar 1977 [Ada2004]
Sketch von Douglas Adams.

**23 Gungadin Crescent / Logical Positivism Avenue Sketch*
The Burkiss Way, BBC 4, 12. Januar 1977 [Ada2004]
Sketch von Douglas Adams.

Hitchhiker's – The Original Synopsis (Per Anhalter durch die Galaxis – Die Original-Synopsis) [Gai2003]
Der erste grobe Entwurf für die Handlung der BBC-Radioserie.

1978

The Hitchhiker's Guide to the Galaxy – First Series
BBC 4 (6-mal 28,5 min, Erstsendung der ersten Folge am 8. März 1978)
BBC Radio-Collection 1988 (6 Audiokassetten oder CDs, inkl. der Weihnachtsfolge und der zweiten Staffel)
Sechsteilige erste Staffel der Radioserie

Per Anhalter ins All, Bayerischer Rundfunk, Südwestfunk, Westdeutscher Rundfunk 1981/1982 (ca. 300 min); Der Hörverlag, München 1995 (6 MCs oder 6 CDs)
Die deutsche Fassung enthält auch Passagen, die in der Originalserie aus Zeitgründen gekürzt wurden bzw. die nur im Originalskript vorhanden sind.

**Doctor Who: The Pirate Planet*
BBC (4-mal 25 min; Erstausstrahlung der ersten Folge am 30. September 1978)
BBC Video 5608 (1995), BBC DVD (2007)
Drehbuch des Vierteilers von Douglas Adams, die DVD ist nur als Teil der 7-teiligen DVD-Box »Doctor Who – Key To Time« erhältlich.

The Hitchhiker's Guide to the Galaxy – Christmas Special
BBC 4 (28,5 min, Erstsendung am 24. Dezember 1978)
Weihnachtsfolge der Radioserie, allerdings ohne jeden Weihnachtsbezug

1979

**Doctor Who: City of Death*
BBC (4-mal 25 min; Erstausstrahlung der ersten Folge am 29. September 1979)
BBC Video 7132 (2001); BBC DVD 1664 (2005)
Drehbuch des Vierteilers von Douglas Adams (unter dem Pseudonym David Agnew)

Doctor Snuggles – Folge 7: The Remarkable Fidgety River (Die Wasserdiebe aus dem Weltraum) & Folge 12: The Great Disappearing Mystery (Die Reise nach Nirgendwo)
ITV (jeweils 25 min, Erstausstrahlung der ersten Folge am 1. Oktober 1979); Firefly Entertainment 2005 (4 DVDs); deutsch: Universal 2008 (3 DVDs)
Die Drehbücher zu diesen beiden Folgen der Zeichentrickserie von Jeffrey O'Kelley stammen von Douglas Adams und John Lloyd. Die Geschichten existieren auch als Bilderbücher und Comics.

The Hitch-Hiker's Guide to the Galaxy, Pan, London 1979
(*Per Anhalter durch die Galaxis*, übersetzt von Benjamin Schwarz, Rogner & Bernhard, München 1981)

1980

**Graham Chapman: A Liar's Autobiography*
Methuen, London 1980
Douglas Adams ist einer der fünf (!) Koautoren der Autobiografie des Monty Python-Mitglieds Graham Chapman (1941 – 1989). Welche Teile aus der Feder von Adams stammen bleibt Mutmaßungen überlassen.

**The Hitchhiker's Guide to the Galaxy – Second Series*
BBC 4 (5-mal 28,5 min, Erstsendung der ersten Folge am 21. März 1980)
BBC Radio-Collection 1988 (6 MCs oder CDs, inkl. der ersten Staffel und der Weihnachtsfolge)
Fünfteilige zweite Staffel der Radioserie

**Doctor Who: Shada*
BBC (geplante Erstausstrahlung der ersten Folge am 18. Januar 1980);
BBC Video 1992 (mit Skriptbuch)
Big Finish Productions 2003 (Hörspieladaption auf 2 CDs);
www.bbc.co.uk/doctorwho/classic/webcasts/shada/ (BBC-Webcast mit Animationen)
Wegen Streiks nicht fertig gestellter Sechsteiler nach dem Drehbuch von Douglas Adams. Die fehlenden Stellen werden in der Videofassung von Tom Baker erzählt.

The Restaurant at the End of the Universe, Pan, London 1980
(*Das Restaurant am Ende des Universums*, übersetzt von Benjamin Schwarz, Rogner & Bernhard, München 1982)

1981

The Hitchhiker's Guide to the Galaxy
BBC (6-mal 35 Minuten, Erstsendung der ersten Folge am 5. Januar 1981); BBC Video 1992, DVD 2001 (deutsch: Per Anhalter durch die Galaxis, 2002)
Sechsteilige Fernsehserie nach den Drehbüchern von Douglas Adams. Die britischen, amerikanischen und deutschen Versionen der DVD-Ausgabe unterscheiden sich in Bezug auf die Extras.

The Oxtail English Dictionary (mit John Lloyd) [Not1982]
Erste Veröffentlichung von Einträgen aus »The Meaning of Liff«

1982

Life, the Universe and Everything, Pan, London 1982
(*Das Leben, das Universum und der ganze Rest*, übersetzt von Benjamin Schwarz, Rogner & Bernhard, München 1983)

1983

**The Meaning of Liff* (mit John Lloyd), Pan, London 1983

**A Guide to the Guide*, 1983 (erweiterte Version 1986)
Erschien erstmals im amerikanischen Sammelband »The Hitchhiker's Trilogy«, Harmony, New York 1983, enthält den Text »How to leave the Planet« (»Wie verlasse ich diesen Planeten auf dem schnellsten Wege«), der später stark erweitert in [Gai2003] erschien.

1984

**The Hitch-Hiker's Guide to the Galaxy – The Computer Game* (mit Steve Meretzky)
Infocom, Cambridge (MA) 1984
Text-Adventure auf 5,25-Zoll-Diskette mit Begleitheft und Beilagen

So long, and Thanks for all the Fish, Pan, London 1984
(*Macht's gut, und danke für den Fisch*, übersetzt von Benjamin Schwarz, Rogner & Bernhard, München 1985)

1985

**Douglas Adams: The Hitch-Hiker's Guide to the Galaxy – The Original Radio Scripts*, hrsg. von Geoffrey Perkins, Pan, London 1985 (erw. Neuaufl. 2003)
Skript der ersten zwölf Folgen der BBC-Radioserie mit Vorworten und Anmerkungen von Douglas Adams und Geoffrey Perkins. Die Neuauflage von 2003 enthält einen weiteren »Hitchhiker Sketch«.

**Follow the Lemur*
Observer Colour Magazine, 9. Juni 1985; Auszug in: Peter King (Hrsg.), Protect Our Planet – An Anniversary View from the World Wildlife Found, Quiller Press, London 1986
Artikel von Douglas Adams über die Suche nach dem Aye-Aye.

1986

**A Christmas Fairly Story*
[Utt1986, S. 64–68]
Weihnachtsgeschichte von Douglas Adams und Terry Jones

Young Zaphod Plays it Safe
[Utt1986]; deutsch: *Der junge Zaphod geht auf Nummer Sicher* [btb1997], *Jung-Zaphod geht auf Nummer Sicher* [Ada2003]

**The Private Life of Genghis Khan*
[Utt1986] und in der amerikanischen Ausgabe »The Salmon of Doubt« (2002)
Kurzgeschichte, die teilweise auf einem Sketch von Douglas Adams und Graham Chapman für die Fernsehsendung »Out of the Trees« (1976) basiert.

**The Official Supplement to The Meaning of Liff* (mit John Lloyd und Stephen Fry)
[Utt1986]

1987

***Bureaucracy*
Infocom, Cambridge (MA) 1987
Text-Adventure auf 5,25-Zoll- oder 3,5-Zoll-Diskette mit Begleitheft und Beilagen

Dirk Gently's Holistic Detective Agency, William Heinemann, London 1987
(*Der Elektrische Mönch – Dirk Gently's Holistische Detektei*, übersetzt von Benjamin Schwarz, Rogner, & Bernhard, Hamburg 1988)

1988

The Long Dark Tea-Time of the Soul, William Heinemann, London 1988
(*Der lange dunkle Fünfuhrtee der Seele*, übersetzt von Benjamin Schwarz, Rogner & Bernhard, Hamburg 1989)

1989

**Last Chance to See*
BBC 4, Oktober/November 1989
Radioserie von Douglas Adams und Mark Carwardine, Auszüge finden sich auf der englischen CD-ROM (1992)

Frank the Vandal (Frank der Wandale)
MacUser 1989 [Ada2003]
www.douglasadams.com/dna/980707-00-a.html

**Under-the-desktop Publishing*
MacUser 1989
www.douglasadams.com/dna/980707-01-a.html

1990

Last Chance to See (mit Mark Carwardine), William Heinemann, London 1990
(*Die Letzten ihrer Art*, übersetzt von Sven Böttcher, Hoffmann & Campe, Hamburg 1992)

The Deeper Meaning of Liff (mit John Lloyd), Pan, London 1990
(*Der tiefere Sinn des Labenz*, deutsche Übertragung von Sven Böttcher, Rogner & Bernhard, Hamburg 1992)

**Hyperland*
BBC, 21.9.1990 (49 min)
Von Douglas Adams geschriebene und moderierte Fernsehdokumentation über interaktive Medien.

My Favourite Tipples (Meine Lieblingsdrinks)
The Independent on Sunday, Dezember 1990 [Ada2003]

1991

**Douglas Adams: The Complete Hitch-Hiker's Guide to the Galaxy (Voyager Expanded Book)*
The Voyager Company, Santa Monica (CA) 1991
Die ersten vier Hitchhiker-Romane als interaktives E-Book auf einer 3,5-Zoll-Diskette mit neuen Vorworten von Douglas Adams und Allan Kay.

Y
Hockney's Alphabet, Faber & Faber, London 1991 [Ada2003]

My Nose (Meine Nase)
Esquire, Sommer 1991 [Ada2003]
http://tdv.com/personal_worlds/douglas_a/nose/nose.html

**Review of 'Tiles' by CE Software*
(undatiert, vermutl. 1991/1992)
www.douglasadams.com/dna/980707-04-a.html

1992

The Voices of All Our Yesterdays (Yesterday: Die Stimmen all unserer gestrigen Tage)
The Sunday Times, 17. Juni 1992 [Ada2003]

Last Chance to See (mit Mark Carwardine), 2 CD-ROM, The Voyager Company, New York 1992
(*Die Letzten ihrer Art*, 1 CD-ROM, Systhema Verlag, München 1995)

Mostly Harmless, William Heinemann, London 1992
(*Einmal Rupert und zurück*, übersetzt von Sven Böttcher, Hoffmann & Campe 1993)

1993

**Andrew Gore & Mitch Ratcliffe: Power-Book, The Digital Nomad's Guide*
Random House Electronic Publishing, New York 1993
Vorwort von Douglas Adams.

John Carnell und Steve Leialoha: The Hitchhiker's Guide to the Galaxy
DC Comics, New York 1993
(Per Anhalter durch die Galaxis. Der Comic, Heyne, München 1997)
Comic-Adaption des ersten Anhalter-Romans in drei Heften, die später in einem Band gesammelt wurden; enthält als Ersatz für Vorworte einen Auszug aus »A Guide to the Guide« von Douglas Adams (1983/1986).

1994

Maggie and Trudie (Maggie und Trudie)
In: Animal Passions, hrsg. von Alan Coren, Robson Books, London 1994 [Ada2003]
www.douglasadams.com/dna/980707-06-a.html

**Douglas Adams liest aus seinem Reisebuch »Die Letzten ihrer Art« und aus seiner Trilogie »Per Anhalter durch die Galaxis«*
CD, Edition Christoph Reisner bei Rogner & Bernhard, Hamburg 1994
Mitschnitt der ersten öffentlichen Lesung in Deutschland, Göttingen, 14. März 1994

**The Illustrated Hitch Hiker's Guide to the Galaxy*
Weidenfeld & Nicolson, London 1994
Opulent bebilderte großformatige Version des ersten Anhalter-Buches.

John Carnell, Steve Leialoha und Shepherd Hendrix: The Restaurant at the End of the Universe
DC Comics, New York 1994
(Das Restaurant am Ende des Universums. Der Comic, Heyne, München 1998)
Comic-Adaption des zweiten Anhalter-Romans in drei Heften, die später in einem Band gesammelt wurden, mit Vorworten von Douglas Adams in Band 2 und 3, die sich später im Sammelband aller Hitchhiker-Comics (1997) bzw. in der amerikanischen Jubiläumsausgabe der Hörspielskripte (1995) finden.

1995

**Douglas Adams: The Hitch-Hiker's Guide to the Galaxy – Live in Concert*
Dove Audio, Los Angeles 1995 (Doppel-MC, gekürzte CD-Version: Phönix Audio 2007)
Lesung im Almeida Theatre in London am 22. August 1996.

The Dream Team (Das Dreamteam)
The Observer, 10. Mai 1995 [Ada2003]

What Have We Got to Lose? (Was haben wir zu verlieren?)
Wired UK 1.01, Mai 1995
www.douglasadams.com/dna/980707-03-a.html

The Rhino Climb (Die Rhino-Klettertour)
Esquire, 1995 [Ada2003]

1996

**Pedants*
www.tdv.com (The Digital Village) 1996
Nur online veröffentlichter Text, der zunächst auf der (immer noch existenten) Homepage von »The Digital Village« (www.tdv.com/html/pedants.html) erschien und seit 1999 auch auf www.douglasadams.com/dna/pedants.html zu finden ist.

Little Dongly Things (Kleine Bommeldinger)
MacUser, September 1996 [Ada2003]
www.douglasadams.com/dna/980707-03-a.html

John Carnell, Neil Vokes und John Nyberg: Life, the Universe and Everything
DC Comics, New York 1996
(Das Leben, das Universum und der ganze Rest. Der Comic, Heyne, München 2000)
Comic-Adaption des dritten Anhalter-Romans in drei Heften, die später in einem Band gesammelt wurden.

1997

Terry Jones: Douglas Adams's Starship Titanic, Pan, London 1997
(Douglas Adams' Raumschiff Titanic, übersetzt von Benjamin Schwarz, Rogner & Bernhard, Hamburg 1998)

Roman zum gleichnamigen Computerspiel von Douglas Adams, von dem auch das Vorwort stammt.

1998

**Johann Sebastian Bach: Brandenburg Concertos 1 – 4*
CD, Penguin Music Classics 1, Decca Record Company, London 1998
Booklet-Begleittext von Douglas Adams

The Little Computer That Could
www.douglasadams.com/dna/980707-02-a.html

Riding the Rays (Auf den Rochen reiten)
(geschrieben 1992) [Ada2003]
www.douglasadams.com/dna/980707-08-a.html

Is there an Artificial God? (Gibt es einen künstlichen Gott?)
Rede bei der Konferenz »Digital Biota 2«, September 1998 [Ada2003]
www.biota.org/people/douglasadams/
Eine erstaunliche Stegreifrede, die Douglas Adams vor einem Auditorium voller Wissenschaftler gehalten hat. Die Rede ist eine faszinierende Tour de Force durch die grundlegenden Themen der Naturwissenschaft.

Starship Titanic
Simon and Shuster Interactive, London 1998
(deutsche Version: NBG EDV Handels & Verlags GmbH, Burglengenfeld 1998)
Computer-Spiel von Douglas Adams auf 3 CD-ROM.

**Starship Titanic – The Official Strategy Guide by Neil Richards*
Pan Books, London 1998
Enthält Einleitung und Erläuterungen zum Spiel von Douglas Adams.

1999

Johann Sebastian Bach: Brandenburg Concertos 5 & 6, Violin Concerto in A minor (Brandenburgisches Konzert Nr. 5)
CD, Penguin Music Classics 27, Decca Record Company, London 1999 [Ada2003]
Booklet-Begleittext von Douglas Adams.

**Storm Thorgerson, Peter Curzon: Eye of the Storm – The Album Graphics of Storm Thorgerson*
Sanctuary Publishing 1999
Vorwort von Douglas Adams.

**How to Stop Worrying and Learn to Love the Internet*
The Sunday Times, 29. August 1999
www.douglasadams.com/dna/19990901-00-a.html

**The Internet: The Last Battleground of the 20th century*
BBC Radio 4, 1. und 8. September 1999
Von Douglas Adams moderierte zweiteilige Radiosendung über das Internet.

John Walters, Kerry Stephenson: Best of Days? Memories of Brentwood School
Brentwood School, Brentwood (Essex) 1999 [Ada2003]
Enthält Text von Douglas Adams über seine Schulzeit

Unfinished Business of the Century (In diesem Jahrhundert Unerledigtes)
The Independent on Sunday, November 1999 [Ada2003]

Build It and We Will Come (Baut es, und wir kaufen es)
The Independent on Sunday, November 1999 [Ada2003]; deutsch: »Wo gibt's denn so was?« Süddeutsche Zeitung Magazin, 18/2000, S. 26.

Predicting the Future (Voraussagen)
The Independent on Sunday, November 1999 [Ada2003]

Hangover Cures (Katermittel)
The Independent on Sunday, Dezember 1999 [Ada2003]

2000

P. G. Wodehouse: Sunset at Blandings (Vollmond über Blandings Castle)
Penguin Books, London 2000 [Ada2003]
Vorwort von Douglas Adams zum letzten unvollendeten Buch von P. G. Wodehouse.

The Rules (Vorschriften)
The Independent on Sunday, Januar 2000 [Ada2003]

2001

**The Hitchhiker's Guide to the Future*
BBC Radio 4, (Erstausstrahlung: 14.4, 21.4, 28.4. und 5.5.2001)
Verfügbar auf der BBC-Website: www.bbc.co.uk/radio4/hhgttf/
Von Douglas Adams moderierte vierteilige Radiosendung über Zukunftstechnologien; die letzte Folge wurde sechs Tage vor seinem Tod gesendet.

Douglas Adams: Ich habe einen Traum, aufgezeichnet von Claudia Riedel, Die Zeit, 22/2001, S. 72
Verfügbar auf www.zeit.de/2001/22/200122_traum___douglas.xml
Erst nach seinem Tode erschien diese Gesprächsaufzeichnung als Beitrag für die Serie »Ich habe einen Traum« der Wochenzeitung »Die Zeit«.

2002

**Miles Russell (Hrsg): Digging Holes in Popular Culture – Archaeology and Science Fiction*
Oxbow Books, Oxford 2002
Vorwort von Douglas Adams.

The Salmon of Doubt, Macmillan, London 2002 und Harmony, New York 2002 *(Lachs im Zweifel*, übersetzt von Benjamin Schwarz, o. O.: Heyne 2003)
Anthologie mit bereits publizierten sowie den folgenden bis dahin unveröffentlichten Texten:

- *The Book That Changed Me (Das Buch, das mein Leben veränderte)* (undatiert)
- *For Children Only (Nur für Kinder)* (undatiert)
- *Introductory Remarks, Procol Harum at the Barbican (Einleitende Bemerkungen: Procol Harum im Barbican Center)* (8. Februar 1996) *http://www.procolharum.com/procol_da.htm*
- *Tea (Tee)* (12. Mai 1999)
- *Time Travel (Zeitreise)* (undatiert)
- *Turncoat (Wendehals)* (Oktober 2000)
- *Cookies (Kekse)* (2001)
- *Salmon of Doubt (Lachs im Zweifel)* (undatiert)

2004

**The Hitchhiker's Guide to the Galaxy – The Tertiary Phase*
BBC Audiobooks 2004 (3 CDs)
Hörspielfassung von »Life, the Universe and Everything«, Dirk Maggs übernahm Adaption und Regie.

2005

**The Hitchhiker's Guide to the Galaxy – The Quandary Phase*
BBC Audiobooks 2005 (2 CDs)
Hörspielfassung von »So long, and Thanks For All the Fish«

**The Hitchhiker's Guide to the Galaxy – The Quintessential Phase*
BBC Audiobooks 2005 (2 CDs)
Hörspielfassung von »Mostly Harmless«.

**The Hitchhiker's Guide to the Galaxy Radio Scripts – The Tertiary, Quandary and Quintessential Phase*
Pan, London 2005
Die kompletten Skripte der Hörspielfassungen der letzten drei Anhalter-Romane mit ausführlichen Anmerkungen und einem Vorwort von Simon Jones.

The Hitchhiker's Guide to the Galaxy (Per Anhalter durch die Galaxis)
Touchstone Pictures 2005
Der Kinofilm nach dem Drehbuch von Douglas Adams und Karey Kirkpatrick unter der Regie von Garth Jennings.

**Dirk Gently's Holistic Detective Agency*
BBC Audiobooks 2007 (3 CDs)
Hörspielfassung des ersten Dirk Gently-Romans.

**The Long Dark Tea-Time of the Soul*
BBC Audiobooks 2008 (3 CDs)
Hörspielfassung des zweiten Dirk Gently-Romans

Anmerkungen

Kapitel 1: Es beginnt damit, dass die Welt endet

1) Die Formel dafür ist relativ einfach: $E = GMm/r$, wobei $G = 6{,}67259\ \mathrm{Nm^2/kg^2}$ die Newtonsche Gravitationskonstante, M in diesem Falle die Erdmasse von $6 \cdot 10^{24}$ kg, m die 1 Kilogramm schwere Probemasse und $r = 6371$ km = 6 371 000 m der mittlere Erdradius ist.
2) Vgl. z. B. das Machwerk »The Path of the Pole« von Charles Hapgood, das auf www.zyz.com/survivalcenter angeboten wird, wo es selbstverständlich auch die geeigneten Überlebenspakete zu kaufen gibt.
3) Mathematisch ausgedrückt gilt für die Schwerkraft in Newton: $F = GMm/r^2$, wobei m und M die Massen der beiden Köper sind, r der Abstand zwischen ihnen und $G = 6{,}672 \cdot 10^{-11}\ \mathrm{Nm^2/kg^2}$ die Newtonsche Gravitationskonstante.
4) So lautet das treffende Urteil der Herausgeber der umfangreichen, mehrbändigen »Science Fiction Anthologie«, in deren erstem Band sich die Kurzgeschichte von Harness findet: Hans Joachim Alpers und Werner Fuchs (Hrsg.), Science Fiction Anthologie, Band 1: Die Fünfziger Jahre I, Hohenheim Verlag, Köln-Lövenich 1981.

Kapitel 2: Per Anhalter ... ins Vakuum

1) Und nicht etwa Ken Walsh, wie Douglas Adams selbst irrtümlich in seinem Text »A Guide to the Guide« schrieb.

Kapitel 3: Sensationeller Durchbruch in der Wahrscheinlichkeitsphysik

1) Eine andere, aber nicht ganz so griffige Version dieser Anekdote findet sich im Buch mit den Skripten des originalen Anhalter-Hörspiels, das 1985 erschienen ist (siehe das chronologische Werkverzeichnis von Douglas Adams im Anhang). Das Skriptbuch enthält eine Fülle von ebenso interessanten wie amüsanten Informationen zur Entstehung des Hörspiels, zur verwendeten Hintergrundmusik oder zu wichtigen Themen wie Handtücher oder Schuhkauf.
2) Boltzmann erlebte den Triumph des Atomismus nicht mehr, denn er wählte im Jahre 1906 den Freitod. Über die Gründe dafür lässt sich nur spekulieren. Angesichts dieses tragischen Endes und des ernsten Blicks, den Boltzmann auf den meisten Fotografien nach dem Geschmack der Zeit zur Schau trägt, ist man versucht, ihn sich als schwermütige Persönlichkeit vorzustellen. Doch seine »Populären Schriften« zeigen durchaus seine humorige Seite, etwa das »forwort«, in dem er schreibt: »ich

musste mir in meinen letzten büchern di neue ortografi gefallen lassen, di zu erlernen ich zu alt bin; so möge man sich hir im vorworte die neueste ortografi gefallen lassen.« Die erste deutsche Rechtschreibreform von 1902 lag damals erst ein paar Jahre zurück. Die Probleme, die sich dabei ergaben, wiederholten sich bei jeder neuen Reform der Rechtschreibreform aufs Neue und sind keineswegs ein Novum der vergangenen fünfzehn Jahre.

3) Wenn man es genau nimmt, erscheint Deep Thoughts Anspruch in etwas zweifelhaftem Licht, denn schließlich dauerte es nach dem Urknall einige hunderttausend Jahre, bis sich überhaupt Atome bilden konnten.
4) Wenn man annimmt, dass es nur zwei verschiedene Energiewerte gibt, dann berechnet sich die Zahl der Möglichkeiten nach der Formel $N!/[(N/2)! \cdot (N/2)!)]$ wobei $N! = N \cdot (N-1) \cdot \ldots \cdot 2 \cdot 1$. Dies ist nur ein einfaches Beispiel, dessen allgemeiner Fall in der Kombinatorik der Anzahl der Permutationen von n Elementen entspricht, die in k Gruppen von je $l_1, l_2, \ldots, l_k$ gleichen Elementen fallen: $n!/(l_1! \cdot l_2! \cdot \ldots \cdot l_k!)$.
5) Poincaré schrieb wörtlich, »dass in einem System von materiellen Punkten unter Einwirkung von Kräften, die allein von der Lage im Raume abhängen, im Allgemeinen ein einmal angenommener durch Configuration und Geschwindigkeiten charakterisierter Bewegungszustand im Laufe der Zeit, wenn auch nicht genau, so doch mit beliebiger Annäherung noch einmal, ja beliebig oft wiederkehren muss«.
6) In der deutschen Hörspielfassung »Per Anhalter ins All« wurde daraus übrigens ein »schönes kühles Bier«.
7) »Improbability Drive« ist sogar ein eingetragenes Markenzeichen der kalifornischen Elektronikfirma Blacet für einen Rauschgenerator. Mehr Details dazu unter www.blacet.com/IDmanual Basic.pdf.

Kapitel 4: Die Wunder der Milchstraße für weniger als 30 Altair-Dollar

1) Cicero schrieb in seinem »Der Traum des Scipio«: »Solch ein Leben ist die Straße zum Himmel und in diese Vereinigung all derer, die schon gelebt haben und vom Körper gelöst / jenen Ort bewohnen, den du hier siehst, /– es war aber dieser Kreis zwischen den Flammen leuchtend in hellstem Glanz –, /den ihr, wie ihr es von den Griechen übernommen habt, Milchstraße nennt.«
2) Einen Eindruck von der verwickelten Situation, die mit der Herkunft des Namens Arthur Dent für den Helden von »Per Anhalter durch die Galaxis« zusammenhängt, vermittelt mein Text »Arthur Dent und Arthur Dent«, zu finden auf www.non-volio.de/pup/Arthur_Dent_und_Arthur_Dent.html

Kapitel 5: Planeten à la carte

1) Nachzulesen in Immanuel Kant, Allgemeine Naturgeschichte und Theorie des Himmels (1755), Zweiter Teil, Erstes Hauptstück: Von dem Ursprunge des planetischen Weltbaues überhaupt und den Ursachen ihrer Bewegungen; www.korpora.org/Kant/aa01/261.html
2) Tatsächlich war der Name Persephone längst vergeben, denn so heißt bereits ein Asteroid mit 49 Kilometern Durchmessern, der rund dreimal so weit entfernt wie die Erde von der Sonne im Asteroidengürtel seine Bahnen zieht. Persephone wurde 1895 vom Heidelberger Astronomen Max Wolf (1863 bis 1932) entdeckt, der in seiner Karriere noch 234 weitere Asteroiden aufspüren konnte.
3) »Dedicated to the one and only true planet formation specialist Slartibartfast of Magrathea and his father D. N. Adams«; Widmung in Hubert Klahr und Wolf-

gang Brandner (Hrsg.), Planet Formation – Theory, Observations and Experiments, Cambridge University Press, Cambridge 2006

Kapitel 6: Newtons Rache

1) Dieser Vorschlag beinhaltete bereits die »Arche B-Sequenz«, die anschließend in einer nicht realisierten Show für Ringo Starr und schließlich im Anhalter landete. 1976 stieß Douglas Adams bei Graham Williams, dem damaligen Produzenten von Doctor Who mit einem weiteren Entwurf für eine Doctor Who-Geschichte auf Granit. Sie trug den Titel »Doctor Who and the Krikkitmen« und sollte später die Grundlage für den dritten Hitchhiker-Roman »Life, the Universe and Everything« bilden. Douglas Adams gehörte nicht zu den Autoren, die abgelehnte Ideen für immer im Papierkorb verschwinden ließen.
2) Aufgrund der gleichzeitigen Arbeit am Hitchhiker-Hörspiel blieben Parallelen, ob gewollt oder ungewollt, nicht aus. Der ständig ungehaltene und böswillige Weltraumpiratenkapitän erinnerte nicht von ungefähr an Prostetnik Vogon Jeltz. Und es ist sicher kein Zufall, wenn der Doktor versucht, den verängstigten Zanakianer Kimus ausgerechnet mit den Worten »Keine Panik! Keine Panik!« zu beruhigen. Zudem liest der Doktor in der letzten Folge das Buch »Destiny of the Daleks« von Oolon Caluphid, der im Anhalter als galaktischer Bestsellerautor Oolon Coluphid in Erscheinung tritt.
3) Im Zeitalter der analogen Tricktechnik ließen sich nicht alle Effekte, die Douglas Adams im Sinn hatte, umsetzen. Das Budget reichte nur für eine begrenzte Zahl »magischer Effekte«. »Nun weiß ich, wie sich Kubrick gefühlt haben muss«, witzelte Adams kurze Zeit später. (Quelle: Dokumentation »Parrot Fashion« in der BBC-DVD von 2007. Das Zitat stammt von einer Kassettenaufnahme aus dem Jahr 1978, die James Thrift, der Halbbruder von Douglas, in der Dokumentation auszugsweise vorspielt.)
4) Dieses Zitat stammt aus der inoffiziellen Romanfassung von »Pirate Planet« von David Bishop, die der neuseeländische Doctor Who-Fanclub 1990 veröffentlicht hat. Das Buch findet sich als PDF auf *http://nzdwfc.tetrap.com/archive/pirate/*
5) Die Rechnungen sind nur in idealisierten Spezialfällen einigermaßen einfach. Was die Allgemeine Relativitätstheorie so verteufelt kompliziert macht, ist, dass die Materie die Krümmung der Raumzeit bewirkt, die dann wieder die Bewegung der Materie beeinflusst, wodurch sich wieder die Krümmung der Raumzeit ändert usw.
6) Das Ganze erinnert ein wenig an das verrückte Haus von Wonko des Verständigen im dritten Band der Anhalter-Saga. Wonko kehrt das Innere seines Hauses nach außen und erklärt es gleichzeitig zum Irrenhaus. Auf diese Weise wird die ganze Welt zu einem Irrenhaus, und der winzige von den Außenwänden umschlossene Hof ist alles außerhalb davon.
7) Auf der britischen Amazon-Website taucht sein Hinweis nur anonym mit »A Customer« gekennzeichnet auf. Das Amazon-Profil von Douglas Adams ist aber auf den deutschen Seiten zu finden unter: www.amazon.de/gp/pdp/profile/A1XMO7ELID24EC/ref=cm_cr_dp_pdp.

Kapitel 7: Ich mag diese Idee von den vielen Universen

1) Überlegungen zu den verworrenen Handlungssträngen in den Büchern von Douglas Adams dürften ähnliche Resultate liefern wie Theorien zu den Steuernachzahlungen von Desaster Area: Das ganze Gefüge des Raum-Zeit-Kontinuums ist nicht nur gebogen, sondern absolut krumm.

2) Das hätte eigentlich Doctor Who erledigen sollen, aber da Douglas Adams diese Version der Krikkit-Geschichte nicht an den Mann gebracht hatte, verwendete er sie in abgewandelter Form einfach für eine Fortsetzung der Anhalter-Geschichte.
3) Eine böse zweiseitige »Anzeige« für »So long, and thanks for all the advance« findet sich im »The Lavishly Tooled Smith & Jones Instant Coffee Table Book« (Fontana, London 1986). Sie ist aus der Feder von Griff Rhys Jones, wie Douglas Adams ein Absolvent der Brentwood School und ehemaliges Footlights-Mitglied, Rory Mc Grath und Cliver Anderson, den Skriptautoren der von Douglas Adams produzierten Radio-Comedy »Black Cinderella II Goes East« (1978).
4) Allerdings existiert mit der sogenannten Quantenschleifengravitation eine Theorie, mit der sich die »Urknallsingularität« vermeiden lassen könnte. Vergleiche dazu z. B. das Buch von Martin Bojowald, »Zurück vor den Urknall«, Fischer, Frankfurt 2009.
5) Der Einleitung des Artikels (Peter Simons, »The Universe«, Ratio (new series) XVI, 3. September 2003, 0034–0006) ist bezeichnenderweise ein Hitchhiker-Zitat vorangestellt: »›Zweiundvierzig‹, sagte Deep Thought mit unsagbarer Erhabenheit und Ruhe.«

Kapitel 8: Schrödingers Dodo

1) Die Zitate von Chris Keightley stellte mir freundlicherweise David Haddock zur Verfügung. Sie entstammen seinem Artikel »History of the Kamikaze Briefing Sketch« (erschienen in »Mostly Harmless«, Nr. 114, der Mitgliederzeitschrift von ZZ 9 Plural Z Alpha, www.zz9.org).
2) In einer katzenfreundlicheren Variante löst der Zerfall eines Atoms im radioaktiven Präparat einen Fütterungsmechanismus aus, sodass die beiden möglichen Zustände der Katze »hungrig« oder »satt« sind, was jedoch nicht ganz so dramatisch daherkommt wie »lebendig« und »tot«.
3) Erwin Schrödinger sagt dasselbe, nur in etwas anderen Worten: »Das Typische an solchen Fällen ist, daß eine ursprünglich auf den Atombereich beschränkte Unbestimmtheit sich in grobsinnliche Unbestimmtheit umsetzt, die sich dann durch direkte Beobachtung entscheiden läßt.«
4) Es gibt durchaus physikalische Phänomene, bei denen sich quantenmechanisches Verhalten auch im sichtbaren Maßstab zeigen kann. Dazu zählt die Supraleitung, bei der bestimmte Materialien keinen elektrischen Widerstand besitzen, und die Bose-Einstein-Kondensation, bei der sich sehr viele Atome im selben quantenmechanischen Zustand befinden. In beiden Fällen ist es jedoch erforderlich, das Material oder die Atome auf sehr tiefe Temperaturen abzukühlen.
5) Hugh Everetts Sohn Mark Oliver ist der Kopf der Rockband »The Eels«. 2007 machte er sich in der sehenswerten Fernsehdokumentation »Parallel Worlds, Parallel Lives« auf die Spuren seines Vaters, zu dem er zeit seines Lebens keine sonderlich enge Beziehung hatte. Leider ist der Film auf DVD nur für Lehrer in den USA als Unterrichtsmittel zu erhalten. Doch die begleitende, englischsprachige Webseite bietet neben der vollständigen Dissertation von Hugh Everett, Erinnerungen von Mark an seinen Vater, ein ausführliches Gespräch mit dem Everett-Biografen Peter Byrne und weiterführende Informationen: www.pbs.org/wgbh/nova/manyworlds/
6) Der Verlag Hutchinson kündigte das Werk für 1995 an. Der Umfang sollte 288 Seiten betragen, als ISBN war 0091785294 vorgesehen; damit lässt sich im Internet sogar die provisorische Inhaltsangabe von Douglas Adams finden, die er seiner sicherlich verzwei-

felten Lektorin zukommen ließ. Ein anonymer Rezensent schrieb 1998 nach drei Jahren des Nichterscheinens von »Lachs im Zweifel« etwas zynisch: »An intelligent, fitting conclusion for Douglas Adams wonderful Hitchhiker series. I've honestly never laughed harder before. A perfect addition to any true fan of the series's library, for display between the ›Metal Man‹ CD compiling Marvin the Paranoid Android's 4 previously released songs with tracks from the Eagles & Pink Floyd, and Infocoms second Hitchhiker's Guide text adventure. You have to see it to believe it...«

7) In »Dirk Gently's Holistische Detektei« waren es auf der Erde notgelandete Außerirdische, die vor vier Milliarden Jahren aus Versehen die Evolution des Lebens in Gang setzten. Diesen Aspekt von Dirk Gentlys erstem Fall hatte Douglas Adams seiner Doctor Who-Geschichte »City of Death« entlehnt.

Kapitel 9: Von Telefondesinfizierern aus der Evolution geschmissen/Das Verschwinden der Arten

1) »Es ist geradezu unvermeidlich, dass es eine sehr enge Beziehung zwischen der Entwicklung einer evolutionären Philosophie und der Geschichte der Science-Fiction gibt«, schreibt der SF-Experte John Clute in der monumentalen »Encyclopedia of Science Fiction«. In einer Kultur ohne die Idee einer Evolution hätte dieses Genre gar nicht entstehen können, so Clute. Das klingt plausibel, denn worüber sollte eine Science-Fiction-Literatur schreiben, wenn die Vorstellung fehlt, dass sich Lebewesen, Menschen, Gesellschaften und deren Errungenschaften weiterentwickeln können?

2) Die Kinoversion von »Per Anhalter durch die Galaxis« erweist diesem Moment eine hübsche Referenz. Trillian, kostümiert als Charles Darwin, konfrontiert den aufgekratzten Arthur mit der Frage, ob er mit ihr nach Madagaskar wolle. Doch anders als Douglas Adams vermasselt Arthur mit seinem Zögern die Situation und muss mit ansehen, wie ihm Zaphod mit seinem unschlagbaren Selbstbewusstsein die Frau ausspannt.

3) Geboren und aufgewachsen ist Richard Dawkins in Nairobi, wohin sein Vater als Angehöriger der Alliierten Streitkräfte versetzt worden war. In den 60er-Jahren studierte er an der Universität Oxford Biologie und promovierte 1966 dort bei dem aus den Niederlanden stammenden Verhaltensforscher Nikolas Tinbergen, der 1973 zusammen mit seinen Kollegen Karl von Frisch und Konrad Lorenz den Nobelpreis für »Medizin und Physiologie« erhielt. Nach einem Aufenthalt an der Universität von Kalifornien in Berkeley wurde Dawkins im Jahr 1970 Zoologie-Dozent an der Universität Oxford. Von 1995 bis 2008 übernahm er die erste Charles-Simonyi-Professur für die Vermittlung von Wissenschaft in der Öffentlichkeit.

4) »Notes towards the Complete Works of Shakespeare by Elmo, Gum, Heather, Holly, Mistletoe & Rowan, Sulawesi Crested Macaques (Macascanigra) from Paignton Zoo Environmental Park (UK), first published for vivaria.net in 2002«, www.vivaria.net/experiments/notes/publication/NOTES_EN.pdf

5) 2009 gab es nicht nur den 200. Geburtstag von Charles Darwin zu feiern, sondern das erste Erscheinen seines Hauptwerks »Der Ursprung der Arten« jährte sich zum 150. Mal. Gleichzeitig war 2009 auch das Internationale Jahr der Astronomie. Der Astrophysiker Harald Lesch betonte in einem Meinungsbeitrag dazu, (Physik Journal, Mai 2009, S. 3) dass Darwin nicht nur der Biologie, sondern auch der Astronomie neue Horizonte eröffnet habe. »Die Astronomie entwirft das große Bild

eines knapp 14 Milliarden Jahre alten Prozesses, in dem sich der Kosmos materiell entfaltet. Die dafür nötigen riesigen Zeiträume hat gewissermaßen Charles Darwin bereitgestellt, denn die Geschichte des Lebens lässt sich nur auf einer Zeitskala von Jahrmilliarden verstehen«. Der Darwinismus bildet somit eine der unverzichtbaren Grundlagen der modernen Wissenschaft. In diesem Sinne verteidigt auch Dawkins den Darwinismus. Nicht verschwiegen werden darf, dass dieser auch seine Kehrseite hat. So lassen sich die plakativen Slogans vom »Kampf ums Dasein« und das »Überleben des Stärkeren« auch in Form eines falsch verstandenen Sozialdarwinismus vor den Karren fragwürdiger politischer Ziele spannen.

6) Der deutsche Anatom Max Westenhöfer entwickelte ab 1923 unabhängig von Hardy ebenfalls eine Theorie über eine »Wasserphase« in der menschlichen Evolution.

Kapitel 10: Die zweitintelligenteste Lebensform auf dem Planeten

1) Jeder, der »Per Anhalter durch die Galaxis« kennt, wird sich durch die Schlagzeile »Wohin sind all die Delphine diesen Sommer verschwunden?« beunruhigt fühlen. So war die Pressemitteilung überschrieben, die 2007 von »Marine Life« 2007 veröffentlicht wurde, einer gemeinnützigen Organisation in Großbritannien, die sich für den Schutz der Meere und Küsten einsetzt (www.marine-life.org.uk/pressrelease/170807.html). Aber auch wenn darin nicht vermeldet wurde, dass sämtliche Delphine von der Erde verschwunden seien, ist die Nachricht, dass 80 Prozent weniger Delphine in der Biskaya zu beobachten waren, beunruhigend genug.

2) Wer weiter über die Frage nachdenken möchte, was für Wesen Delphine sind, dem sei das (allerdings nur auf Englisch erhältliche) Buch von Thomas White empfohlen.

Kapitel 11: Klingt grässlich!

1) Im englischen Original lautet der Dialog, der für die deutsche Übersetzung leicht bearbeitet wurde:
ELIZA: How do you do? Please state your problem.
MARVIN: I think you ought to know I'm feeling very depressed.
ELIZA: I am sorry to hear that you are depressed.
MARVIN: It won't work.
ELIZA: I'm not sure I understand you fully.
MARVIN: I have an exceptionally large mind.
ELIZA: You say you have an exceptionally large mind?
MARVIN: Alright, what do you want me to do?
ELIZA: Why do you ask?
MARVIN: Just that?
ELIZA: Please go on.
MARVIN: I won't enjoy it.
ELIZA: Can you elaborate on that?
MARVIN: Alright, I'll do it.
ELIZA: What does that suggest to you?
MARVIN: I'm not getting you down at all am I?
ELIZA: Is it because you are not getting I down at all are you that you came to me?
MARVIN: I wouldn't like to think that I was getting you down.
ELIZA: Were you really?
MARVIN: You're sure you don't mind?
ELIZA: What makes you think I am sure I don't mind?
MARVIN: Life, don't talk to me about life.
ELIZA: Do you feel strongly about discussing such things?
http://www.chayden.net/eliza/Eliza.html

2) David Eagleman, Simuliertes Gehirn – Wir werden ewig leben, Spiegel Online, 20. Juli 2009
3) Für das iPhone von Apple existiert immerhin bereits eine Anwendung, mit der es möglich ist, gesprochene Sprache zu übersetzen. Der »Jibbigo Speech Translator« kann derzeit allerdings nur vom Englischen ins Spanische und zurück übersetzen.

Kapitel 12: Eine Art Elektronisches Buch

1) In den 80er-Jahren hatte er bereits zwei Computerspiele für die Firma Infocom entworfen – beides reine Text-Adventure. Das erste davon basierte lose auf dem ersten Anhalter-Roman und erschien 1984, im zweiten (»Bureaucracy«, 1987) verarbeitete er seinen vergeblichen Versuch, seiner Bank beizubringen, dass er umgezogen sei.

Kapitel 13: Ein Tango am Ende der Welt

1) Astrophysiker gehen davon aus, dass die normale (»bayryonische«) Materie, aus der die Sterne, Planeten und letztlich wir Menschen bestehen, nur fünf Prozent der gesamten Materie und Energie des Universums ausmachen. Weitere 25 Prozent bestehen aus »Dunkler Materie« und die restlichen 70 Prozent sind »Dunkle Energie«. Das ist etwas, an dem die Physiker derzeit gehörig zu knabbern haben.

Kapitel 14: Zweiundvierzig

1) Die Zeta-Funktion hat die Form

$$\varsigma(s) = \sum_{n=1}^{\infty} \frac{1}{n^s} = 1 + \frac{1}{2^s} + \frac{1}{3^s} + \frac{1}{4^s} + \ldots$$

wobei $n = 1, 2, 3, \ldots; s = a + ib, b > 1$ und $i^2 = -1$.

Epilog: Eine Art Après-vie

1) Mehr erfahren über das Projekt von Thomas Thwaites kann man auf www.thetoasterproject.org.

Abbildungsnachweise

Abb. 1.1:	Lawrence Livermore National Security, LLC, Lawrence Livermore National Laboratory, Department of Energy
Abb. 1.2:	CERN
Abb. 2.2:	US Airforce
Abb. 2.3:	Marie-Louise Lemloh, Karl-Heinz Hellmer, Ralph Schill

Abb. 3.2:	Thibaut Loïez
Abb. 3.3:	Thibaut Loïez
Abb. 4.2:	NASA/JPL-Caltech
Abb. 4.3:	Yuri Beletsky (ESO)
Abb. 4.4:	ESA
Abb. 5.1:	T.A.Rector (NOAO/AURA/NSF) und Hubble Heritage Team (STScI/AURA/NASA)
Abb. 5.2:	Andrea Dupree (Harvard-Smithsonian CfA), Ronald Gilliland (STScI), NASA and ESA
Abb. 5.3:	ESA/Hubble
Abb. 5.4:	NASA/ESA und L. Ricci (ESO)
Abb. 5.5:	ESO
Abb. 5.6:	Felix Hormuth / Starkenburg Sternwarte, Heppenheim
Abb. Seite 140:	Wiebke Drenckhan
Abb. 6.1:	Anja Hauck
Abb. 7.1:	A. Linde, Stanford University
Abb. 8.1:	Anja Hauck
Abb. 9.1:	Klaus Scheurich, Marco Polo Film AG
Abb. 9.2:	Klaus Scheurich, Marco Polo Film AG
Abb. 9.3:	Atheist Bus Campaign
Abb. 10.1:	Purestock
Abb. 11.1:	Forschungszentrum Jülich
Abb. 11.2:	Honda
Abb. 12.1:	Voyager Company
Abb. 12.2:	CERN
Abb. 12.3:	TDV/BBC
Abb. 13.1:	NASA/ESA and The Hubble Heritage Team (STScI)
Abb. 13.2:	Alexander Pawlak
Abb. 14.1:	ESO
Abb. 15.1:	Nicolas Botti

Wir haben uns bemüht, sämtliche Rechtinhaber aller Abbildungen zu ermitteln. Sollte dem Verlag gegenüber dennoch der Nachweis der Rechtsinhaberschaft geführt werden, wird das branchenübliche Honorar nachträglich gezahlt.

Index

e

f

g

h

i

j

k

q

r